TCC expressa

A Artmed é a editora oficial da FBTC

T315   TCC expressa : técnicas de 15 minutos para crianças e adolescentes / Jessica M. McClure... [et al.] ; tradução: Sandra Maria Mallmann da Rosa ; revisão técnica: Carmem Beatriz Neufeld. – Porto Alegre : Artmed, 2021.
xii, 226 p. ; 25 cm.

ISBN 978-65-5882-011-6

1. Psicoterapia. 2. Terapia cognitivo-comportamental. 3. Psicologia – Infância – Adolescente. I. McClure, Jessica M.

CDU 615.851-053.2/.6

Catalogação na publicação: Karin Lorien Menoncin – CRB 10/2147

TCC expressa

*técnicas de 15 minutos para **crianças** e **adolescentes***

Jessica M. **McClure**
Robert D. **Friedberg**
Micaela A. **Thordarson**
Marisa **Keller**

Tradução:
Sandra Maria Mallmann da Rosa

Revisão técnica:
Carmem Beatriz Neufeld

Livre docente pela Faculdade de Filosofia, Ciências e Letras de Ribeirão Preto da USP (FFCLRP-USP). Pós-doutora em Psicologia pela Universidade Federal do Rio de Janeiro (UFRJ). Doutora e Mestre em Psicologia pela Pontifícia Universidade Católica do Rio Grande do Sul (PUCRS). Fundadora e coordenadora do Laboratório de Pesquisa e Intervenção Cognitivo-comportamental da Universidade de São Paulo (LaPICC-USP). Professora associada do Departamento de Psicologia da FFCLRP-USP. Presidente da Federación Latinoamericana de Psicoterapias Cognitivas y Conductuales (ALAPCCO) – gestão 2019-2022.

Reimpressão 2023

Porto Alegre
2021

Obra originalmente publicada sob o título *CBT express: effective 15-minute techniques for treating children and adolescents.*
ISBN 9781462540310
Copyright © 2019 The Guilford Press, A Division of Guilford Publications, Inc.

Gerente editorial: Letícia Bispo de Lima
Colaboraram nesta edição:
Coordenadora editorial: *Cláudia Bittencourt*
Capa: *Paola Manica | Brand&Book*
Leitura final: *Heloísa Stefan*
Editoração: *Kaéle Finalizando Ideias*

LICENÇA DE REPRODUÇÃO LIMITADA

Estes materiais devem ser usados apenas por profissionais de saúde mental qualificados.

A editora concede aos compradores individuais deste livro permissão não atribuível para reproduzir todos os materiais para os quais a permissão de fotocópia é especificada em nota de rodapé. Esta licença é limitada a você, o comprador individual, para uso pessoal ou com clientes. Esta licença não concede o direito de reproduzir esses materiais para revenda, redistribuição, exibição eletrônica ou quaisquer outros fins (incluindo, mas não se limitando a, livros, panfletos, artigos, vídeos ou áudios, blogs, sites de compartilhamento de arquivos, sites da internet ou intranet, e apostilas ou slides para palestras, workshops, webinars ou grupos de terapia, sejam ou não comercializados). A permissão para reproduzir os materiais para esses e quaisquer outros fins deve ser obtida por escrito junto à Editora Guilford.

Os autores verificaram com fontes consideradas confiáveis em seus esforços para fornecer informações completas e geralmente de acordo com os padrões de prática que são aceitos no momento da publicação. No entanto, tendo em vista a possibilidade de erro humano ou mudanças nas ciências comportamentais, de saúde mental ou médicas, nem os autores, nem o editor, nem qualquer outra parte que tenha estado envolvida na preparação ou publicação deste livro garante que as informações aqui contidas são precisas em todos os aspectos ou completas, e eles não são responsáveis por quaisquer erros ou omissões ou os resultados obtidos com o uso de tais informações. Os leitores são encorajados a confirmar as informações contidas neste livro com outras fontes.

Reservados todos os direitos de publicação ao GRUPO A EDUCAÇÃO S.A.
(Artmed é um selo editorial do GRUPO A EDUCAÇÃO S.A.)
Rua Ernesto Alves, 150 – Bairro Floresta
90220-190 – Porto Alegre – RS
Fone: (51) 3027-7000

SÃO PAULO
Rua Doutor Cesário Mota Jr., 63 – Vila Buarque
01221-020 – São Paulo – SP
Fone: (11) 3221-9033

SAC 0800 703 3444 – www.grupoa.com.br

É proibida a duplicação ou reprodução deste volume, no todo ou em parte, sob quaisquer formas ou por quaisquer meios (eletrônico, mecânico, gravação, fotocópia, distribuiçãona Web e outros), sem permissão expressa da Editora.

IMPRESSO NO BRASIL
PRINTED IN BRAZIL

Autores

Jessica M. McClure, PsyD, é diretora clínica da Divisão de Medicina Comportamental e Psicologia Clínica no Cincinnati Children's Hospital Medical Center. A Dra. McClure já apresentou trabalhos/palestras, escreveu artigos e capítulos de livros e deu treinamento em terapia cognitivo-comportamental com crianças e adolescentes, incluindo aqueles com ansiedade, depressão e transtornos comportamentais. É coautora de A prática clínica da terapia cognitiva com crianças e adolescentes e Técnicas de terapia cognitiva para crianças e adolescentes: ferramentas para aprimorar a prática, ambos publicados no Brasil pela Artmed.

Robert D. Friedberg, PhD, ABPP, é professor titular e diretor da Área de Ênfase na Criança na Palo Alto University. Anteriormente, dirigiu a CBT Clinic for Children and Adolescents e o Programa de Pós-doutorado em Psicologia no Penn State Health Milton S. Hershey Medical Center. O Dr. Friedberg trabalhou como acadêmico extramuros no Beck Institute for Cognitive Behavior Therapy e é membro da American Psychological Association (Society of Clinical Child and Adolescent Psychology) e da Association for Behavioral and Cognitive Therapies. É coautor de A prática clínica da terapia cognitiva com crianças e adolescentes e Técnicas de terapia cognitiva para crianças e adolescentes: ferramentas para aprimorar a prática, ambos publicados no Brasil pela Artmed.

Micaela A. Thordarson, PhD, é supervisora de atendimento ambulatorial intensivo de adolescentes no Children's Hospital of Orange County em Orange, Califórnia. A Dra. Thordarson supervisiona aprendizes na implementação de intervenções cognitivo-comportamentais em uma variedade de contextos clínicos.

Marisa Keller, PhD, é psicóloga clínica nas equipes de terapia cognitivo-comportamental e terapia comportamental dialética (DBT) na Cadence Child and Adolescent Therapy em Kirkland, Washington. Ela é clínica certificada em DBT. As áreas de especialidade da Dra. Keller com crianças, adolescentes e suas famílias incluem desregulação emocional, ansiedade, depressão, autolesão, pensamentos e comportamento suicida e treinamento parental.

Apresentação

Dei início à minha carreira há 40 anos como professora de estudantes com necessidades especiais, trabalhando com crianças pequenas que tinham dificuldade para aprender a ler. Muitas vezes elas chegavam a mim bastante frustradas e sem esperança, com uma história de repetidos fracassos em suas classes regulares. Elas com frequência também apresentavam desafios comportamentais. Eu gostaria que este livro já existisse quando comecei a lecionar. Ele teria me tornado uma professora muito mais eficiente. Felizmente, os profissionais agora têm *TCC expressa* para seu trabalho com crianças e adolescentes e suas famílias.

Muitas crianças enfrentam problemas comportamentais e de saúde mental. Quando as famílias corajosamente compartilham uma dificuldade com um profissional, elas precisam de bem mais do que um mero apoio. Precisam de ferramentas para mudança. Supreendentemente, algumas vezes mesmo uma única intervenção pode fazer uma diferença significativa no funcionamento de uma família. Mas os profissionais com frequência se sentem perdidos, sem saber o que fazer. Eles necessitam de ajuda para que possam melhor ajudar as crianças e suas famílias.

Os profissionais a quem as famílias revelam suas dificuldades trabalham em uma variedade de ambientes: escolas, consultórios de atenção primária, clínicas ou outros ambientes hospitalares. As famílias frequentemente se deparam com barreiras para acesso a tratamento baseado em evidências, e os profissionais são desafiados a encontrar um meio para propiciar a elas uma intervenção efetiva que possam usar imediatamente. *TCC expressa* oferece intervenções passo a passo aos profissionais e às famílias. A abordagem dos autores é única em sua habilidade de reduzir as intervenções teóricas a passos exequíveis para os profissionais em diferentes papéis e profissões. Embora ter experiência com terapia cognitivo-comportamental (TCC) seja útil, não é essencial: as estratégias individuais são bem descritas, incluindo exemplos de casos, folhas de exercícios e ilustrações. O texto descreve claramente o que o profissional pode dizer e fazer.

As pessoas que trabalham com crianças e adolescentes hoje em dia precisam gerar um impacto sobre os sintomas durante o tempo frequentemente curto que têm com as famílias. Suas interações podem ocorrer em algumas sessões de terapia, em uma consulta clínica breve, em uma visita a um pediatra ou outro profissional de atenção à saúde, ou em uma sessão de aconselhamento escolar entre as aulas. A psicoeducação, que é usada por muitos profissionais, em geral não é suficiente por si só. As famílias precisam de estratégias breves e eficazes que possam começar a usar imediatamente. As intervenções com duração de 10 a 15 minutos apresentadas neste livro incluem prática em tempo real durante as breves sessões com as famílias. Essa prática é crucial e aumenta a probabilidade de as famílias cumprirem e usarem as estratégias em casa.

Embora muitos livros de TCC estejam disponíveis, este é verdadeiramente diferente, focando em intervenções de TCC rápidas e fáceis de executar para abordar os sintomas, ao mesmo tempo mantendo a fundamentação teórica e a forte base de evidências da TCC. Este livro é um recurso prático para os profissionais em contextos alternativos, ao mesmo tempo complementando o conjunto de ferramentas daqueles profissionais em contextos de terapia mais tradicionais. Ao ampliar o conhecimento em TCC e o conhecimento de profissionais que interagem com jovens, este livro se volta para a lacuna existente entre as necessidades do paciente e sua família e o acesso a tratamentos baseados em evidências.

TCC expressa usa a metáfora de um trem para demonstrar a abordagem rápida, do tipo "chegue logo", embora também seguindo um claro caminho dos princípios da TCC e de intervenções de tratamento baseadas em evidências para chegar ao destino final: uma redução nos sintomas, em especial a melhora no estado de humor e no comportamento. As intervenções são apresentadas por meio de um enquadramento fácil de entender a fim de que os profissionais possam identificar rapidamente os alvos e introduzir estratégias para as famílias. As estratégias também se baseiam uma na outra e, naturalmente, naquelas introduzidas previamente.

Médicos, enfermeiros, supervisores ou orientadores escolares, terapeutas e paraprofissionais frequentemente têm dificuldades para tirar proveito de pequenos períodos de tempo com os pacientes e famílias com necessidades de saúde mental e comportamental. Muitas famílias ignoram os encaminhamentos para terapeutas. Há também casos em que, quando as famílias marcam uma consulta para terapia tradicional, a crise ou a oportunidade para intervir já pode ter passado. Outras prioridades podem ter surgido e os sintomas com frequência podem permanecer não tratados. Este livro traz orientações claras para começar a abordar as necessidades de saúde mental das famílias e inclui ferramentas concretas independentemente de como foram os tratamentos passados ou de como serão os tratamentos futuros. Ao responder imediatamente às preocupações das famílias, as intervenções apresentadas neste livro ajudarão os profissionais a auxiliarem no desenvolvimento de confiança por parte das famílias, aumentando, assim, seu engajamento em tratamento futuro.

As seções "O que o terapeuta pode fazer" e "O que o terapeuta pode dizer" em cada capítulo constituem-se em guias rápidos e exemplos de linguagem para manter as intervenções focadas, efetivas e curtas. Os leitores vão gostar dos diálogos interessantes e exemplos realistas usados ao longo do texto. Os Cartões PR (Práticos e Rápidos) estimulam as famílias a usarem as intervenções em casa, ao mesmo tempo também as preparando para tratamento futuro ao ilustrar a conexão entre as intervenções fornecidas pelos profissionais e as práticas em casa. *TCC expressa* é um excelente investimento para profissionais que trabalham com pacientes jovens que estão buscando aumentar seu impacto em dificuldades no domínio da saúde mental e comportamental. Acredito que você vai considerar este livro valioso e inspirador.

Judith S. Beck, PhD
Beck Institute for Cognitive Behavior Therapy
University of Pennsylvania

Sumário

Apresentação
Judith S. Beck vii

Lista de cartões PR x

CAPÍTULO 1 Introdução à *TCC expressa* 1

CAPÍTULO 2 Localizando o alvo do tratamento:
preparar... apontar... fogo! 7

CAPÍTULO 3 Desobediência 27

CAPÍTULO 4 Raiva 55

CAPÍTULO 5 Desregulação emocional 81

CAPÍTULO 6 Medos e preocupações 115

CAPÍTULO 7 Tristeza e depressão 142

CAPÍTULO 8 Não adesão ao tratamento médico 167

Referências 217

Índice 223

Os leitores deste livro podem fazer *download* e imprimir os Cartões PR no *link* do livro em loja.grupoa.com.br para uso pessoal ou para uso com os clientes (ver página de direitos autorais para mais detalhes).

Lista de cartões PR

CAPÍTULO 2

Cartão PR 2.1 Exemplo de perguntas para identificar os suspeitos usuais 16

Cartão PR 2.2 Investigando os reforçadores 17

Cartão PR 2.3 Lembretes sobre reforço positivo, reforço negativo e custo de resposta 18

Cartão PR 2.4 Especificando os ABCs 19

Cartão PR 2.5 Sinais de chamada: dando comandos efetivos 20

Cartão PR 2.6 Dicas para fazer elogios eficazes 21

Cartão PR 2.7 Dicas para remover recompensas e privilégios 22

Cartão PR 2.8 Dicas para aplicar castigos 23

Cartão PR 2.9 Guia do clínico para a hipótese da especificidade de conteúdo 24

Cartão PR 2.10 Espião das parcelas mentais únicas 25

Cartão PR 2.11 Métrica dos resultados funcionais 26

CAPÍTULO 3

Cartão PR 3.1 Blocos de construção 45

Cartão PR 3.2a Estratégia para um melhor comportamento: exemplo 46

Cartão PR 3.2b Estratégia para um melhor comportamento 47

Cartão PR 3.3 O equilíbrio com o dever de casa (programação depois da escola) 48

Cartão PR 3.4 Apaziguador de conflitos com o dever de casa 49

Cartão PR 3.5 Mestre mandou "hora de trabalhar" 50

Cartão PR 3.6a De dentro para fora e de fora para dentro: exemplo 51

Cartão PR 3.6b De dentro para fora e de fora para dentro: exemplo da conexão dos círculos 52

Cartão PR 3.6c De dentro para fora e de fora para dentro 53

Cartão PR 3.6d De dentro para fora e de fora para dentro: conexão dos círculos 54

CAPÍTULO 4

Cartão PR 4.1 Duplo drible 73
Cartão PR 4.2 Raiva assertiva 74
Cartão PR 4.3 Lance os dados 75
Cartão PR 4.4a O melhor palpite: exemplo 76
Cartão PR 4.4b O melhor palpite 77
Cartão PR 4.5a Não é necessariamente assim!: exemplo 78
Cartão PR 4.5b Não é necessariamente assim! 79
Cartão PR 4.6 Recue 80

CAPÍTULO 5

Cartão PR 5.1 Fatos sobre sentimentos 105
Cartão PR 5.2 Isto é válido?: prática de validação parental 106
Cartão PR 5.3 Não são permitidos "mas" 107
Cartão PR 5.4 Aumente a expressão 108
Cartão PR 5.5 Reconheça o uso de habilidades 109
Cartão PR 5.6a Quadro de recompensas: exemplo 110
Cartão PR 5.6b Quadro de recompensas 111
Cartão PR 5.7 Não bote lenha na fogueira! 112
Cartão PR 5.8 Construindo um barco 114

CAPÍTULO 6

Cartão PR 6.1 Não afunde o barco 132
Cartão PR 6.2 Pelo rio e cruzando o bosque 133
Cartão PR 6.3a Minha árvore de preocupações: exemplo 134
Cartão PR 6.3b Minha árvore de preocupações 135
Cartão PR 6.4a Descongele seus medos: exemplo 137
Cartão PR 6.4b Descongele seus medos 138
Cartão PR 6.5 Exposição, exposição, exposição 139
Cartão PR 6.6 Levante poeira 140
Cartão PR 6.7 É como andar de bicicleta 141

CAPÍTULO 7

Cartão PR 7.1 Escolha um cartão... qualquer cartão 157
Cartão PR 7.2 Eco... eco... eco.. 158

Cartão PR 7.3a Gravado na pedra: exemplo 159
Cartão PR 7.3b Gravado na pedra 160
Cartão PR 7.4a Derrotando o ogro dos pensamentos negativos: exemplo . 161
Cartão PR 7.4b Derrotando o ogro dos pensamentos negativos 162
Cartão PR 7.5 Deixe pra lá 163
Cartão PR 7.6a Traduzindo a fala da raposa: exemplo 164
Cartão PR 7.6b Traduzindo a fala da raposa 165
Cartão PR 7.7 Guardiões da sua mente 166

CAPÍTULO 8

Cartão PR 8.1 Aprendendo sobre deglutição 197
Cartão PR 8.2 Leve para casa: dicas para deglutição 198
Cartão PR 8.3a Cartão de escores: exemplo 199
Cartão PR 8.3b Cartão de escores 200
Cartão PR 8.4 Superando os obstáculos 201
Cartão PR 8.5a Fatos rápidos para minhas medicações: exemplo 202
Cartão PR 8.5b Fatos rápidos para minhas medicações 203
Cartão PR 8.6 Junte as peças 204
Cartão PR 8.7 Meu monitor da medicação 205
Cartão PR 8.8a Ajudando ou prejudicando?: exemplo 206
Cartão PR 8.8b Ajudando ou prejudicando? 207
Cartão PR 8.9 Faça o teste! 208
Cartão PR 8.10 Verde, amarelo, vermelho 209
Cartão PR 8.11 Minha lista de compras 210
Cartão PR 8.12 Caça ao tesouro 211
Cartão PR 8.13 Cardápio da família 212
Cartão PR 8.14 Dicas para economizar dinheiro
  para uma alimentação saudável 213
Cartão PR 8.15a Vantagens e desvantagens: exemplo
  (exemplo de Jaimie) 214
Cartão PR 8.15b Vantagens e desvantagens: exemplo
  (exemplo da mãe de Jaimie) 215
Cartão PR 8.15c Vantagens e desvantagens 216

1

Introdução à *TCC expressa*

O QUÊ??? OUTRO LIVRO DE TÉCNICAS DE TCC??!
POR QUE ESCREVEMOS *TCC EXPRESSA*

Quando consideramos escrever outro livro sobre terapia cognitivo-comportamental (TCC) com jovens, imediatamente pensamos: "Será que precisamos de *mais um* livro sobre TCC com jovens?". Já existem *tantos* textos sobre TCC disponíveis que não queríamos inundar o mercado. Todos nós concordamos que, se fôssemos realizar este projeto, queríamos fazer alguma coisa *diferente*! Assim sendo, quando começamos a escrever este livro, focamos na necessidade de intervenções de TCC que fossem rápidas e fáceis de executar no contexto dos modelos em expansão de atenção à saúde comportamental.

A saúde comportamental integrada na atenção primária pediátrica está surgindo como uma nova fronteira para clínicos orientados pela TCC (Asarnow et al., 2015; Asarnow, Kolko, Miranda, & Kazak, 2017; Janick, Fritz, & Rozensky, 2015). Problemas de saúde comportamental abarrotam os consultórios pediátricos e sobrecarregam os pediatras (Campo et al., 2005; Friedberg, Thordarson, Paternostro, Sullivan, & Tamas, 2014; Weitzman & Leventhal, 2006). Ao mesmo tempo que há um excesso de crianças que requerem serviços de saúde comportamental, há uma correspondente escassez de clínicos qualificados prontos para cuidar delas (Serrano, Cordes, Cubic, & Daub, 2018). A habilidade para realizar uma avaliação e intervenção breve é essencial. A especialização em métodos de tratamento baseados na TCC deve servir bem aos pacientes, aos profissionais e aos clínicos.

Enquanto as necessidades de saúde comportamental de crianças e adolescentes continuam aumentando, existem inúmeras barreiras ao tratamento para muitas crianças. Há uma lacuna entre as necessidades de saúde mental e o acesso a tratamento de saúde mental baseado em evidências. Para fazer frente a essa lacuna, vemos cada vez mais sistemas integrando os serviços de saúde mental a outros contextos para oferecer alternativas ao modelo tradicional de psicoterapia ambulatorial. Serviços de terapia de saúde comportamental estão sendo oferecidos em ambientes escolares e integrados às clínicas de atenção primária e de especialidades. Essas inovações empolgantes necessitam de intervenções mais breves que podem se adequar a sessões de tratamento mais curtas. A paisagem dinâmica e variável da atenção à saúde comportamental requer flexibilidade clínica. Vários psicólogos clínicos infantis importantes preveem que os clínicos precisarão se sentir confortáveis para intervir em sessões mais curtas do que a hora tradicional de 50 minutos (Asnarnow et al., 2015; Janicke et al., 2015). Por fim, mesmo quando as crianças e as famílias se apresentam em ambientes tradicionais de terapia ambulatorial, a duração do tratamento pode ser de apenas algumas consultas, e por isso cada interação precisa ser focada e deve incluir intervenções relevantes e efetivas.

O QUE É TCC EXPRESSA E O QUE NÃO É

Este livro oferece intervenções de TCC *expressas*, ou eficientes e efetivas, que podem tipicamente ser executadas em 15 minutos ou menos. Esta abordagem expressa é como um trem, eficiente e rápido, mas também claramente viajando sobre trilhos (**Figura 1.1**). Assim como as ancoragens conectadas nos trilhos de uma ferrovia, as intervenções e estratégias apresentadas neste livro estão conectadas a princípios-chave da TCC e a comprovadas intervenções de tratamento baseadas em evidências. Embora possam ser tomados diferentes caminhos, as principais características da TCC devem ser seguidas para chegar ao seu destino, que é a redução dos sintomas. Com uma forte base em princípios de TCC, as intervenções expressas deste livro oferecem aos profissionais uma forma de rapidamente identificar pontos de intervenção significativos, ensinar e demonstrar estratégias específicas e, o mais importante, depois praticar a estratégia em tempo real com a família. Isso não somente facilita o processo de aprendizagem, mas também aumenta a adesão da família, já que seus membros percebem imediatamente o impacto das intervenções e desenvolvem esperança de futuras melhoras nos sintomas.

Felizmente, a literatura da TCC com crianças e adolescentes está repleta de manuais excelentes que oferecem ricos conhecimentos na teoria e pesquisa, bem como aplicações práticas (Flessner & Piacentini, 2017; Friedberg & McClure, 2015; Friedberg, McClure, & Hillwig-Garcia, 2009; Kendall, 2017; Manassis, 2009, 2012; Nangle et al., 2016; Sburlati

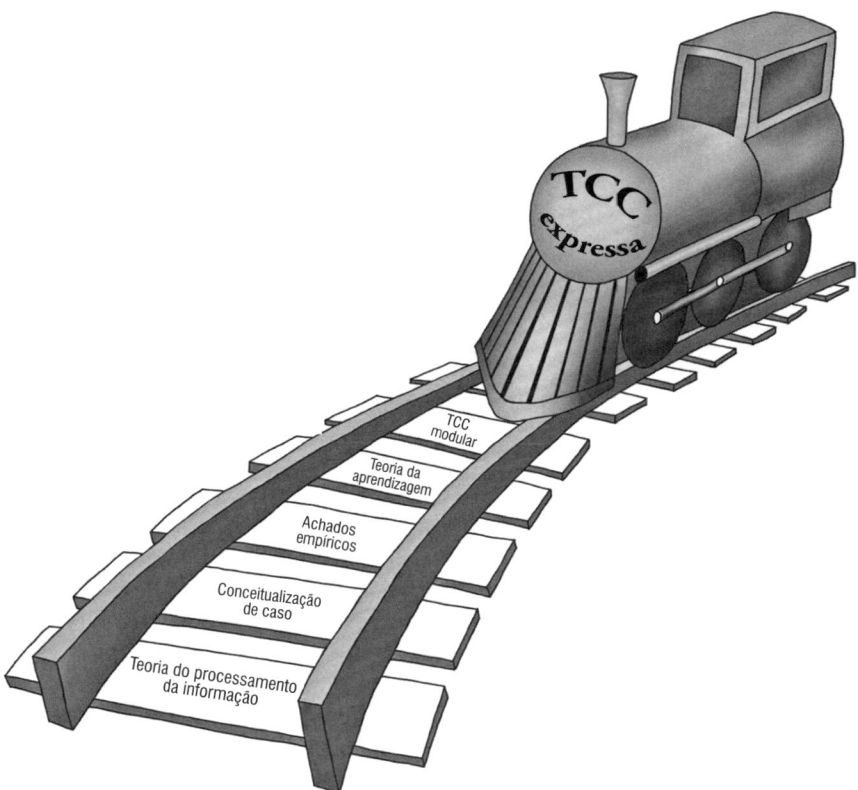

FIGURA 1.1 O trem da *TCC expressa*.

et al., 2016; Weiz & Kazdin, 2017). Os leitores que são novos na TCC ou desejam um texto que revise de forma abrangente a teoria/pesquisa devem usar como recursos as referências citadas.

Embora todos os procedimentos e práticas estejam firmemente alicerçados na literatura teórica e empírica, este não é um manual. *TCC expressa* é um conjunto de ferramentas clínicas. Em *TCC expressa*, não apresentamos uma discussão exaustiva da justificativa teórica e/ou do apoio empírico para nenhuma das intervenções. Oferecemos breves resumos da literatura fundamental e sugerimos recursos para leitura adicional.

Além disso, existe pouca orientação sobre conceitualização de caso. Esperamos que os leitores que explorarem este conjunto de ferramentas já estejam bem instruídos sobre os fundamentos da conceitualização de caso. Se as habilidades para conceitualização de caso dos leitores precisarem ser construídas começando do zero, eles devem metabolizar o material contido em Friedberg e McClure (2015); Beck (2011); Kuyken, Padesky e Dudley (2008); Persons (2008); e Manassis (2014). Uma lista das qualificações do usuário é apresentada em um teste "passa/não passa" na **Figura 1.2**.

TCC expressa é projetado para ser uma ferramenta clínica única. Oferecemos aos clínicos praticantes habilidades prontas para uso que podem ser transmitidas em segmentos de aproximadamente 15 minutos de uma sessão.

As técnicas são apresentadas em sua forma mais simples e mais resumida possível. As intervenções são descritas em estilo de falas curtas para favorecer sua aplicação fácil.

Com base no esquema conceitual descrito em trabalho anterior (Friedberg et al., 2009; Friedberg, Gorman, Hollar-Wilt, Biuckians, & Murray, 2012), os procedimentos são classificados pela sua filiação modular (psicoeducação, monitoramento do alvo, tarefas com-

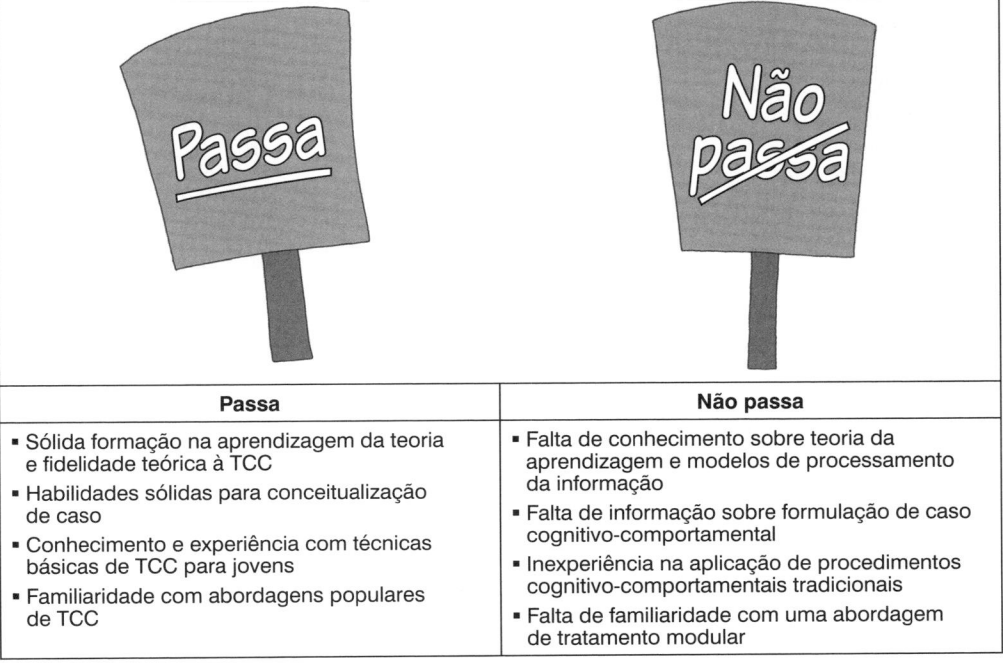

Passa	Não passa
▪ Sólida formação na aprendizagem da teoria e fidelidade teórica à TCC ▪ Habilidades sólidas para conceitualização de caso ▪ Conhecimento e experiência com técnicas básicas de TCC para jovens ▪ Familiaridade com abordagens populares de TCC	▪ Falta de conhecimento sobre teoria da aprendizagem e modelos de processamento da informação ▪ Falta de informação sobre formulação de caso cognitivo-comportamental ▪ Inexperiência na aplicação de procedimentos cognitivo-comportamentais tradicionais ▪ Falta de familiaridade com uma abordagem de tratamento modular

FIGURA 1.2 Regras passa/não passa para usar *TCC expressa*.

portamentais básicas, reestruturação cognitiva e experimentos/exposições). Os módulos representam os pistões da locomotiva da *TCC expressa* (**Figura 1.3**). Eles fazem o processo da terapia progredir! Uma variedade eclética de procedimentos está contida em cada módulo. Embora não tenhamos incluído uma descrição completa da TCC modular, apresentamos uma breve descrição destas partes funcionais como um lembrete para os leitores.

A psicoeducação prepara os pacientes para a terapia lhes ensinando sobre os problemas presentes e o curso da terapia. As informações podem ser transmitidas por meio de instrução verbal, panfletos, livros de exercícios, livros, jogos, música, vídeo e *sites* na internet. O monitoramento do alvo localiza os objetivos do tratamento e avalia o progresso. Medidas formais dos sintomas, índices de melhora funcional e instrumentos de satisfação da experiência do usuário/paciente podem servir como métricas do alvo. As tarefas comportamentais básicas incluem procedimentos para modificar o repertório dos pacientes. Ativação comportamental, relaxamento, habilidades sociais, *mindfulness*, tolerância ao estresse e contrato de contingências são exemplos de tarefas comportamentais básicas. A reestruturação cognitiva envolve formas simples e complexas de ajudar os pacientes a construírem interpretações melhores, mais acuradas e produtivas de si mesmos, dos outros e de suas experiências. Autoinstrução, resolução de problemas, reatribuição, testes de evidências e descatastrofização são tarefas de reestruturação cognitiva. O módulo final é de experimentos e exposições, onde os pacientes demonstram a aplicação das suas habilidades de enfrentamento enquanto se confrontam com o que previamente evitaram. Tocar superfícies contaminadas sem lavar as mãos excessivamente, ler em voz alta diante de grupos de colegas e realizar uma tarefa frustrante e exigente sem agressão verbal ou física são tipos de experimentos e exposições.

Este livro oferece intervenções para os profissionais implantarem de forma rápida, independentemente do contexto. Tais intervenções são concebidas para uso em diversos ambientes, e são planejadas para ser implantadas em várias disciplinas. As titulações que incluem terapeuta, profissional de saúde ou educação e clínico são usadas ao longo dos roteiros dos capítulos, e os exemplos de caso representam os vários papéis profissionais daqueles que vão considerar essas intervenções úteis em seu trabalho com crianças, adolescentes e famílias. Igualmente, reconhecemos que as famílias com quem trabalhamos têm uma variedade de relacionamentos, e os papéis de cuidador podem variar. Portanto, alguns exemplos nos próximos capítulos incluem casos que fazem referência a um genitor específico (mãe ou pai), enquanto outros fazem referência a um cuidador que pode incluir membros da família estendida. Para proteger a confidencialidade de nossos pacientes, todos os exemplos de caso são fictícios ou relatos clínicos camuflados. Eles representam uma combinação de nossos muitos casos.

ESTRUTURA DOS CAPÍTULOS

Na parte final dos Capítulos 2 a 8, os leitores vão encontrar folhas de apoio e folhas de exercícios úteis na forma de Cartões Práticos e Rápidos (PR). Os Cartões PR estão repletos de informações e lembretes sobre intervenções de *TCC expressa* e ajudarão as famílias a recordarem o que foi tratado durante a consulta. Também incluímos exemplos de folhas de exercícios preenchidas para ilustrar as técnicas. Os profissionais podem consultar rapidamente e usar esses Cartões PR em tempo real com as famílias, pois eles são organizados segundo o problema presente. Além disso, os Cartões PR orientam as famílias na utilização das intervenções *expressas* em casa.

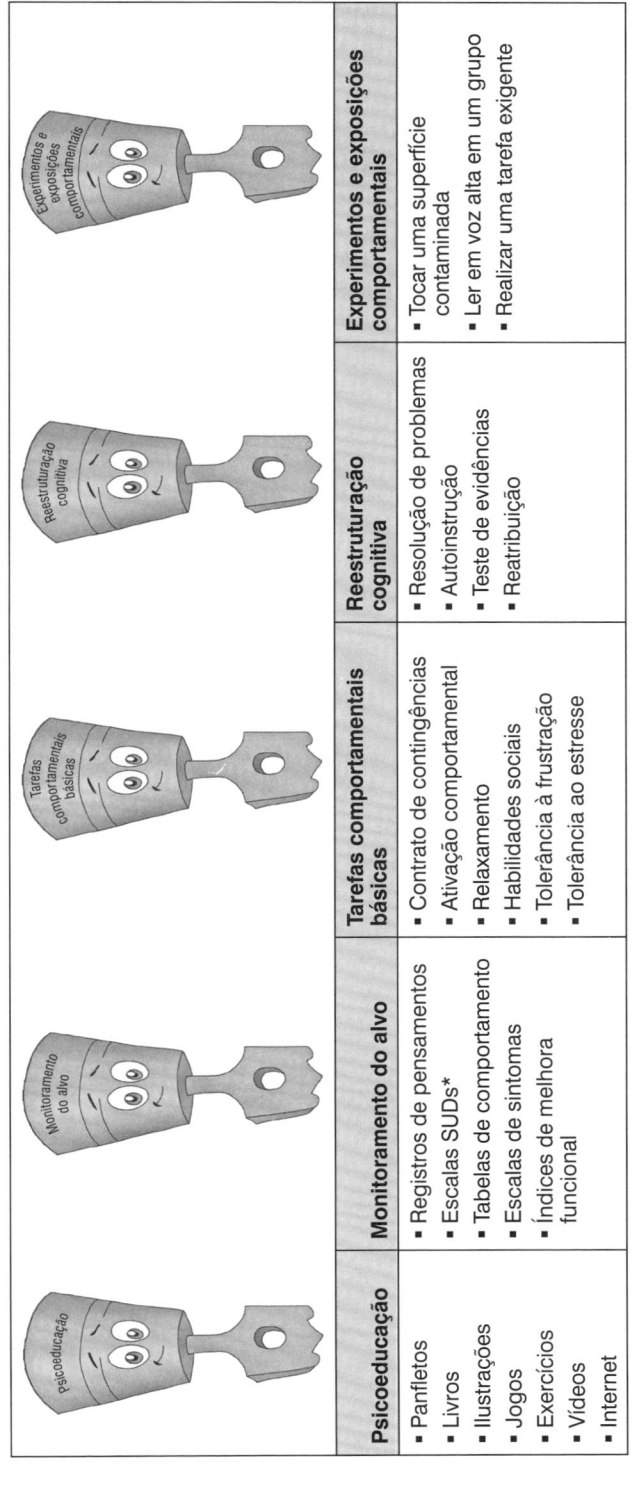

*N. de T. SUDs: unidades subjetivas de ansiedade, do inglês *subjective units of distress*.

FIGURA 1.3 Pistões da locomotiva da *TCC expressa*.

Exemplos e roteiros de diálogos orientam os profissionais sobre como introduzir eficientemente e desenvolver as técnicas de uma forma significativa no espaço de 15 minutos. As Seções "O que o terapeuta pode dizer" e "O que o terapeuta pode fazer" demonstram como manter as famílias focadas nas intervenções, mesmo no contexto de quadros clínicos complexos.

O Capítulo 2 oferece orientação para a identificação do alvo do tratamento, e os Capítulos 3 a 8 fornecem intervenções para esses alvos depois que eles são identificados. A cada intervenção, segue uma sugestão de referência fácil para uso pelos profissionais. A idade-alvo para a intervenção, o módulo, o objetivo, a justificativa, os materiais necessários e o tempo previsto para execução estão todos resumidos no começo de cada intervenção expressa para ajudar os profissionais a escolherem as intervenções rapidamente.

Os leitores podem empregar a *TCC expressa* em inúmeros contextos e aplicar as técnicas a uma variedade de problemas e populações. Esperamos que você aproveite a jornada!

2

Localizando o alvo do tratamento

Preparar... Apontar... Fogo!

SOBRE O QUE É ESTE CAPÍTULO?

Incluímos este capítulo em *TCC expressa* por um motivo importante. Mesmo que este livro seja planejado para lhe fornecer incontáveis estratégias clínicas, um primeiro passo essencial é identificar corretamente um alvo do tratamento. Os procedimentos vão cair por terra se forem direcionados para um alvo incorreto. Por exemplo, se você tenta mudar uma cognição emocionalmente sanitizada (*insight* racional) com uma técnica de reestruturação cognitiva prática e rápida, as programações mentais dos jovens pacientes provavelmente permanecerão as mesmas e eles poderão até reclamar que já entendem que seu pensamento está desativado, mas a intervenção não os ajuda a se sentirem melhor.

Os Capítulos 3 a 8 incluem seções que lhe oferecem um enquadramento conceitual básico para muitos procedimentos de *TCC expressa*. A análise funcional proporciona um contexto para os procedimentos comportamentais e cognitivos. A atenção baseada em medidas é fundamental tanto para um bom atendimento clínico quanto para o reembolso financeiro futuro. A incorporação dos princípios da atenção baseada em medidas à sua prática lhe dá um *feedback* sobre o andamento do tratamento e é uma forma de melhoria contínua da qualidade. Além do mais, é extremamente provável que a maioria dos pagadores terceirizados vá requerer um *feedback* baseado em medidas para garantir que o dinheiro deles está comprando serviços baseados em valores.

Em suma, este capítulo serve a um triplo propósito. Primeiro, o material fornece as bases conceituais necessárias para os procedimentos *Expressos*. Segundo, o capítulo enfatiza a importância da identificação dos alvos do tratamento e a medida do progresso em direção aos objetivos. Terceiro, os leitores são alertados para a provável necessidade de praticar a atenção baseada em medidas no contexto da reforma da atenção à saúde comportamental.

ANÁLISE FUNCIONAL: EMBASAMENTO TEÓRICO E EMPÍRICO

A análise funcional tem longa tradição no desenvolvimento de uma compreensão das ações comportamentais em abordagens no espectro cognitivo-comportamental (Cone, 1997; Haynes, O'Brien, & Kaholokula, 2011; Kazdin, 2001; McLeod, Jensen-Doss, & Ollendick, 2013). As origens da análise funcional estão nos paradigmas da aprendizagem operante e clássica. Nossos comportamentos e ações são direcionados para o aumento da probabilidade de consequências positivas ou para escapar de resultados adversos. Kazdin (2001) explicou de forma convincente: "o objetivo da análise funcional é identificar as condições que controlam a ocorrência e manutenção do comportamento" (p. 103).

O uso da análise funcional oferece várias vantagens para os clínicos (Kazdin, 2001). Primeiro, quando você especifica os sinais e as consequências do comportamento-problema, os parâmetros em torno da dificuldade ficam mais aparentes. Segundo, as ações são mais bem entendidas examinando-as dentro do contexto em que elas acontecem. Terceiro, o autocontrole das crianças é aprimorado. Mais especificamente, quando são identificados os desencadeadores e os resultados contingentes, os jovens podem aprender habilidades para lidar com os estressores e procurar ações produtivas.

Em suma, a análise funcional mapeia nosso comportamento. A realização de uma análise funcional o ajuda a identificar rapidamente o contexto dinâmico em que as ações existem e os fatores que influenciam a sua frequência, intensidade e duração.

CIDADE DO ALFABETO: O ABC DA ANÁLISE FUNCIONAL

A análise funcional toma forma através do modelo ABC. "A" se refere aos *antecedentes*, que são os sinais que provocam o comportamento. Os As podem ser estímulos que conduzem diretamente ao comportamento como, por exemplo, ser alvo de *bullying*, fazer um teste ou acabar um relacionamento. Além disso, as condições circundantes ou de fundo que preparam o terreno para o comportamento também são As. Exemplos incluem a presença de determinadas pessoas, a hora do dia ou o nível de ruído na sala. Por último, estímulos internos podem motivar ações das crianças. Estes sinais internos podem ser aceleração do batimento cardíaco, tensão muscular e experiências afetivas negativas.

Os Bs se referem a *comportamentos* (*behaviors*) alvo, ou o que gostamos de chamar "os suspeitos usuais". Esses comportamentos são os comportamentos ou ações-problema que os clínicos procuram mudar. É muito importante ser o mais preciso possível na identificação dos Bs. Ter como alvos Bs vagos pode fazer com que as intervenções terapêuticas falhem. É necessário esforço considerável para definir esses suspeitos usuais. Cuidadores, professores e os próprios jovens pacientes frequentemente descrevem os suspeitos usuais em linhas gerais. Por exemplo, os adultos podem se queixar de que os jovens têm más atitudes ou que não os escutam, ou os pacientes podem descrever que se sentem "estranhos", o que requer que o terapeuta concretize o problema em termos específicos.

O Cartão PR 2.1 (p. 16) o orienta na definição do "suspeito comportamental usual" envolvido na descrição da queixa geral feita pela criança ou pelo cuidador. Na coluna da esquerda, denominada "o suspeito usual", o problema presente da criança é apresentado como uma questão vagamente construída (p. ex., a escola é chata). Na coluna da direita, são sugeridos alguns questionamentos para ajudá-lo a definir operacionalmente os alvos do tratamento.

Os Cs são as *consequências* que tornam mais ou menos provável que os Bs voltem a ocorrer. Em geral, os Cs são classificados como reforçadores ou punidores. Os reforçadores podem ser positivos ou negativos. Muitos profissionais ficam desnecessariamente confusos sobre o reforço negativo. Tenha apenas em mente alguns pontos simples: tanto o reforço positivo quanto o reforço negativo servem para *aumentar* a função do comportamento. Entretanto, reforço positivo envolve acrescentar (+) alguma coisa agradável. Por outro lado, reforço negativo é subtrair ou remover (-) alguma coisa negativa (-) para aumentar o comportamento.

As recompensas adquirem seu valor através do olhar do observador. Lembre-se de que as recompensas só possuem força se as crianças as valorizam. Portanto, você vai precisar trabalhar para descobrir o valor de reforço de diferentes recompensas. O Cartão PR 2.2 (p. 17) lhe fornece algumas perguntas a serem feitas aos cuidadores e às crianças para descobrir as recompensas mais indicadas.

As consequências mais típicas que diminuem a frequência do comportamento são o custo de resposta e os procedimentos de punição. O castigo e a remoção de recompensas e privilégios são procedimentos típicos de custo de resposta.

O Cartão PR 2.3 (p. 18) serve como um lembrete prático sobre reforço positivo, reforço negativo e custo de resposta.

A rubrica ABC forma a arquitetura da análise funcional. A identificação precisa dos As e Cs produz um mapa do percurso clínico. O Cartão PR 2.4 (p. 19) lhe fornece perguntas específicas para encontrar os As e Cs enquanto você circula pela Cidade do Alfabeto. Para encontrar o local correto na Rua A, verifique a coluna da esquerda no cartão. As perguntas no lado direito localizam o ponto correto na Rua C.

Depois que você e seus pacientes tiverem especificado as rotas A e C para os comportamentos das crianças (B), você estará pronto para esboçar um mapa personalizado da Cidade do Alfabeto para seu paciente. As **Figuras 2.1** e **2.2** lhe mostram o caminho.

Na **Figura 2.1**, o comportamento obediente (B) de Jody é desencadeado por um comando efetivo (A) (p. ex., "Jody, por favor, desça para jantar"). Por sua vez, o comportamento obediente de Jody é seguido por um reforço positivo contingente (p. ex., "Como fez o que eu disse, poderá escolher a sobremesa esta noite"). A obediência é estabelecida por comandos claros e reforço positivo.

A **Figura 2.2** mapeia o comportamento evitativo de André. André experimenta desencadeadores antecedentes (A) (p. ex., vendo um comunicado, sentindo-se ansioso). Ele então evita a reunião do time e faz uma previsão catastrófica (p. ex., "Todos vão achar que eu sou um aspirante"). Seu comportamento de fuga é reforçado negativamente pelo alívio da sua ansiedade. Sua evitação é mantida pelo alívio temporário da sua ansiedade.

INTERVENÇÕES COMUNS BASEADAS NA ANÁLISE FUNCIONAL

Dar bons comandos ou instruções, fazer elogios e recompensar, remover privilégios e recompensas e aplicar castigos efetivos são procedimentos comuns nascidos de análises funcionais. Você poderá encontrar aplicações específicas destas intervenções no Capítulo 3 (sobre desobediência). Nesta seção, apresentamos apenas algumas rubricas básicas de amplo espectro.

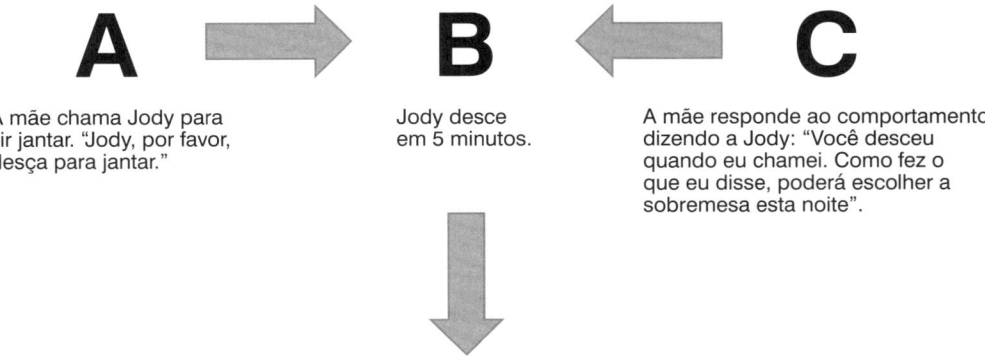

FIGURA 2.1 Exemplo do mapa para a Cidade do Alfabeto de Jody.

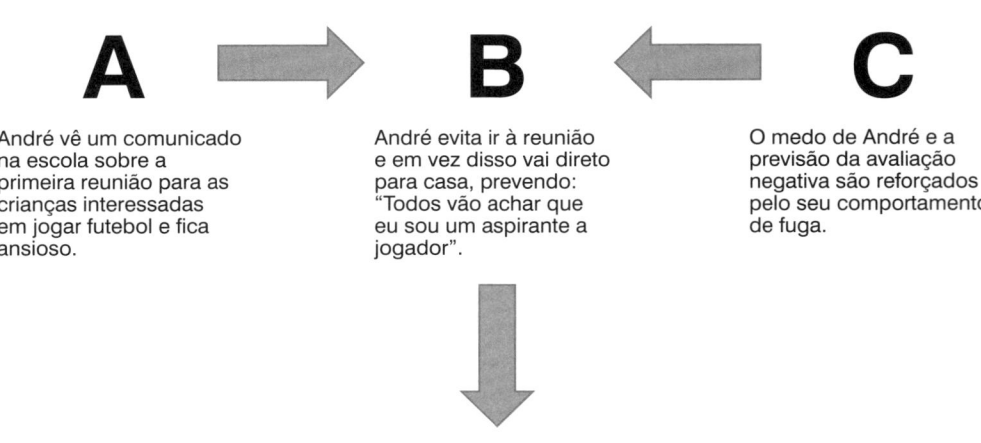

FIGURA 2.2 Exemplo do mapa para a Cidade do Alfabeto de André.

Dando bons comandos

Dar bons comandos é um primeiro passo para ensinar crianças a se comportarem de acordo com expectativas razoáveis. Para ajudar as crianças a aprenderem a obedecer, você precisará treinar pais, professores e outros cuidadores sobre como fazer pedidos efetivos. A análise funcional lhe mostra o caminho!

Estamos nos referindo a dar comandos como "sinais de chamada". As dicas no Cartão PR 2.5 (p. 20) estão baseadas em conceitos fundamentais na análise funcional. Primeiramente você precisa garantir que o cuidador capture a atenção da criança (p. ex., faça contato visual). Segundo, os cuidadores devem dar comandos claros, educados e calmos. Terceiro, as solicitações não devem incluir afirmações do tipo "vamos" (p. ex., "Vamos lavar os pratos"), "nós" (p. ex., "Nós precisamos colocar nossos sapatos") ou "por que" (p. ex., "Por que você não começa a fazer suas tarefas"). Em vez disso, os sinais de chamada são específicos e diretos ("Preciso que você coloque os pratos na lavadora antes de sair"; "Coloque seus sapatos agora, por favor"; "Está na hora de recolher suas roupas sujas"). Por último, as pessoas que dão bons sinais de chamada não inundam as crianças com múltiplos comandos e/ou comandos desnecessários.

Elogiando e recompensando

O reforço positivo é a melhor maneira de construir comportamento positivo. No entanto, dar elogios e recompensas não é tão fácil quanto parece. Baseados em extensas pesquisas da teoria da aprendizagem, vários autores (Chorpita & Weiz, 2009; Nangle, Hansen, Grover, Kingery, & Suveg, 2016) identificaram as pérolas do elogio e do reforço efetivo.

O Cartão PR 2.6 (p. 21), um auxílio para pais e clínicos, lista as estratégias básicas para fazer elogios eficazes. Primeiro, o bom elogio é específico (p. ex., "Você fez todo o seu dever de casa hoje à noite!") em vez de um elogio vago (p. ex., "Muito bom"). O segundo ponto a ser comunicado aos pais é que eles não têm que elogiar cada comportamento. O elogio deve ser aplicado a comportamentos que refletem nova aprendizagem. Os pais e cuidadores precisam identificar comportamentos que desejam aumentar e que estão ocorrendo com pouca frequência ou que apenas estão começando a emergir. Esses comportamentos devem ser os alvos dos elogios e recompensas.

Recompensas imediatas são preferíveis a consequências tardias. Isso é especialmente verdadeiro para crianças impulsivas e aquelas pessoas jovens que acham difícil adiar a gratificação. Os elogios e recompensas devem estar associados ao comportamento que você está procurando aumentar. Os armários de recompensas dos cuidadores devem ter um estoque completo com uma variedade de reforçadores positivos que variem em magnitude. Por fim, o tipo e a magnitude da recompensa devem ser proporcionais às conquistas comportamentais das crianças (p. ex., pequena conquista = pequena recompensa; grande conquista = grande recompensa).

Removendo recompensas e privilégios

Remover recompensas e privilégios é um procedimento de custo de resposta. Quando uma criança se comporta mal, ela tem que arcar com os custos. Tipicamente, a penalidade envolve retirar uma recompensa ou privilégio valorizado. Várias fontes oferecem fundamentos para a remoção de recompensas e privilégios (Chorpita & Weisz, 2009; Kazdin, 2008).

O Cartão PR 2.7 (p. 22) oferece aos pais lembretes úteis sobre a remoção de recompensas e privilégios. Em primeiro lugar, como é feito com a apresentação de recompensas e privilégios, a sua retirada precisa estar explicitamente associada aos comportamentos das crianças (p. ex., "Como você bateu na sua irmã quando vocês estavam jogando no iPad, você não pode jogar esta noite"), Segundo, o tipo de recompensa ou privilégio removido e a duração da sua retirada devem ser proporcionais ao mau comportamento da criança. Independentemente do que a criança fez, as recompensas e privilégios não devem ser removidos por longos períodos de tempo. Se as crianças forem forçadas a viver sem alguma coisa por uma semana, vão aprender a viver sem ela, tornando a estratégia de manejo comportamental menos efetiva. Por último, Kazdin (2008) recomenda uma proporção mínima de cinco declarações reforçadoras/recompensas para um procedimento de custo de resposta.

Aplicando castigos eficazes

O castigo é outro procedimento de custo de resposta. Em termos simples, castigo se refere a remover a criança de uma situação reforçadora como penalidade por mau comportamento. Como com outros procedimentos, os leitores devem consultar recursos que descrevam de forma mais completa estas estratégias de manejo do comportamento (Chorpita & Daleiden, 2009; Drayton et al., 2012; Kazdin, 2008).

O Cartão PR 2.8 (p. 23) oferece indicadores para a aplicação de castigo. Em primeiro lugar, o castigo deve ser aplicado imediatamente após o comportamento indesejável. Os especialistas concordam que os comandos para ir para o castigo devem ser breves e ir direto ao ponto. Chorpita e Weisz (2009) sugerem um rudimento prático ("10 para 10"), em que o comando é dado em 10 segundos com 10 palavras. O castigo começa quando a criança se senta e fica quieta. Castigos curtos são preferíveis aos longos. Muitos profissionais que trabalham na orientação de pais concordam que os castigos devem durar não mais que 1 minuto por idade da criança (p. ex., criança de 4 anos = 4 minutos de castigo), embora esta não seja uma regra rígida. Para muitas crianças que estão no extremo mais velho da variação de 2-11 anos, um castigo mais curto é não somente eficaz como também mais administrável para os cuidadores. Por fim, depois que termina o castigo, os pais e cuidadores precisam procurar oportunidades de elogiar a criança pelos comportamentos alternativos desejados.

EI! PARCELAS MENTAIS ÚNICAS!

Como os terapeutas cognitivo-comportamentais prontamente reconhecem, os pensamentos automáticos (PAs) direcionam a maioria das experiências das crianças. Entretanto, nem todos os pensamentos são criados iguais. Alguns pensamentos são benignos e não dolorosos emocionalmente. Outras crenças implicam um impacto emocional. Como clínico que trabalha em *TCC expressa*, você vai querer identificar rápida e eficientemente o PA com a carga afetiva mais alta. Para fazer isso, você precisará identificar as parcelas mentais únicas. Esta seção ajuda a reconhecer os pensamentos que acompanham diferentes sentimentos estressantes.

Embasamento teórico e empírico

A hipótese da especificidade de conteúdo é apoiada pela ciência laboratorial que investiga produtos cognitivos que acompanham estados emocionais particulares (Cho & Telch, 2005; Ghahramanlou-Holloway, Wenzel, Lou, & Beck, 2007; Lamberton & Oei, 2008; Schniering & Rapee, 2002). Os leitores interessados devem consultar Beck (1976) e também Friedberg e McClure (2015) para maior cobertura deste tópico.

A hipótese da especificidade de conteúdo permite que os clínicos identifiquem pensamentos emocionalmente carregados. Além disso, é uma forma útil de separar múltiplos pensamentos e sentimentos. Por exemplo, na prática clínica, crianças e adolescentes frequentemente experimentam múltiplos sentimentos e pensamentos relacionados à mesma situação. Saber quais pensamentos acompanham quais emoções permite que os clínicos identifiquem as conexões específicas.

Segundo a hipótese da especificidade de conteúdo, a depressão é caracterizada por temas de perda, privação e fracasso. A depressão é acompanhada por uma visão negativa de si mesmo (p. ex., "Sou um perdedor"), visão negativa dos outros e das próprias experiências (p. ex., "Os outros querem me prejudicar") e visão negativa do futuro (p. ex., "As coisas nunca vão melhorar"). O tema central da ansiedade é perigo ou ameaça. Quando as crianças experimentam perigo, elas superestimam a probabilidade e a magnitude do perigo, se esquecem dos fatores de resgate e com frequência ignoram os recursos de enfrentamento. Como um leitor atento, você pode reconhecer a superestimação da magnitude do perigo como catastrofização. A ansiedade social tem conteúdo catastrófico que enfatiza o medo da avaliação negativa. O pânico envolve a interpretação catastrófica equivocada de sensações corporais normais.

Quando as crianças experimentam raiva, elas focam a atenção crítica nos outros em vez de nelas mesmas. O conteúdo específico está centrado em fazer atribuições hostis sobre comportamentos de outra pessoa, o que inclui rotular a pessoa, acreditar que alguém rompeu as regras que o indivíduo tem privadamente e perceber de forma incorreta os resultados indesejados como injustos. O Cartão PR 2.9 (p. 24) apresenta um guia de bolso do clínico para a hipótese da especificidade de conteúdo.

O Cartão PR 2.10 (p. 25) é um guia do profissional para a identificação de cognições significativas. Perguntas "Espiãs" são fornecidas para ajudá-lo a isolar com precisão o conteúdo cognitivo único associado a diferentes estados de humor. As perguntas "Espiãs" são uma lista ilustrativa, mas não exaustiva. Portanto, sinta-se à vontade para modificá-las, desde que se mantenha fiel ao objetivo de investigar os vários temas (p. ex., perigo, perda, violação).

ATENÇÃO BASEADA EM MEDIDAS

Na nova era da reforma da atenção à saúde comportamental, a qualidade conta (Friedberg & Rozbruch, 2016). Ao escrever sobre questões de reembolso para psicoterapia, muitos anos atrás, Barker (1983) disse: "Ninguém estará disposto a pagar continuamente grandes somas em dinheiro por qualquer coisa, a menos que tenha certeza do seu valor" (p. 76). Essa afirmação profética permanece verdadeira mais de 30 anos depois. O valor do dinheiro empregado na atenção à saúde comportamental é a nova palavra de ordem. Os profissionais que produzem bons resultados para os problemas dos pacientes vão receber pagamentos de prêmios (Bickman, 2008; Kirch & Ast, 2017; Unutzer et al., 2012).

Clínicos e pacientes se beneficiam do constante *feedback* sobre o progresso do tratamento (Scott & Lewis, 2015). Quando os pacientes melhoram durante e após o curso do tratamento, tanto os pacientes quanto os profissionais se beneficiam. Em sentido mais amplo, um melhor fornecimento de serviço aumenta a confiança do público na psicoterapia infantil. Como consequência, mais encaminhamentos são gerados e as taxas de reembolso provavelmente vão aumentar. Por fim, a maior provisão de atendimento de qualidade afasta os "limões" do mercado da atenção à saúde comportamental.

Friedberg (2015) discutiu o problema dos "limões" em psicoterapia. Um limão é um produto ou serviço deficiente que é insatisfatório para os consumidores (Akerof, 1970). Naturalmente, as pessoas não pagam preços elevados por serviços de má qualidade. Quando os limões abundam no mercado, os serviços e produtos de má qualidade persistem, e o valor geral para serviços similares declina. Friedberg (2015) observou que nestas circunstâncias "tudo tem igual valor e é valorizado pelo preço mais baixo" (p. 339). Assim sendo, a atenção baseada em medidas é uma forma de monitorar a qualidade e demonstrar que os seus serviços são pêssegos, e não limões.

A atenção baseada em medidas ganhou muito apelo ao ajudar a melhorar o trabalho clínico com crianças e adolescentes. Simplificando, a atenção baseada em medidas se refere ao processo de coletar, de forma regular e repetida, os resultados dos pacientes ao longo do tempo para avaliar seu progresso (Bickman, 2008; Bickman, Kelley, Breda, de Andrade, & Riemer, 2011). A atenção baseada em medidas está relacionada ao crescente progresso no tratamento (Lambert et al., 2002). Além do mais, em pacientes jovens, a atenção baseada em medidas foi associada a um ritmo mais rápido de melhora (Bickman et al., 2011). Em sua revisão, Scott e Lewis (2015) resumiram os resultados de múltiplos estudos mostrando que a atenção baseada em medidas resultou em melhor tomada de decisão e julgamentos por parte dos clínicos.

A atenção baseada em medidas permite que tanto os clínicos quanto os pacientes avaliem o retorno do seu investimento. Simplesmente, estas métricas lançam luz sobre o que está funcionando no tratamento. O monitoramento regular do tratamento facilita os ajustes necessários durante o processo de tratamento, informa os profissionais sobre quando manter o curso do tratamento e quando fazer correções. Além disso, a atenção baseada em medidas permite que os clínicos saibam que tipos de correções podem ser feitas caso estejam indicadas.

Números de rastreamento

Se você alguma vez já encomendou alguma coisa *on-line* ou usou um serviço de entrega de encomendas, sabe o que são números de rastreamento. Um número de rastreamento serve para monitorar o processo desde o envio até o recebimento. Assim, se o envio for desviado ou perdido, há uma maneira de identificar e corrigir isso. Isto é exatamente o que nós, como terapeutas em terapia cognitivo-comportamental (TCC), fazemos para monitorar o progresso do tratamento. Para entregar de forma efetiva e eficiente uma dose apropriada de *TCC expressa*, os terapeutas precisam empregar uma métrica relevante para avaliar o progresso em direção aos objetivos.

Há inúmeras formas pelas quais você pode avaliar o resultado do tratamento. Estes métodos podem refletir melhoras funcionais, reduções nos sintomas e/ou experiências do usuário (Scott & Lewis, 2015). Além disso, dependendo das circunstâncias da sua prática, esses métodos podem ser medidas padronizadas ou construídas individualmente. Independentemente do tipo de medida que você escolhe empregar, estas ferramentas devem ser simples, rápidas e relevantes para as questões clínicas. Dito de modo simples, o valor é multiplamente determinado por uma combinação de instrumentos baseados em medidas. A **Figura 2.3** ilustra o ponto. Assim sendo, recomendamos que os clínicos empreguem diversas formas de demonstrar os benefícios do valor agregado dos serviços que eles fornecem.

As medidas da melhora funcional são métricas personalizadas planejadas para acompanhar a melhora no funcionamento de pacientes específicos. Estes índices funcionais podem envolver o registro dos números de dias de falta à escola, visitas à enfermaria da escola, dosagens reduzidas da medicação, etc. O Cartão PR 2.11 (p. 26) lista vários exemplos práticos de métricas da melhora funcional. Deve ser observado que as melhoras funcionais são muito atraentes para os pagadores e também para os pacientes. No entanto, mudanças nos resultados funcionais podem ser difíceis de acontecer. Talvez seja por isso que elas são tão atraentes.

As reduções nas medidas objetivas do sintoma são comumente usadas para acompanhar o progresso. Há muitas opções para inventários objetivos dos sintomas.

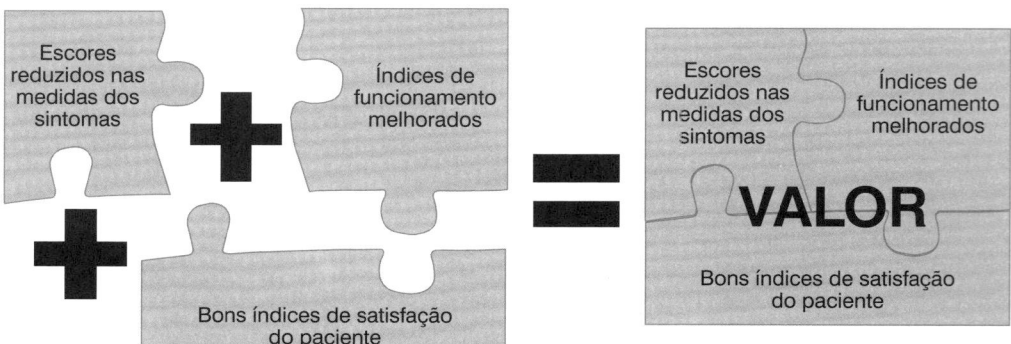

FIGURA 2.3 Avaliando os resultados do tratamento.

Friedberg e colaboradores (2009) listaram escalas frequentemente escolhidas que são protegidas por direitos autorais e de domínio público. Em uma revisão muito abrangente, Beidas e colaboradores (2015) descreveram medidas gratuitas, de baixo custo, válidas e confiáveis que são especialmente atraentes para agências, clínicas e profissionais com orçamentos reduzidos.

Experiência do usuário

Além dos números de rastreamento, medidas da experiência do usuário são úteis para avaliar o atendimento. Instrumentos para medir a experiência do usuário exploram a percepção que os pacientes e as famílias têm do tratamento e a satisfação com seus serviços. Scott e Lewis (2015) observaram que medidas da aliança de tratamento são essencialmente medidas da experiência do usuário. Concluindo, Miller (2015) defendeu que terceiros pagantes prestam especial atenção aos índices de satisfação do paciente.

CONCLUSÃO

Equipado com um conhecimento da análise funcional, hipótese da especificidade de conteúdo e atenção baseada em medidas, você está pronto para continuar na *TCC expressa*. Os próximos capítulos estarão baseados nestes princípios e oferecem aplicações específicas de intervenções efetivas da TCC para a implantação expressa em uma variedade de contextos. Os Cartões PR (folhas de exercícios e folhas de apoio Práticas e Rápidas) encontrados no final de cada capítulo servirão como sugestões e lembretes para as famílias e os clínicos quando implantarem as intervenções em casa, na escola ou em uma clínica ou ambiente hospitalar.

Cartão PR 2.1

Exemplo de perguntas para identificar os suspeitos usuais

O suspeito usual	Perguntas para identificar o suspeito usual
A escola é muito chata para mim.	■ Que coisas na escola são chatas? ■ Que coisas são interessantes? ■ Como você pode saber a diferença? ■ Se a escola não fosse tão chata, o que seria diferente? ■ Como você reage quando está preso na escola chata o dia inteiro? ■ Como você faz para que outras pessoas saibam que você está entediado?
Ele não ouve.	■ O que ele faz quando não ouve? ■ Como ele age? ■ Como você sabe que ele não está ouvindo? ■ Como você consegue saber quando ele está ouvindo?
Eu me sinto estranho.	■ O que você faz quando se sente estranho? ■ Como os outros saberiam que você se sente estranho? ■ O que passa pela sua cabeça quando você se sente estranho?

De *TCC expressa*. McClure, Friedberg, Thordarson e Keller. Copyright © 2019 The Guilford Press. É permitido aos leitores deste livro copiar este Cartão PR para uso pessoal ou para uso com os clientes (ver página de direitos autorais para detalhes). Os leitores têm permissão para fazer *download* de cópias adicionais deste Cartão PR (ver quadro no final do Sumário deste livro).

Cartão PR 2.2
Investigando os reforçadores

Que atividades _____ faz muito?

O que _____ faz por diversão?

O que é um incentivo para _____ ?

O que melhora o humor de _____ ?

O que faz _____ se sentir bem?

O que faz _____ se sentir melhor?

O que _____ valoriza?

Pelo quê _____ está disposto a trabalhar?

Do que _____ gosta?

De *TCC expressa*. McClure, Friedberg, Thordarson e Keller. Copyright © 2019 The Guilford Press. É permitido aos leitores deste livro copiar este Cartão PR para uso pessoal ou para uso com os clientes (ver página de direitos autorais para detalhes). Os leitores têm permissão para fazer *download* de cópias adicionais deste Cartão PR (ver quadro no final do Sumário deste livro).

Cartão PR 2.3
Lembretes sobre reforço positivo, reforço negativo e custo de resposta

Reforço positivo	Alguma coisa AGRADÁVEL OU DESEJÁVEL (+) é ACRESCENTADA e o comportamento posteriormente AUMENTA.

- Sammy faz seu dever de casa e seu pai joga com ele um jogo especial no computador. Posteriormente, sua adesão ao dever de casa aumenta.
- Isto é um reforço porque o efeito do procedimento é AUMENTAR o comportamento.
- É positivo porque alguma coisa AGRADÁVEL é ACRESCENTADA.

Reforço negativo	Alguma coisa DESAGRADÁVEL OU INDESEJÁVEL é REMOVIDA e o comportamento posteriormente AUMENTA.

- Daniela acha desagradáveis os comentários críticos do seu professor do coral.
- Posteriormente, ela continua a faltar à prática do coral.
- Este processo é reforçador porque o estímulo DESAGRADÁVEL é SUBTRAÍDO OU REMOVIDO.

Custo de resposta	Como resultado do mau comportamento, a criança recebe um castigo, como a REMOÇÃO de uma recompensa ou privilégio. O efeito é um DECRÉSCIMO na frequência da ocorrência do mau comportamento.

- Matilda propositalmente quebra vários lápis de cera de sua irmã enquanto elas estão colorindo. Sua mãe retira dela o restante dos lápis pelo resto do dia. Posteriormente, Matilda brinca com sua irmã sem danificar as coisas dela no futuro.
- Este é um custo de resposta, pois o mau comportamento fez com que ela pagasse um custo.

De *TCC expressa*. McClure, Friedberg, Thordarson e Keller. Copyright © 2019 The Guilford Press. É permitido aos leitores deste livro copiar este Cartão PR para uso pessoal ou para uso com os clientes (ver página de direitos autorais para detalhes). Os leitores têm permissão para fazer *download* de cópias adicionais deste Cartão PR (ver quadro no final do Sumário deste livro).

Cartão PR 2.4
Especificando os ABCs

A?	B?	C?
Que palavras você usa quando faz solicitações e dá comandos? Como você diz às pessoas para fazerem alguma coisa? Quando você dá comandos/ faz solicitações? O que acontece um pouco antes? O que passa pela sua cabeça um pouco antes de _____? Que sentimentos você tem antes de _____? Quem está por perto quando você _____?		O que acontece depois? O que se segue ao comportamento de _____? Como você faz para que _____ saiba que você aprova/desaprova o que ele/ela faz? O que você obtém com _____? O que _____ lhe dá?

De *TCC expressa*. McClure, Friedberg, Thordarson e Keller. Copyright © 2019 The Guilford Press. É permitido aos leitores deste livro copiar este Cartão PR para uso pessoal ou para uso com os clientes (ver página de direitos autorais para detalhes). Os leitores têm permissão para fazer *download* de cópias adicionais deste Cartão PR (ver quadro no final do Sumário deste livro).

Cartão PR 2.5
Sinais de chamada: dando comandos efetivos

✓ Faça contato visual.

✓ Seja educado e calmo.

✓ Seja claro e vá direto ao ponto.

✓ Evite comandos do tipo "por que", "vamos" e/ou "nós".

✓ Seja exigente quanto ao tempo quando você faz uma solicitação.

✓ Seja seletivo quanto ao número e tipos de comandos que você dá e solicitações que faz.

MENOS É SEMPRE MAIS.

De *TCC expressa*. McClure, Friedberg, Thordarson e Keller. Copyright © 2019 The Guilford Press. É permitido aos leitores deste livro copiar este Cartão PR para uso pessoal ou para uso com os clientes (ver página de direitos autorais para detalhes). Os leitores têm permissão para fazer *download* de cópias adicionais deste Cartão PR (ver quadro no final do Sumário deste livro).

Cartão PR 2.6

Dicas para fazer elogios eficazes

✓ O bom elogio é específico.
   "Você se saiu muito bem na prova de matemática. Seu estudo está valendo a pena!" em vez de *"Bom trabalho"*.

✓ Não elogie todos os comportamentos ou realizações. Você deve elogiar o comportamento que é novo e apropriado para a idade do seu filho.

✓ Estas declarações devem se seguir ao comportamento desejado o mais rápido possível.

✓ Seja entusiástico com o elogio.

✓ Considere associar o elogio a um abraço ou um tapinha nas costas se o jovem valoriza o afeto físico.

É IMPORTANTE ESTAR ATENTO ÀS SITUAÇÕES EM QUE SEU FILHO ESTÁ SE COMPORTANDO BEM PARA QUE O ELOGIO POSSA SER DADO FREQUENTEMENTE.

De *TCC expressa*. McClure, Friedberg, Thordarson e Keller. Copyright © 2019 The Guilford Press. É permitido aos leitores deste livro copiar este Cartão PR para uso pessoal ou para uso com os clientes (ver página de direitos autorais para detalhes). Os leitores têm permissão para fazer *download* de cópias adicionais deste Cartão PR (ver quadro no final do Sumário deste livro).

Cartão PR 2.7

Dicas para remover recompensas e privilégios

✓ Associe o castigo ao mau comportamento da criança.
  "Como você não deu comida para o cachorro quando eu lhe pedi, vai perder 10 minutos de tempo de tela esta noite".

✓ O valor da recompensa ou privilégio deve se adequar ao grau de gravidade do mau comportamento.

✓ Remova uma recompensa ou privilégio por períodos de tempo mais curtos.

✓ Lembre-se de procurar exemplos do comportamento desejável e equilibrar cada custo de resposta com aproximadamente cinco reforços positivos (relação de 5 para 1).

De *TCC expressa*. McClure, Friedberg, Thordarson e Keller. Copyright © 2019 The Guilford Press. É permitido aos leitores deste livro copiar este Cartão PR para uso pessoal ou para uso com os clientes (ver página de direitos autorais para detalhes). Os leitores têm permissão para fazer *download* de cópias adicionais deste Cartão PR (ver quadro no final do Sumário deste livro).

Cartão PR 2.8
Dicas para aplicar castigos

✓ Os castigos devem ser aplicados imediatamente após o mau comportamento.

✓ A explicação para receber o castigo deve ser breve e ir direto ao ponto.
  "Como você bateu no seu irmão, vai ficar de castigo".

✓ O castigo tem início quando a criança está sentada e quieta.

✓ Castigos curtos são tão eficazes quanto os mais longos.

✓ Procure oportunidades de elogiar a criança por um comportamento desejável depois que ela sair do castigo.

De *TCC expressa*. McClure, Friedberg, Thordarson e Keller. Copyright © 2019 The Guilford Press. É permitido aos leitores deste livro copiar este Cartão PR para uso pessoal ou para uso com os clientes (ver página de direitos autorais para detalhes). Os leitores têm permissão para fazer *download* de cópias adicionais deste Cartão PR (ver quadro no final do Sumário deste livro).

Cartão PR 2.9
Guia do clínico para a hipótese da especificidade de conteúdo

Estado de humor	Conteúdo: Você localizou um "pensamento quente" se ele comunica de forma transparente...
Depressão	■ Visão negativa de si mesmo ■ Visão negativa dos outros e da própria experiência ■ Visão negativa do futuro
Raiva	■ Viés atributivo hostil ■ Sentimento de injustiça ■ Rotulação de outras pessoas ■ Violação de regras pessoais
Ansiedade	■ Superestimação da magnitude do perigo ■ Superestimação da probabilidade do perigo ■ Negligência para com os fatores de resgate ■ Desconsideração dos recursos de enfrentamento
Ansiedade social	■ Temor de avaliação negativa
Pânico	■ Interpretação catastrófica de sensações corporais normais

De *TCC expressa*. McClure, Friedberg, Thordarson e Keller. Copyright © 2019 The Guilford Press. É permitido aos leitores deste livro copiar este Cartão PR para uso pessoal ou para uso com os clientes (ver página de direitos autorais para detalhes). Os leitores têm permissão para fazer *download* de cópias adicionais deste Cartão PR (ver quadro no final do Sumário deste livro).

Cartão PR 2.10
Espião das parcelas mentais únicas

Estado de humor	Exemplo de perguntas "espiãs"
Depressão	■ Que julgamentos negativos você está fazendo? ■ O que você está dizendo a si mesmo que o deixa culpado? ■ De que forma você está se menosprezando? ■ O que a sua crítica interna está dizendo? ■ Que coisas negativas sobre si mesmo estão "pipocando" na sua mente? ■ Que mensagens sombrias estão brotando na sua mente? ■ O quanto de confiança tem de que as coisas vão dar certo para você? ■ O quanto você tem FOMO (*Fear of Missing Out* – Medo de Perder)? ■ O que você acha que perdeu? ■ Que coisas você não vê como possíveis para você?
Ansiedade	■ Qual é o perigo? ■ Qual é o risco? ■ Qual é o desastre? ■ Qual é a ameaça? ■ Que coisas horríveis você está esperando que aconteçam? ■ Que coisas terríveis você está adivinhando que vão acontecer? ■ O que é insuportável? ■ O que sua mente lhe diz sobre sua habilidade de enfrentamento?
Raiva	■ Que regras suas os outros estão quebrando? ■ Como você chama alguém que quebra as suas regras? ■ O quanto você acha isto justo?

De *TCC expressa*. McClure, Friedberg, Thordarson e Keller. Copyright © 2019 The Guilford Press. É permitido aos leitores deste livro copiar este Cartão PR para uso pessoal ou para uso com os clientes (ver página de direitos autorais para detalhes). Os leitores têm permissão para fazer *download* de cópias adicionais deste Cartão PR (ver quadro no final do Sumário deste livro).

Cartão PR 2.11
Métrica dos resultados funcionais

- Redução nas dosagens da medicação
- Menos suspensões escolares
- Menos visitas à enfermaria da escola
- Redução no número de visitas ao pronto-socorro
- Redução na frequência de cortes
- Redução no número de brigas
- Resultados negativos para drogas na análise da urina

De *TCC expressa*. McClure, Friedberg, Thordarson e Keller. Copyright © 2019 The Guilford Press. É permitido aos leitores deste livro copiar este Cartão PR para uso pessoal ou para uso com os clientes (ver página de direitos autorais para detalhes). Os leitores têm permissão para fazer *download* de cópias adicionais deste Cartão PR (ver quadro no final do Sumário deste livro).

3

Desobediência

"Ele nunca me escuta."
"Não consigo fazer com que ela faça nada, a menos que ela queira."
"O comportamento dela – não sei o que dizer, é muito ruim."

Já ouvimos estas queixas familiares dos pais, seja quando eles são questionados sobre o comportamento do seu filho ou quando as preocupações são trazidas espontaneamente por famílias que procuram assistência para outros problemas.

Os pais expressam frustração de diferentes formas, mas a mensagem subjacente costuma ser é a mesma: dificuldades comportamentais são o problema principal para os cuidadores. Os pais têm dificuldades para conseguir que suas crianças e adolescentes façam o que eles querem que façam. Eles usam palavras como *desafiador, teimoso, mau, personalidade forte* ou *desobediente*. Na essência de todos estes comentários, encontra-se um desejo de que seus filhos façam mais em relação a alguma coisa (fazer o dever de casa, usar palavras educadas, participar das tarefas domésticas) ou menos em relação a alguma coisa (retrucar, gritar, agredir, discutir).

Tais queixas estão enraizadas no desejo dos pais de aumentar a obediência do filho e diminuir a desobediência às instruções ou tarefas. As razões para a desobediência de uma criança geralmente são muito diversificadas, e muito tempo pode ser gasto avaliando quando a desobediência começou, quando ela é melhor ou pior e seus possíveis desencadeadores. Lembre-se, apresentamos uma rubrica simples denominada Cidade do Alfabeto no Capítulo 2 para ajudá-lo a mapear *rapidamente* as dificuldades comportamentais das crianças.

Além disso, durante o tratamento para outras condições, como ansiedade ou depressão, frequentemente surgem questões sobre o manejo do comportamento e elas podem ser abordadas com algumas das seguintes estratégias sem desviar do foco principal do tratamento. As intervenções neste capítulo estão fundamentadas em estratégias baseadas em evidências para sintomas comportamentais e são planejadas para aplicação *expressa* na maioria dos contextos, independentemente de a obediência ser o problema presente principal ou secundário a outra questão.

BREVE EXPOSIÇÃO SOBRE TRATAMENTO BASEADO EM EVIDÊNCIAS

Problemas de comportamento externalizante são uma das razões mais comuns para os pais procurarem tratamento para seus filhos (Nock, Kazdin, Hiripi, & Kessler, 2007; Wolff & Ollendick, 2010). Esses problemas comportamentais têm sido descritos como desobediência, oposição, desafio, comportamento disruptivo e comportamento externalizante. Há um substancial corpo de pesquisa demonstrando que existem intervenções efetivas para desobediência em crianças e adolescentes, embora não exista uma abordagem específica que tenha emergido claramente como a "melhor" (Eyberg, Nelson, & Boggs, 2008).

Entretanto, os tratamentos baseados em evidências para desobediência compartilham semelhanças que podem ser traduzidas em componentes-chave para o tratamento efetivo (Chorpita, Daleiden, & Weisz, 2005). Para começar, todos são baseados em sistemas comportamentais, cognitivo-comportamentais e/ou familiares, e a maioria inclui um componente parental significativo (Eyberg et al., 2008; McCart & Sheidow, 2016).

O treinamento dos pais é considerado tratamento de primeira linha para comportamento disruptivo em crianças pequenas e um componente de treinamento do filho pode ser um acréscimo benéfico para adolescentes (Eyberg et al., 2008). Algumas das intervenções mais comuns com forte apoio empírico incluem o programa Coping Power (Lochman & Wells, 2004; Lochman et al., 2011), treinamento de habilidades para resolução de problemas + treinamento de manejo para pais (Kazdin, 2010; Lochman, Powell, Boxmeyer, & Jimenez-Camargo, 2011), Treinamento de Manejo para Pais – Modelo Oregon (PMTO; Patterson, Reid, Jones, & Conger, 1975), Ajudando a Criança Desobediente (HNC; Forehand & McMahon, 1981), os Anos Incríveis (IY; Webster-Stratton & Reid, 2003), terapia multissistêmica (MST; Henggeler & Lee, 2003) e Terapia de Interação Pai-Filho (PCIT; Brinkmeyer & Eyberg, 2003). Várias metanálises apoiam a eficácia de programas baseados na TCC para a prevenção e tratamento de comportamento disruptivo (Lochman et al., 2011; Robinson, Smith, & Miller, 1999; Sukhodolsky, Kassinove, & Gorman, 2004). Em resumo, há uma robusta base de literatura apoiando a eficácia da terapia cognitivo-comportamental (TCC) para desobediência.

O componente de treinamento dos pais compartilha elementos comuns que parecem ser ingredientes essenciais: fornecer psicoeducação sobre princípios comportamentais, aumentar o elogio e as interações positivas, ignorar comportamentos disruptivos menores, dar instruções claras e levar a cabo as consequências (Brinkmeyer & Eyberg, 2003; Forehand & McMahon, 1981; Patterson et al., 1975; Webster-Stratton & Reid, 2003). Estes são os mesmos componentes essenciais que você vai encontrar nas estratégias *expressas* a seguir.

PREOCUPAÇÕES E SINTOMAS PRESENTES

Os terapeutas são como intérpretes de línguas, trabalhando com as famílias para traduzir as descrições das suas preocupações com seus filhos e transformá-las em objetivos comportamentais claros. Quando você tem pouco tempo com as famílias, isso pode ser desafiador. Declarações vagas como "Ele não obedece" ou "Ela é tão má" precisam ser esmiuçadas para saber o que os pais pretendem dizer exatamente. Acreditamos que uma das maneiras mais rápidas e eficazes de fazer isso é perguntar aos pais o que eles gostariam que seu filho fizesse de diferente do que está fazendo agora, e pedir que o cuidador dê um exemplo de quando isso aconteceu recentemente (p. ex., "hoje" ou "esta semana").

Ao garantir que as famílias continuem focadas nos comportamentos específicos que gostariam de ver mudar, os profissionais podem manter em funcionamento a dinâmica do tratamento e utilizar o tempo curto que têm com as famílias para a intervenção. Pode ser um exercício de equilíbrio para os profissionais fazer com que as famílias se sintam ouvidas e compreendidas, ao mesmo tempo também reservando um tempo suficiente para intervir e gerar um impacto nos sintomas que causam o estresse na família. Apenas oferecer empatia e escuta ativa ajudará as famílias a se sentirem ouvidas e conectadas com o profissional, mas não levará a novas habilidades no manejo do comportamento ou muita mudança nos comportamentos-alvo. Por isso os terapeutas devem ser hábeis na incorporação da escuta ativa e demonstração de empatia, ao mesmo tempo introduzindo, demonstrando e praticando intervenções comportamentais com a família considerando as limitações de tempo que possam existir. O Capítulo 2 indicou a importância da análise funcional e do modelo ABC. As intervenções a seguir baseiam-se nesta abordagem para ajudar os terapeutas a determinarem rapidamente os comportamentos que estão tendo impacto sobre as interações familiares, identificarem possíveis soluções e trabalharem com a família para iniciar uma intervenção *expressa*.

INTERVENÇÕES

Tomemos o seguinte exemplo de uma família que está sendo vista em terapia familiar em função da significativa ansiedade de separação e aversão à escola apresentada por Trace. Durante uma sessão de planejamento das exposições para os sintomas de ansiedade, a mãe de Trace mencionou a impossibilidade de fazê-lo seguir orientações básicas, mesmo para tarefas não relacionadas à frequência escolar.

> Terapeuta: Estamos trabalhando em técnicas para o manejo da ansiedade e a hierarquia de exposição criada algumas sessões atrás, mas, quando definimos a pauta da sessão de hoje, você indicou que queria trabalhar na obediência em geral de Trace às instruções que você lhe dá.
>
> Mãe: É isso mesmo. Ele nunca obedece, e eu sempre tenho que repetir a mesma coisa. Ele tem seu próprio ritmo e só faz as coisas quando tem vontade. Estou cansada de ser ignorada e do fato de ele passar todo o fim de semana jogando *videogame* em vez de ajudar em casa ou pelo menos arrumar a própria bagunça. Estou sempre falando para ele arrumar o quarto, mas essa situação continua um desastre.
>
> Terapeuta: Parece muito frustrante quando Trace não faz o que você espera dele, e também parece que este tem sido um problema constante.
>
> Mãe: Oh, sim, ele nunca obedece realmente.
>
> Terapeuta: Por que não começamos vendo quais são as expectativas e então descobrimos como fazer com que Trace atenda às suas expectativas?
>
> Trace: Eu vou lhe dizer quais são as expectativas – ela quer que eu faça tudo em casa. Ela nunca está satisfeita. É uma insistência constante com limpeza e mais limpeza. Não posso ajudar se ela é uma fanática por limpeza. Ela quer que eu faça 10 tarefas por dia em casa, e não me sobra tempo para relaxar ou dar uma volta.
>
> Mãe: Eu não espero que tudo seja perfeito, mas não acho que juntar suas cuecas no chão do banheiro seja pedir muito.
>
> Terapeuta: E se nós encontrássemos apenas três coisas que Trace tivesse que fazer todos os fins de semana? Isso seria razoável?
>
> Trace: Se você conseguir mantê-la nas três coisas, isso seria um milagre.
>
> Terapeuta: Então você estaria de acordo com isso?
>
> Trace: Sim, com certeza.
>
> Terapeuta: OK, e quanto a você, mãe? Isso parece razoável?
>
> Mãe: Com certeza, se ele realmente fizer.

Terapeuta: OK, então todos nós concordamos que serão esperadas três coisas no tocante às tarefas domésticas/limpeza, por enquanto. Trace, o que você acha que são as três coisas que a sua mãe vai querer?

Trace: Hummm, tenho certeza de que ela vai dizer: "Limpar o quarto". Ela sempre diz isso todos os dias.

Mãe: Isso seria ótimo!

Como terapeuta, pode ser tentador neste momento ir adiante com as outras duas tarefas a ser identificadas, sobretudo se você tiver pouco tempo. No entanto, é importante ajudar a família a inicialmente definir com clareza a primeira tarefa e garantir que ela seja exequível, caso contrário, na próxima visita você provavelmente vai ouvir: "Não deu certo". Especificamente, o terapeuta precisa trabalhar com a família para definir o que significa um "quarto limpo", com que frequência será esperado que Trace deixe seu quarto em dia e como ele vai se lembrar ou será lembrado desta responsabilidade. Estimar o tempo necessário para realizar esta tarefa será importante, já que parte da frustração de Trace com as tarefas é que ele acha que elas lhe tomam "um monte de tempo", restando pouco tempo livre para ele. O desafio para o terapeuta é identificar estas especificidades de forma rápida e colaborativa para que o tempo restante com a família possa ser empregado em outras intervenções.

Terapeuta: OK, parece que você dois concordam que "limpar o quarto" é uma das tarefas. Mas precisamos garantir que todos estejam dizendo a mesma coisa quando se referem a um quarto limpo antes de definirmos quais serão as outras duas tarefas.

Mãe: Sem roupas no chão! Roupas limpas guardadas e roupas sujas no cesto.

Terapeuta: Trace, quanto tempo você acha que será preciso em cada fim de semana para juntar as roupas que estão no chão e colocá-las na gaveta, pendurá-las no armário ou jogá-las no cesto se estiverem sujas?

Trace: Depende. (*Revira os olhos.*)

Terapeuta: É verdade – do que você acha que depende?

Trace: Bem, se houver roupa limpa para guardar, levaria 10 minutos só para guardar essas roupas. E depois se eu tivesse basquete e o meu uniforme estivesse sujo, eu teria que juntá-lo, mais as minhas roupas da escola e o que usei para dormir na noite anterior.

Terapeuta: OK. Quanto tempo para colocar no cesto a sua roupa do basquete e da escola?

Trace: (*sorrindo*) Certo, estou entendendo aonde você quer chegar com isso. Com certeza, isso seria rápido – mas todas as outras coisas somadas ainda me tiram um monte do meu tempo livre.

Terapeuta: Só para eu me divertir mais um pouco, quantos segundos ou minutos para colocar essas coisas no cesto?

Trace: Na verdade, provavelmente menos de um minuto.

Terapeuta: OK, e por fim você mencionou as roupas que usou para dormir. Você costuma usá-las por mais de uma noite?

Trace: Sim.

Terapeuta: Quanto tempo para guardá-las?

Trace: Eu guardo na gaveta da cômoda. Não sei, acho que menos de um minuto também.

Terapeuta: OK, então temos um máximo de 12 minutos, se for um dia em que você tem roupa limpa para guardar. Anteriormente mapeamos que seu fim de semana típico inclui um jogo de basquete, o dever de casa e o grupo de jovens na igreja. O basquete costuma ser pela manhã e o grupo de jovens à noite, então desde aproximadamente o meio-dia até às 6 horas da tarde você tem tempo livre e tempo para o trabalho de casa. Você também mencionou que em geral tem 1 hora de dever de casa durante o fim de semana. Com essas atividades e os 12 minutos que você leva para limpar o seu quarto, quanto tempo sobra?

Trace: OK, isso parece muito tempo porque sobram quase 5 horas, mas esta é apenas uma das três tarefas.

Terapeuta: É verdade, vamos ver o que podemos resolver quanto a essas outras duas tarefas e ver onde estamos.

(O terapeuta trabalha com a família usando o mesmo processo para as outras duas tarefas e então desenvolve com eles uma estratégia para colocar o plano em ação.)

Esta discussão sobre as tarefas pode facilmente durar uma sessão inteira de 45 minutos, mas mantendo o foco nos detalhes específicos, o terapeuta e a família conseguiram desenvolver todo o processo em alguns minutos. Se o tempo empregado na segunda e na terceira tarefa tiver aproximadamente a mesma duração que no diálogo anterior, todas as três tarefas seriam identificadas, definidas e um plano seria elaborado em menos de 10 minutos, e o tratamento poderia voltar a focar na preocupação principal com a ansiedade e aversão à escola.

As próximas seções deste capítulo fornecem intervenções comportamentais *expressas* para aumentar a adesão e melhorar a motivação. Os exemplos de diálogos ou roteiros para introduzir e praticar estas estratégias com as famílias, além de apostilas e folhas de exercícios, auxiliarão o leitor a usar essas intervenções com as crianças e as famílias com quem ele trabalha.

Blocos parentais para modificação do comportamento

Idades: Pais de crianças de todas as idades.

Módulo: Tarefas Comportamentais Básicas.

Objetivo: Aumentar o conhecimento dos pais e o uso de estratégias para modificar comportamentos.

Justificativa: Os fundamentos da modificação comportamental serão úteis para os pais tentarem melhorar inúmeros comportamentos em seu filho. Ensinando os fundamentos no início do tratamento, os profissionais podem ajudar os pais a generalizarem as intervenções comportamentais para inúmeras finalidades.

Materiais: Cartão PR 3.1, Blocos de construção (p. 45), ou quatro blocos de madeira rotulados como as figuras que se encontram no Cartão PR 3.1.

Tempo necessário previsto: 5-10 minutos.

A intervenção "Blocos parentais para modificação do comportamento" auxilia na aplicação *expressa* dos princípios comportamentais básicos à maioria dos problemas comportamentais comuns que você provavelmente irá encontrar quando trabalhar com as famílias. Se os pais tiverem preocupações com a realização do dever de casa, com as tarefas domésticas ou baixa motivação, algumas estratégias comportamentais básicas são a chave. Os "Blocos parentais" oferecem sugestões visuais rápidas para ensinar e motivar os cuidadores a usarem intervenções comportamentais específicas. Eles podem ser facilmente integrados a outras intervenções *expressas* para estimular os pais a usarem uma técnica comportamental durante outra intervenção.

Elogio

Quando questionados, os pais dizem que elogiam seus filhos pelo bom comportamento. O que os terapeutas precisam observar é o tipo e a frequência do elogio. Ao ser feita uma avaliação mais aprofundada ou a partir da observação das interações pai-filho nas sessões, em geral fica claro que o elogio dos pais é vago e infrequente se comparado com a frequência de redirecionamento ou comentários negativos sobre o comportamento. Ajudar os pais a entenderem que qualquer atenção a um comportamento provavelmente aumentará a frequência desse comportamento e dar a eles as ferramentas para fazerem elogios específicos e frequentes pode auxiliar na modificação de muitos padrões problemáticos. A intervenção "Dizer, Mostrar, Ensaiar, Revisar e Repetir" apresentada posteriormente neste capítulo (p. 34-36) é uma excelente estratégia *expressa* para aumentar o uso por parte do cuidador de elogios eficazes e pode ser associada ao bloco parental *Elogio*.

Atenção diferencial

Ao trabalhar com os pais sobre elogio e atenção ao bom comportamento, frequentemente surge a questão de que alguns comportamentos negativos precisam ser redirecionados. Ensinar os pais a darem atenção diferencial pode auxiliar a obter sua adesão, além de ajudá-los a entender o poder da atenção e as formas como eles podem inadvertidamente reforçar comportamentos indesejáveis em seus filhos.

Comandos efetivos

Todos nós fazemos isto: usamos perguntas como uma forma de ser educado (p. ex., "Você pode atender a porta?"; "Você pode me passar o sal?"; "Você pode me dizer que horas são?"). Este hábito está tão arraigado que com frequência não temos consciência de que estamos fazendo perguntas. Os pais costumam aplicar este mesmo padrão linguístico com seus filhos (p. ex., "Você pode juntar seus calçados?"; "Você pode, por favor, pôr a mesa?"; "Você pode me dizer o que tem para o dever de casa?"). Isso pode criar uma dificuldade, pois quando são feitas estas perguntas, as crianças acham que têm uma escolha e vão responder com um "não". Elas não estão interpretando as perguntas como uma instrução polida. Elas fazem sua escolha ("não") e então são repreendidas por isso, o que frequentemente resulta em frustração por parte da criança e aumento no conflito entre pai e filho. Nós ensinamos os pais a fazerem declarações simples e específicas como comandos e pedimos que pratiquem com seu filho. O terapeuta fornece estímulos e reforço para a criança e seu genitor.

Execução calma das consequências

Outra estratégia comportamental que ensinamos aos pais e usamos quando abordamos alguma questão comportamental é como executar as consequências específicas e aplicáveis. Ameaças vazias não melhoram o comportamento, e ajudar os pais a identificarem as consequências que eles podem lembrar e executar é importante no manejo de longo prazo do comportamento dos filhos. O Cartão PR 3.1 (p. 45) é um resumo que pode ser compartilhado com os pais descrevendo estes princípios comportamentais básicos. Ou então os terapeutas podem rotular pequenos blocos de madeira com os princípios para servir como sugestões visuais durante as intervenções.

O que o terapeuta pode dizer

"Pensamos em certas estratégias comportamentais como se fossem blocos de construção. Para construir novos comportamentos, usamos estes blocos [*pegue e mostre os blocos de madeira rotulados ou o Cartão PR 3.1*] – algumas vezes em diferentes combinações ou diferentes ordens, mas os mesmos blocos básicos são usados repetidamente."

"Então, o que são esses blocos? Há quatro blocos básicos nos quais iremos focar hoje: elogio, atenção diferencial, comandos efetivos e execução das consequências. Dependendo da situação, você pode começar com um bloco ou outro. Por exemplo, para um comportamento como querer que seu filho fale com mais educação com os familiares, você pode começar com elogio – você elogia e comenta cada vez que a criança é um pouco mais educada ou gentil ao falar com os outros. Se você estiver trabalhando nas tarefas domésticas, poderá começar com um comando efetivo e esclarecer as expectativas primeiro – seguidas por elogio como continuidade. O Cartão PR 3.1 tem alguns lembretes sobre o uso destes blocos em casa."

O que o terapeuta pode fazer

Os terapeutas podem demonstrar o uso destes blocos na sessão com a família. Por exemplo, você pode dar à criança comandos simples (bloco *Comandos efetivos*) e depois reforçar a obediência da criança (bloco *Elogio*). A seguir, os terapeutas devem estimular os pais a praticarem estas técnicas, e eles podem usar os blocos como sugestões visuais sutis de quais estratégias podem experimentar a seguir.

Estratégia para um melhor comportamento: definindo o problema e fazendo um plano

Idades: Crianças e pais de crianças de todas as idades.

Módulo: Tarefas Comportamentais Básicas.

Objetivo: Definir claramente os comportamentos-alvo para uma intervenção comportamental.

Justificativa: Os pais em geral têm estratégias vagas para modificar o comportamento dos seus filhos, ou então se direcionam para muitos comportamentos ao mesmo tempo. Esta estratégia *expressa* ajuda a manter a família focada em objetivos viáveis.

Materiais: Cartões PR 3.2a e 3.2b, Estratégia para um melhor comportamento, cartões com exemplo e em branco (p. 46-47) e recursos para escrever.

Tempo necessário previsto: 10 minutos.

Os Cartões PR 3.2a e 3.2b ajudam a rapidamente orientar as famílias a identificarem e priorizarem os comportamentos que elas querem abordar e começar a planejar intervenções específicas, além de instruí-las sobre como e quando usá-las. Depois que isso é feito, o passo seguinte é ensinar aos cuidadores como responder à obediência e à desobediência. A segunda seção do Cartão PR fornece estrutura e orientação para a prática do elogio e execução das consequências. Esta técnica pode ser associada a muitas outras técnicas expressas neste capítulo, dependendo do conhecimento dos pais e do uso de princípios comportamentais básicos. Por exemplo, se um pai que está preenchendo o Cartão PR identifica como um objetivo "diminuir a frequência de respostas 'não' quando é dado o comando para fazer alguma coisa", o profissional pode trabalhar com ele usando os "Blocos parentais para modificação do comportamento" (ver Cartão PR 3.1) para promover o uso de atenção diferencial, elogio específico e comandos efetivos. Da mesma forma, se um pai identifica como um objetivo "aumentar a frequência com que meu filho pare de jogar e atenda aos comandos rapidamente" e a criança parece precisar de mais motivação para esta mudança comportamental, o profissional pode associar este objetivo à intervenção "De dentro para fora e de fora para dentro" (ver Cartões PR 3.6a, 3.6b, 3.6c e 3.6d) para ajudar a família a identificar formas de promover mudanças comportamentais acrescentando motivadores externos.

O que o terapeuta pode dizer

"Você descreveu inúmeras frustrações com os comportamentos do seu filho. Saber por onde começar pode ser desafiador, e tentar abordar tudo de uma só vez será uma sobrecarga para você e seu filho. O Cartão PR 3.2 nos ajudará a delimitar o foco a algumas poucas coisas nas quais trabalhar primeiro. Depois que essas áreas melhorarem, você poderá usar a mesma abordagem para outros comportamentos. Vamos dar uma olhada nisto juntos e ver se podemos identificar alguns comportamentos pelos quais você gostaria de começar. O que acha?"

O terapeuta reconhece as frustrações dos pais e o desejo de mudar o comportamento do filho e rapidamente passa para a intervenção *expressa*. Você pode demonstrar que ouviu toda gama de preocupações dos pais reconhecendo que há mais comportamentos que podem ser abordados imediatamente, ao mesmo tempo apontando que as estratégias que serão empregadas também podem ser generalizadas para outros comportamentos. Por último, o terapeuta trabalha colaborativamente com o genitor para identificar por quais comportamentos a família deseja começar, em vez de impor à família.

Dizer, mostrar, ensaiar, revisar e repetir

Idades: Pais de crianças de todas as idades.

Módulos: Psicoeducação; Tarefas Comportamentais Básicas.

Objetivo: Ensinar, demonstrar, ensaiar e reforçar o uso por parte dos pais de intervenções comportamentais.

Justificativa: Simplesmente falar aos pais sobre estratégias comportamentais resultará em uma utilização limitada das técnicas. Ao demonstrar as estratégias e praticá-las durante a consulta, as famílias terão mais chances de obter um entendimento e, portanto, de usar as estratégias fora da sessão.

Materiais: Nenhum.

Tempo necessário previsto: 15 minutos.

Ao trabalhar com as famílias para identificar os objetivos comportamentais, você provavelmente vai descobrir que precisa dar um treinamento breve, mas específico, sobre intervenções comportamentais efetivas. Exemplos incluem treinamento dos cuidadores no uso de atenção diferencial, elogio específico, comandos efetivos e execução das consequências.

Ao todo, são cinco passos simples para treinar os cuidadores a moldarem o comportamento dos filhos.

1. Dizer.
2. Mostrar.
3. Ensaiar.
4. Revisar.
5. Repetir.

O Passo 1 é psicoeducação, o passo Dizer. Os pais podem precisar de psicoeducação muito específica quanto aos princípios comportamentais básicos. Aconselhamos os profissionais a fazerem descrições curtas e relevantes durante as intervenções *expressas*. Comece com um ou dois princípios e use exemplos da própria história da família ou do que você observou na sala com a família. Por exemplo, se estiver descrevendo os benefícios do elogio para aumentar comportamentos positivos da criança, você pode falar aos pais que o fato de dizer ao filho como ele está se sentando ereto pode fazer com que ele se sente com mais cuidado ainda.

O Passo 2 é Mostrar, o que significa que você precisa demonstrar e praticar as estratégias com a família. Por exemplo, os pais costumam dizer: "Eu falo para ele fazer alguma coisa, e ele simplesmente não faz", mas então, se você observar o pai interagindo com o filho, com frequência ele está usando instruções vagas ou perguntas em vez de comandos específicos e diretos: "John, você pode juntar as suas coisas? John, você me ouviu? Eu perguntei se você pode juntar as suas coisas? John? JOHN?".

O que o terapeuta pode dizer

Os terapeutas podem introduzir o passo Mostrar dizendo o seguinte:

"Agora que falamos sobre como o elogio pode melhorar os comportamentos do seu filho e ajudar a aumentar a frequência com que ele lhe obedece, deixe-me mostrar o que eu quero dizer. Estou vendo que ele ficou sentado calmamente olhando aquele livro enquanto nós estávamos conversando. Eu lhe diria: "Obrigado por ficar sentado tão calmamente e esperando pacientemente enquanto eu converso com seu pai". Você notou como ele sorriu quando eu acabei de dizer isso? Daqui a alguns minutos você pode elogiá-lo outra vez para reforçar ainda mais estes comportamentos e assim aumentar as chances de que ele continue sentado calmamente."

Depois que você descreveu a estratégia aos pais (Dizer) e a demonstrou (Mostrar), é hora de praticar (o passo Ensaiar). As interações entre pai e filho representam hábitos antigos; mudar estes padrões não será uma tarefa fácil e não vai acontecer depois de apenas uma única prática. Será importante que você continue a demonstrar as estratégias durante as interações e continue a apontar explicitamente o que está fazendo e como a criança está reagindo.

O que o terapeuta pode dizer

"Você viu como eu elogiei John por estar sentado calmamente; agora quero que você pratique destacando as coisas que ele está fazendo bem. Que comportamentos você nota que ele está tendo agora , os quais você poderia destacar e elogiar?"

Algumas vezes, os pais têm dificuldade para encontrar comportamentos específicos a serem elogiados, e você pode ter que retornar ao Passo 1 e ensinar mais ou oferecer sugestões visuais (p. ex., uma ficha com anotações de alguns comportamentos-alvo para elogiar ou alguns exemplos de declarações com elogio). Depois de completar os Passos 1, 2 e 3, você estará pronto para o Passo 4, Revisar. Você deve revisar ou resumir o que foi feito e o impacto que isso teve na criança.

O que o terapeuta pode dizer

"O que você notou durante essa interação com John? Como ele reagiu quando você destacou que ele estava sentado tão calmamente? Quando você acha que poderá usar esta estratégia em casa?"

Por fim, você chega ao Passo 5, que é Repetir este processo com outras estratégias comportamentais quando necessário para ajudar a desenvolver a compreensão dos pais e a utilização de técnicas de modificação do comportamento. Essas estratégias podem incluir dar comandos específicos, ignorar/dar atenção diferencial e moldar comportamentos.

O equilíbrio com o dever de casa (programação depois da escola)

Idades: Idade escolar.

Módulo: Tarefas Comportamentais Básicas.

Objetivo: Apresentar expectativas claras e estratégias para o gerenciamento do tempo em torno da realização do dever de casa.

Justificativa: Muitas crianças não possuem habilidades independentes no gerenciamento do tempo. Com expectativas claras e uma programação realista, toda a família ficará menos frustrada com o horário do dever de casa.

Materiais: Cartão PR 3.3, O equilíbrio com o dever de casa (programação depois da escola) (p. 48), e recursoso para escrever.

Tempo necessário previsto: 5-10 minutos.

Uma batalha frequente em qualquer família é a realização do dever de casa. Os pais em geral querem que suas crianças/adolescentes sejam mais independentes, motivados e eficientes ao fazerem seu dever de casa. Quando crianças ou adolescentes não terminam seu dever de casa, os pais ficam irritados e punem o filho, o que pode causar discussões e frustração para toda a família.

Quando as famílias expressam preocupação com este padrão comportamental, definir expectativas realistas e ajudar os membros da família a verem as perspectivas uns dos outros pode ser importante para equilibrar as prioridades dos pais e do filho. Alguns pais superestimam as habilidades, o autocontrole e o gerenciamento do tempo dos seus filhos. Eles esperam que o filho administre seu próprio horário depois da escola e a carga do dever de casa. Na hora em que é esperado que seja feito o dever de casa (à noite), as crianças podem estar cansadas e com fome depois de um dia inteiro na escola, de atividades extraclasse, após a creche ou trabalho depois da escola. Os pais provavelmente também estarão exaustos pelo dia que tiveram. As famílias que já estabeleceram um padrão de brigas por causa do dever de casa podem não se dar conta do quanto as pequenas coisas que eles dizem e fazem podem estar perpetuando esse padrão.

Não causa surpresa que a existência de uma programação pode ajudar a melhorar o sucesso na realização das tarefas desejadas depois da escola. Dito isso, muitas famílias não têm expectativas explícitas para a programação. Portanto, os pais podem ter suas próprias ideias sobre como deve ser o cronograma e os adolescentes ou crianças têm as suas também, mas eles não discutiram a programação em detalhes entre eles. Vejamos a seguinte discussão com Carolina e sua mãe, por exemplo. A mãe tem ideias claras sobre o que Carolina deveria fazer depois da escola. O terapeuta precisa trabalhar com a mãe a flexibilidade e sua execução para que no fim sejam maiores as chances de que Carolina siga a programação combinada para o dever de casa.

Terapeuta: Você indicou na papelada da consulta que o dever de casa é uma preocupação. O que é mais difícil em relação ao dever de casa?

Mãe: Ela nunca quer fazer. Ela chega em casa, tranca a porta do quarto e vai direto para o telefone.

Carolina: Eu só quero relaxar um pouco depois da escola – mas ela fica me repreendendo, batendo na porta, perguntando quando eu vou sair e começar a fazer o dever de casa.

Terapeuta: Parece que cada uma de vocês têm ideias diferentes sobre o que deve acontecer depois da escola, e o fato de não concordarem com as ideias uma da outra faz com que vocês fiquem discutindo. Se vocês duas tivessem as mesmas expectativas para depois da escola e ambas concordassem em seguir as regras que definimos, poderiam evitar a discussão. Podemos tentar?

Mãe: O que você quer dizer? Ela tem que fazer o dever de casa. Isso não é negociável.

Terapeuta: É verdade, mas talvez se estabelecêssemos regras sobre quando ela faz o trabalho e quais os lembretes ou regras em torno disso, então poderemos desenredar esta discussão noturna. Vocês estão dispostas a passar os próximos 5 minutos tentando definir algumas regras básicas?

Carolina e a Mãe: Certamente. Acho que sim.

Terapeuta: OK, então já identificamos que Carolina quer relaxar depois da escola e a mãe quer que ela faça seu dever de casa. Carolina, o que você acha que é uma quantidade de tempo razoável para relaxar depois da escola antes de começar o dever de casa?

Carolina: Uma hora. Eu realmente preciso espairecer.

Mãe: Isso não vai funcionar porque às terças você tem dança logo após o jantar, portanto se não começar o dever de casa em seguida, não vai terminar a tempo.

Terapeuta: OK, e quanto às segundas e quartas? Carolina precisa estar em algum lugar nessas noites?

Mãe: Não agora.

Terapeuta: OK, então às segundas e quartas, se Carolina chegar em casa às 4h15 e relaxar por uma hora e depois começar o dever de casa, isso seria aceitável para você, mãe?

Mãe: Com certeza, se ela de fato fizesse isso – mas tenho minhas dúvidas.

Terapeuta: Vamos nos preocupar com isso daqui a pouco; agora só queremos definir o que é justo. Carolina, uma hora de relaxamento às segundas e quartas parece justo para você?

Carolina: Com certeza, se ela realmente me deixar sozinha e não ficar batendo na minha porta perguntando o que eu estou fazendo.

O terapeuta começa envolvendo a família em uma discussão sobre um cronograma realista. Carolina tem a flexibilidade de ter uma hora de "tempo livre" dois dias por semana. Depois que tem uma resposta quanto ao seu desejo de um tempo de inatividade, Carolina se sente ouvida e a família está rumando em direção a uma programação com a qual todos possam concordar. A seguir, o terapeuta precisa trabalhar com a família na definição das expectativas para os outros dias. A Fase 2 envolverá a implantação deste plano e a definição das consequências de cumprir ou não cumprir a programação combinada. Os "Blocos parentais" podem ser usados para intensificar esta intervenção e ajudar a estimular os pais a usarem intervenções comportamentais durante a definição da programação. O Cartão PR 3.3 pode auxiliar as famílias a definirem os detalhes da programação e então acompanharem a adesão a cada passo, para monitorar o progresso e também oferecer oportunidades para reforçar a execução bem-sucedida dos passos.

Apaziguador de conflitos com o dever de casa

Idades: Idade escolar.

Módulos: Psicoeducação; Tarefas Comportamentais Básicas.

Objetivo: Identificar motivadores para a realização da tarefa.

Justificativa: Muitas crianças não possuem motivação interna para realizar o dever de casa. A identificação e o uso efetivo de motivadores externos podem incrementar a realização do dever de casa e reduzir o conflito entre pais e filho.

Materiais: Cartão PR 3.4, Apaziguador de conflitos com o dever de casa (p. 49).

Tempo necessário previsto: 5-10 minutos.

Para muitas crianças, o dever de casa é uma sobrecarga e elas não têm motivação para fazer o trabalho. Se a escola é desafiadora, se não entendem as incumbências ou veem pouco valor nas tarefas, elas podem resistir ainda mais ao dever de casa. Além disso, crianças com dificuldades de aprendizagem ou dificuldades na função executiva podem relutar mais do que as crianças ou adolescentes típicos para fazer o trabalho. Os fatores associados a outras distrações sedutoras, como eletrônicos, amigos e *hobbies*, podem resultar em uma receita para o conflito entre pais e filho e para as brigas noturnas envolvendo o dever de casa. Especificamente, o que torna o dever de casa tão difícil? É a falta de habilidade ou o pouco entendimento das tarefas? É a baixa motivação por parte da criança? O caos ou barulho em casa dificultam a concentração? A criança está com fome ou cansada, resultando em menos reservas emocionais e cognitivas para concluir as tarefas de forma independente?

Depois que alguns dos elementos-chave do conflito tiverem sido identificados por meio desta técnica *expressa*, o terapeuta pode trabalhar com a família para apaziguar os conflitos com uma resolução de problemas mais colaborativa, discussões produtivas e regras familiares quanto ao horário do dever de casa. Motivadores externos e combinações básicas sobre expectativas realistas também são ingredientes importantes e eficazes a ser acrescentados. O Cartão PR 3.4 pode ser usado com as famílias para definir as especificidades e começar a modificar o plano.

O que o terapeuta pode dizer

"É difícil ficar motivado para fazer alguma coisa que é desafiadora ou não é divertida. A partir do que você descreveu, há muito conflito em torno da evitação do dever de casa que queremos apaziguar. Muitas vezes ela está cansada e mal-humorada na hora do dever de casa, e escolhe os eletrônicos em vez de estudar. Ela não tem naturalmente a motivação ou o desejo de fazer o dever de casa naquela hora. O Cartão PR 3.4 vai nos ajudar a identificar o que pode motivá-la a fazer o dever de casa, fornecendo expectativas claras e recompensas. Essas expectativas e recompensas são as novas peças-chave que vão reduzir os conflitos com o dever de casa!"

O que o terapeuta pode fazer

Os terapeutas podem usar o Cartão PR 3.4 para ajudar as famílias a detalharem as "batalhas" atuais e identificarem substituições para melhorar a hora do dever de casa e apaziguar os conflitos em torno dele e transformá-los em tarefas mais administráveis.

Mestre mandou: "hora de trabalhar"

Idades: A partir de 3 anos até a adolescência.

Módulo: Tarefas Comportamentais Básicas.

Objetivo: Aumentar a adesão às tarefas diárias.

Justificativa: As queixas dos pais de que as crianças não aderem às tarefas domésticas tipicamente refletem um problema mais amplo de obediência. Se os pais aumentarem o uso de comandos efetivos e elogios, as crianças se mostram mais dispostas a cumprirem tarefas simples e, por fim, tarefas domésticas mais complexas.

Materiais: Itens disponíveis no consultório ou em casa, Cartão PR 3.5, Mestre mandou: "hora de trabalhar" (p. 50).

Tempo necessário previsto: 5 minutos.

Seja um consultório ou uma sala de exame clínico, o ambiente onde você atende as famílias oferece incontáveis tentações para uma criança curiosa. Quando os pais já estão sendo desafiados pelo comportamento dos filhos, não há nada melhor para aumentar sua frustração do que tentar fazê-los parar de girar uma cadeira ou banco com rodinhas ou não rasgar o papel estendido sobre a mesa de exame. Para um terapeuta, estes momentos oferecem uma oportunidade ideal ao vivo para uma intervenção *expressa* que possa mostrar como aplicar as estratégias para modificação do comportamento. Estas situações permitem uma chance de prática significativa das técnicas recentemente ensinadas. O terapeuta também pode observar como a criança responde, e então modificar a abordagem se necessário.

Algumas vezes, os profissionais evitam treinar os pais na prática de técnicas comportamentais em tempo real. Isso pode parecer constrangedor, e é definitivamente mais fácil falar sobre o que fazer do que na verdade fazer. Contudo, os benefícios da prática na vida real não podem ser subestimados. Quando um pai observa o profissional dando um comando efetivo e então observa a criança depois desse comando, isso não só demonstra como os adultos podem enunciar as coisas e responder à obediência e à desobediência, mas também mostra aos pais que seu filho é capaz de obedecer com a ajuda de determinadas intervenções. Se a criança tem uma crise nervosa ou se recusa, pode ser validante para os pais "mostrarem" ao terapeuta aquilo por que eles têm passado, mas também é uma oportunidade privilegiada para reconhecer a frustração dos pais e para o terapeuta demonstrar aos pais como responder a tais comportamentos de uma maneira calma e eficaz. O diálogo a seguir serve de exemplo.

TERAPEUTA: Na semana passada você mencionou que CJ "nunca obedece", não faz as coisas que você lhe diz para fazer, especialmente ajudar nas tarefas domésticas. Hoje pensei que nós poderíamos usar alguns minutos tentando mudar como são dadas as instruções e ver se isso faz alguma diferença no comportamento de CJ.

MÃE: Concordo, mas ele não obedece a ninguém.

TERAPEUTA: Quando uma criança não atende aos comandos, pode parecer que não temos como mudar esse padrão. Vamos ver se podemos conseguir alguma mudança hoje. CJ, por favor, me alcance aquela caixa de lenços de papel ao seu lado.

CJ: (*Ergue a cabeça do seu* videogame *e empurra a caixa sobre a escrivaninha até o terapeuta.*)

TERAPEUTA: Ei, obrigado por fazer o que eu pedi tão rápido!

MÃE: Estou surpresa por ele ter feito tão rapidamente, mas isso também não é a mesma coisa que uma tarefa doméstica.

CJ: (*Ergue o olhar brevemente do seu jogo e revira os olhos.*)

TERAPEUTA: É verdade, mas se conseguirmos que CJ siga instruções simples com mais frequência, isso também poderá tornar mais fáceis as que são mais complexas, como as tarefas domésticas. É como quando ele estava aprendendo a falar – você não esperava frases completas imediatamente. No começo, se ele dizia uma palavra ou alguma coisa que se parecesse com uma palavra, o que vocês faziam?

MÃE: Nós vibrávamos e repetíamos a palavra. Batíamos palmas com ele, fazíamos um grande alarido.

TERAPEUTA: Certo. E depois que ele já estava dizendo muitas palavras, vocês continuavam comemorando a cada vez?

MÃE: Não, nós fazíamos um alarido se ele fazia uma pergunta ou dizia algo novo.

TERAPEUTA: Nós queremos trabalhar no começo com as instruções simples, como se fosse começar com palavras simples, e então trabalhar até as tarefas domésticas e comandos complexos, como vocês fizeram com as frases quando CJ estava aprendendo a falar.

MÃE: Acho que faz sentido.

TERAPEUTA: Se dermos instruções simples e então elogiarmos CJ e o recompensarmos por obedecer aos comandos, poderemos então trabalhar com as mais complexas. (*Pega um lenço de papel da caixa e passa de volta para CJ.*) Obrigado, CJ. Coloque a caixa de volta onde estava.

CJ: (*Ignora a instrução e continua no seu* videogame.)

TERAPEUTA: CJ, você precisa colocar o lenço de papel de volta no lugar ou então parar de jogar. A escolha é sua.

CJ: (*Revira os olhos, e então sem levantar o olhar desliza a caixa de lenços de volta para o lugar.*)

TERAPEUTA: Boa escolha e seguindo as instruções.

Algumas crianças vão aceitar com relutância estas demonstrações, enquanto outras estarão desejosas pela atenção positiva e vão reagir animadamente. Para crianças menores e mais engajadas, pode ser usado um jogo do tipo "Mestre mandou". Dar à criança diversos comandos consecutivos que são divertidos, mas específicos, a ajuda a praticar a execução de alguma coisa que lhe é dito para fazer, e para muitas crianças que estão aborrecidas esperando em uma sala de exames ou presas a um quarto de hospital, esta é uma distração bem-vinda. Considere Carli, 4 anos, que foi atendida em uma clínica de atenção primária para uma consulta de puericultura. Os horários da clínica estavam atrasados, e ela estava na sala já há algum tempo. Quando o terapeuta entrou, Carli estava inquieta e tentava abrir a torneira da pia. Sua mãe estava frustrada por já ter falado "centenas de vezes" que ela "se afastasse da pia". A mãe de Carli estava ansiosa para compartilhar suas frustrações.

MÃE: Carli não obedece. Ela faz uma bagunça por todo o lado e quando eu mando limpar ela simplesmente sai de perto e vai fazer outra coisa. Como você pode ver aqui, ela nem mesmo escuta. Ela não sai de perto dessa pia... só quer ficar mexendo na água.

TERAPEUTA: É muito difícil aqui nestas salas – a água e os bancos giratórios são muito tentadores. Parece frustrante ter que repetir as mesmas coisas interminavelmente.

MÃE: Sim, com certeza é! Ela não para nunca.

TERAPEUTA: Tudo bem para você se tentássemos algumas coisas aqui dentro para ver se podemos fazer com que Carli escute e faça mais o que você diz?

MÃE: É claro.

TERAPEUTA: OK. Vamos focar em duas coisas. Primeiro, usar frases curtas e segundo elogiá-la por fazer as coisas rapidamente. Você se lembra do jogo "Mestre mandou"? Vamos fazer uma coisa parecida com aquela abordagem de dizer rapidamente coisas simples e divertidas. Vamos ver como ela reage. (*Volta sua atenção para Carli.*) Carli, bata palmas. (*O terapeuta demonstra batendo palmas. Carli começa a bater palmas e a sorrir.*) Ouviu bem, Carli! Agora pule. (*O terapeuta demonstra um pequeno pulo. Carli começa a pular.*) Você está seguindo as instruções muito bem! Bate aqui! (*Batem as mãos e Carli sorri.*) Carli, toque os dedos dos pés. Excelente, você ouviu bem. Fique parada. Bom trabalho, você ficou parada. Agora se sente naquela cadeira. Uau! Você segue as instruções tão bem! (*Os dois batem as mãos.*) Mãe, agora é a sua vez.

MÃE: Carli, bata palmas. (*Carli apenas olha para sua mãe.*) Bata, Carli, bata palmas. (*A mãe começa a bater palmas e Carli bate uma vez. A mãe fica em silêncio.*)

TERAPEUTA: (*Cochicha com a mãe.*) Diga a ela: "Bom trabalho em seguir as instruções".

MÃE: Bom trabalho em seguir as instruções, Carli. Agora fique de pé. (*Carli lentamente se levanta. O terapeuta acena com a cabeça para indicar que está na hora de elogiar.*) Bom trabalho por atender, Carli. Agora, Carli, pule em um pé só. (*Carli pula.*) Você fez um bom trabalho pulando, Carli.

TERAPEUTA: Excelente, você está dando instruções bem específicas e curtas, elogiando Carli todas as vezes! Depois de algum tempo ela pode ficar entediada de ouvir sempre a mesma coisa ("Bom trabalho, bom trabalho"), portanto podemos usar o Cartão PR 3.5 para pensar em algumas formas diferentes de elogiá-la para que se mantenha interessada. (*Trabalha com a mãe para preencher a folha de exercícios.*) Então, o que acha de praticar isso em casa?

MÃE: Ela parece gostar, mas e quando eu precisar que ela recolha seus brinquedos ou junte suas roupas? Então não será mais um jogo.

TERAPEUTA: Eu me pergunto como ela responderia se parecesse mais com um jogo ou se tentássemos lhe dizer para fazer essas coisas da mesma maneira que acabamos de fazer batendo palmas e pulando. Vamos pegar esta toalha de papel e experimentar, OK?

MÃE: OK.

TERAPEUTA: (*Rasga uma toalha de papel e espalha os pedaços pelo chão.*) OK, vamos experimentar isso e ver como vai ser. (*A mãe concorda com um aceno de cabeça.*) Carli, toque o seu nariz – Muito bem! Eu gosto como você responde rápido às instruções. Agora faça um polichinelo. Seguiu as instruções muito bem (*batem as mãos*). Carli, junte estes pedaços de toalha de papel e jogue naquele cesto de lixo (*apontando*). (*Carli se inclina lentamente em direção a um dos pedaços e o está alcançando.*) Carli, você está fazendo tão rápido – uau, bom trabalho em recolher as toalhas... você está seguindo as instruções muito bem... (*enquanto Carli vai juntando*).

MÃE: Hummm, estou surpresa por ela ter feito isso.

TERAPEUTA: O que você observou em Carli quando eu lhe disse para pegar as toalhas de papel?

MÃE: Ela estava se movimentando meio lentamente e olhou para você no início, mas depois fez.

TERAPEUTA: Sim, também notei isso – ela parecia estar pensando antes de fazer! Você também deve ter notado que eu a elogiei assim que ela começou a juntar os pedaços, em vez de esperar até que terminasse.

MÃE: Sim, acho que eu não teria pensado em fazer isso. Eu teria esperado, mas parece ter colaborado para ela continuar.

TERAPEUTA: Exatamente. Aquele pequeno elogio depois que ela começou a limpar foi como o combustível que a levou até o passo seguinte, e assim por diante. Por fim, você não precisará elogiá-la a cada passo do caminho, mas por enquanto isso vai ajudar a motivá-la e ao mesmo tempo lembrá-la do que é esperado que faça.

MÃE: Deixe-me ver se ela vai fazer isso comigo. (*A mãe pratica com Carli.*)

Este diálogo ilustra várias partes importantes da intervenção para melhorar o comportamento de Carli. A interação inclui instruções diretas para a mãe sobre o uso de intervenções comportamentais. Também inclui a demonstração das técnicas pelo terapeuta e então o treinamento e reforço dos esforços da mãe enquanto ela pratica com Carli. Essas interações também ajudam a construir uma relação positiva entre Carli e sua mãe, e o resultado foi que mãe e filha prestaram mais atenção aos comportamentos e interações positivas. O exercício cria mais interações positivas que poderiam não ter ocorrido de outra forma. O Cartão PR 3.5 oferece alguns exemplos de comandos e elogios que os pais podem consultar enquanto aprendem e praticam a técnica *expressa* "Mestre mandou". Os terapeutas também podem associar a esta técnica os "Blocos parentais para modificação do comportamento" para reforçar as estratégias no futuro.

De dentro para fora e de fora para dentro

Idades: Todas as idades.

Módulo: Tarefas Comportamentais Básicas.

Objetivo: Aumentar a motivação por tarefas desejáveis usando motivadores externos.

Justificativa: Os pais em geral querem que os filhos queiram fazer as tarefas domésticas e outras tarefas menos desejáveis. Esta intervenção expressa ajuda os pais a entenderem a diferença entre motivação interna e externa, além do uso de motivadores externos para aumentar comportamentos desejados.

Materiais: Cartões PR 3.6a, 3.6b, 3.6c e 3.6d, De dentro para fora e de fora para dentro, cartões com exemplo e em branco (p. 51-54) e recursos para escrever.

Tempo necessário previsto: 10-15 minutos.

"Ela é muito preguiçosa."
"Ele nunca quer fazer nada além do que deseja fazer."
"Tudo o que ele faz é assistir à TV e jogar *videogame*."
"Não consigo que ela faça nada. Tudo é em câmera lenta."

Estes são alguns dos comentários comuns que ouvimos dos pais de crianças que parecem ter baixa motivação e/ou baixa energia. Essas crianças geralmente não têm motivação para realizar tarefas menos desejáveis, como o trabalho escolar, tarefas domésticas e atividades da vida diária. Ajudar os pais a superarem a frustração e focarem em estratégias para aumentar a ação dos filhos é o desafio dos terapeutas.

TERAPEUTA: Você mencionou que Kyra tem dificuldades em partir para a ação, e acaba tendo que "resmungar" com ela todos os dias para que realize as tarefas básicas que você espera dela.

MÃE: É isso mesmo. Ela não quer fazer as coisas mais simples, como juntar suas roupas sujas do chão do banheiro, sem que alguém mande fazer. Eu até coloquei um cesto no banheiro, e ela deixa as roupas ao lado do cesto! Isso é ridículo.

TERAPEUTA: Parece desafiador.

MÃE: E é. Não entendo por que ela não quer ajudar mais. Ela deveria notar que a lavadora de pratos precisa ser esvaziada e simplesmente esvaziá-la, mas ela nunca faz isso a menos que eu mande várias vezes.

TERAPEUTA: Uma coisa importante de saber ao tentar fazer com que as crianças façam as coisas é se elas são motivadas por coisas "internas" ou "externas". Para realizar algumas tarefas, Kyra pode não precisar ser lembrada – ela simplesmente faz porque quer ou porque é importante para ela. Chamamos isso de motivação "intrínseca": ela está motivada internamente ou por alguma coisa dentro dela.

MÃE: Com certeza, como ficar no telefone ou arrumar o cabelo.

TERAPEUTA: Tarefas de socialização e autocuidado podem ser motivadoras para Kyra por si só, pois ela acha agradável o tempo com os amigos, portanto isso é reforçador e motivador. É como se alguma coisa dentro dela fizesse ela querer realizar a atividade. Mas há outras coisas que ela não acha reforçadoras ou "divertidas", então tem mais dificuldade para começar ou terminar essas coisas.

MÃE: Sim, como quase todo o resto.

TERAPEUTA: Para algumas tarefas que são menos motivadoras internamente, podemos precisar criar uma motivação para Kyra além dos seus próprios sentimentos ou motivação para realizar a tarefa.

MÃE: Tipo dar a ela alguma coisa pelo fato de ela ter feito algo que deveria fazer?

TERAPEUTA: Podemos usar o que é importante para Kyra como recompensa ou como motivador para que ela faça o que precisa fazer, mas está menos motivada a fazer. Por exemplo, você mencionou que ela é motivada para usar o telefone, mas em geral é lenta para se arrumar para a escola pela manhã. Então, ela tem o impulso interior ou o que chamamos de motivação interna para usar o telefone, mas não para se arrumar rapidamente para a escola. Se definirmos as coisas de modo que ela tenha que dar certos passos e ficar pronta antes de pegar o telefone pela manhã, estaremos pegando alguma coisa que está fora dela (o uso do telefone) com o objetivo de criar uma motivação para fazer alguma coisa para a qual ela não tem motivação "interna".

MÃE: Você quer que eu a suborne para se aprontar para a escola?

TERAPEUTA: Queremos mostrar a ela que é benéfico que se apronte para a escola [uma coisa para a qual não está motivada] porque poderá usar o telefone se o fizer [uma coisa para a qual está altamente motivada]. Isso é basicamente dar-lhe uma escolha, dizendo o que irá acontecer – se você fizer X terá Y.

MÃE: OK, ela pode fazer isso porque gosta de ouvir música no telefone no ônibus pela manhã, e provavelmente vai querer mandar mensagens para os amigos, também.

TERAPEUTA: Vamos identificar outras coisas que podem ser motivadoras externamente e que possamos colocar em ação para conseguir que Kyra faça as coisas para as quais não está motivada internamente [ver Cartão PR 3.6a]. É como virar as coisas pelo avesso.

Em seguida, queremos introduzir os motivadores para que seja desenvolvida a conexão entre as tarefas difíceis e os reforçadores, e as coisas reforçadoras (uso do telefone) ajudarão na realização de atividades menos desejáveis (dever de casa) (ver Cartão PR 3.6b).

CONCLUSÃO

Ao trabalhar com as famílias sobre desobediência e motivação de crianças e adolescentes, a frustração que os cuidadores experimentam está frequentemente evidente tanto no que eles expressam para o profissional quanto na forma como respondem e interagem com o filho. Ajudar os cuidadores a focarem nas mudanças comportamentais e a não demonstrarem emoção na sua reação ao comportamento frustrante do filho não é uma façanha pequena. Como profissional, você precisa ser apoiador e compreensivo com as frustrações, ao mesmo tempo ensinando aos cuidadores alternativas eficazes. Algumas das estratégias *expressas* apresentadas anteriormente neste capítulo serão úteis, como o uso de comandos efetivos e elogio. Quando os cuidadores têm passos específicos a serem seguidos, maior será a chance de que se sintam no controle e eficientes quanto a suas habilidades como pais. Se pudermos fornecer aos cuidadores os principais elementos básicos para o progresso, será mais provável que os utilizem em situações novas depois que o tratamento tiver terminado.

Cartão PR 3.1
Blocos de construção

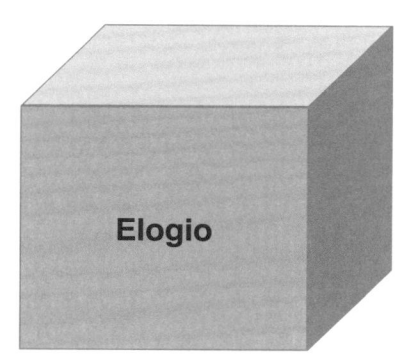

Elogio

Elogio: Diga ao seu filho EXATAMENTE o que ele está fazendo que você gosta e deseja ver mais frequentemente.

Atenção diferencial

Atenção diferencial: Qualquer comportamento ao qual você der atenção ocorrerá com mais frequência!

Comandos efetivos

Comandos efetivos: Faça afirmações (não perguntas!) curtas e específicas. Se alguém puder responder sim ou não, será uma pergunta.

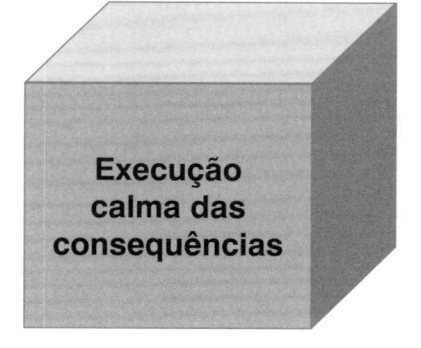

Execução calma das consequências

Execução calma das consequências: Apresente as consequências específicas e de curto prazo pelo mau comportamento. Evite ameaças e múltiplos alertas.

De *TCC expressa*. McClure, Friedberg, Thordarson e Keller. Copyright © 2019 The Guilford Press. É permitido aos leitores deste livro copiar este Cartão PR para uso pessoal ou para uso com os clientes (ver página de direitos autorais para detalhes). Os leitores têm permissão para fazer *download* de cópias adicionais deste Cartão PR (ver quadro no final do Sumário deste livro).

Cartão PR 3.2a
Estratégia para um melhor comportamento: exemplo

Por onde começar? *Identificando seus três alvos principais*
Marque de um a três comportamentos que você quer mudar primeiro:

- ☒ Diz "Não" quando é mandado fazer alguma coisa
- ☐ Ignora e continua brincando quando é mandado fazer alguma coisa
- ☒ Para de brincar e segue os comandos em poucos minutos
- ☐ Grita com os pais/cuidadores
- ☐ Joga coisas
- ☐ Abraça e faz carinho nos familiares
- ☐ Revira os olhos
- ☒ Outro (especificar): _se afasta quando estou falando com ele_

Fazendo os movimentos certos:
Para aumentar os comportamentos que você quer ver com mais frequência, elogie ou recompense seu filho toda vez que ele se engajar nesse comportamento.

Para reduzir os comportamentos que você quer ver menos frequentemente, elogie ou recompense o comportamento oposto.

1. Para aumentar / (diminuir) _dizer "não" quando eu mando fazer alguma coisa_
   Vou _dizer "obrigado por seguir as instruções" toda vez que ele fizer o que eu disse_
   Quando meu filho _disser "não"_
   Vou _lhe dar uma opção de fazer como eu disse ou então irá para seu quarto por um tempo_

2. Para (aumentar) / diminuir _meu filho parar de jogar e seguir as instruções rapidamente_
   Vou _elogiá-lo a cada vez que fizer isso ("Eu gosto quando você segue as instruções rapidamente.")_
   Quando meu filho não _parar de jogar_
   Vou _lhe informar as consequências (você precisa parar de jogar e arrumar a mesa ou não irá jogar videogame pelo resto da noite)_

3. Para aumentar / (diminuir) _que meu filho saia de perto quando estou falando com ele_
   Vou _lhe dar instruções curtas e específicas e elogiá-lo por ouvir com respeito_
   Quando meu filho _sair de perto_
   Vou _lhe dizer para parar e atender ou então receberá tarefas adicionais_

De *TCC expressa*. McClure, Friedberg, Thordarson e Keller. Copyright © 2019 The Guilford Press. É permitido aos leitores deste livro copiar este Cartão PR para uso pessoal ou para uso com os clientes (ver página de direitos autorais para detalhes). Os leitores têm permissão para fazer *download* de cópias adicionais deste Cartão PR (ver quadro no final do Sumário deste livro).

Cartão PR 3.2b
Estratégia para um melhor comportamento

Por onde começar? *Identificando seus três alvos principais*

Marque de um a três comportamentos que você quer mudar primeiro:

- ☐ Diz "Não" quando é mandado fazer alguma coisa
- ☐ Ignora e continua brincando quando é mandado fazer alguma coisa
- ☐ Para de brincar e segue as instruções em poucos minutos
- ☐ Grita com os pais/cuidadores
- ☐ Joga coisas
- ☐ Abraça e faz carinho nos familiares
- ☐ Revira os olhos
- ☐ Outro (especificar): _____

Fazendo os movimentos certos:
Para aumentar os comportamentos que você quer ver com mais frequência, elogie ou recompense seu filho toda vez que ele se engajar nesse comportamento.
Para reduzir os comportamentos que você quer ver menos frequentemente, elogie ou recompense o comportamento oposto.

1. Para aumentar/diminuir _____
   Vou _____
   Quando meu filho _____
   Vou _____

2. Para aumentar/diminuir _____
   Vou _____
   Quando meu filho _____
   Vou _____

3. Para aumentar/diminuir _____
   Vou _____
   Quando meu filho _____
   Vou _____

De *TCC expressa*. McClure, Friedberg, Thordarson e Keller. Copyright © 2019 The Guilford Press. É permitido aos leitores deste livro copiar este Cartão PR para uso pessoal ou para uso com os clientes (ver página de direitos autorais para detalhes). Os leitores têm permissão para fazer *download* de cópias adicionais deste Cartão PR (ver quadro no final do Sumário deste livro).

Cartão PR 3.3
O equilíbrio com o dever de casa (programação depois da escola)

Exemplo

4:00-4:15	Chegar em casa, se acomodar, fazer um lanche
4:15-4:30	Relaxar, trocar mensagens com os amigos
4:30-4:45	Relaxar, trocar mensagens com os amigos
4:45-5:00	Relaxar, trocar mensagens com os amigos
5:00-5:15	Relaxar, trocar mensagens com os amigos
5:15-5:30	Ajudar mãe a arrumar a mesa
5:30-5:45	Fazer o dever de casa
5:45-6:00	Fazer o dever de casa
6:00-6:15	Fazer o dever de casa
6:15-6:30	Jantar
6:30-6:45	Jantar, ajudar mãe a lavar a louça
6:45-7:00	Fazer o dever de casa
7:00-7:15	Fazer o dever de casa
7:15-7:30	Fazer o dever de casa
7:30-7:45	Pausa
7:45-8:00	Fazer o dever de casa

Preencha sua programação abaixo

4:00-4:15	
4:15-4:30	
4:30-4:45	
4:45-5:00	
5:00-5:15	
5:15-5:30	
5:30-5:45	
5:45-6:00	
6:00-6:15	
6:15-6:30	
6:30-6:45	
6:45-7:00	
7:00-7:15	
7:15-7:30	
7:30-7:45	
7:45-8:00	

De *TCC expressa*. McClure, Friedberg, Thordarson e Keller. Copyright © 2019 The Guilford Press. É permitido aos leitores deste livro copiar este Cartão PR para uso pessoal ou para uso com os clientes (ver página de direitos autorais para detalhes). Os leitores têm permissão para fazer *download* de cópias adicionais deste Cartão PR (ver quadro no final do Sumário deste livro).

Cartão PR 3.4

Apaziguador de conflitos com o dever de casa

Nossos conflitos atuais com o dever de casa incluem:

____ Distrações com telefone/mensagens de texto durante o horário do dever de casa

____ Sentir-se cansado depois da escola

____ Sentir fome depois da escola

____ Não entender o trabalho

____ Ter uma programação definida depois da escola

____ Telefone celular desligado durante o horário do dever de casa

____ Recompensa por fazer o dever de casa

____ Outro: _____

Vamos apaziguar os conflitos com o seguinte:

____ Ter uma programação definida depois da escola

____ Telefone celular desligado durante o horário do dever de casa

____ Recompensa por fazer o dever de casa

____ Lanche depois da escola

____ Tutoria do professor na sala de estudos

____ Fazer o dever de casa em um local diferente: _____

____ Outro: _____

De *TCC expressa*. McClure, Friedberg, Thordarson e Keller. Copyright © 2019 The Guilford Press. É permitido aos leitores deste livro copiar este Cartão PR para uso pessoal ou para uso com os clientes (ver página de direitos autorais para detalhes). Os leitores têm permissão para fazer *download* de cópias adicionais deste Cartão PR (ver quadro no final do Sumário deste livro).

Cartão PR 3.5
Mestre mandou: "hora de trabalhar"

Veja os exemplos abaixo e depois acrescente algumas ideias suas.

Instrução	Ideias para elogio
Bata palmas.	Bom trabalho ao ouvir.
Pule.	Ótimo trabalho ao seguir as instruções.
Sente-se.	Eu gosto como você atendeu tão rapidamente.
Levante-se.	Você fez isto tão rápido!
Toque os dedos dos pés.	Você está seguindo as instruções muito bem!
Coloque este (item) sobre a mesa.	Uau, você está seguindo bem as instruções.
Jogue isto no lixo.	Excelente trabalho ao limpar.
Alcance (item) para mim.	Ótimo trabalho ao (inserir a instrução).

De *TCC expressa*. McClure, Friedberg, Thordarson e Keller. Copyright © 2019 The Guilford Press. É permitido aos leitores deste livro copiar este Cartão PR para uso pessoal ou para uso com os clientes (ver página de direitos autorais para detalhes). Os leitores têm permissão para fazer *download* de cópias adicionais deste Cartão PR (ver quadro no final do Sumário deste livro).

Cartão PR 3.6a

De dentro para fora e de fora para dentro: exemplo

Coloque no círculo maior as coisas que são motivadoras e fáceis de fazer. Coloque no círculo menor as coisas que não são motivadoras ou são mais difíceis de fazer.

Fazer o dever de casa

Esvaziar a lavadora de pratos

Recolher as roupas sujas

Trocar mensagens com os amigos

Passear/brincar com o cachorro

Ajudar a cozinhar

De *TCC expressa*. McClure, Friedberg, Thordarson e Keller. Copyright © 2019 The Guilford Press. É permitido aos leitores deste livro copiar este Cartão PR para uso pessoal ou para uso com os clientes (ver página de direitos autorais para detalhes). Os leitores têm permissão para fazer *download* de cópias adicionais deste Cartão PR (ver quadro no final do Sumário deste livro).

Cartão PR 3.6b
De dentro para fora e de fora para dentro: exemplo da conexão dos círculos

Conectando os círculos grande e pequeno, podemos ajudar as crianças a concluírem as tarefas menos motivadoras usando recompensas altamente motivadoras.

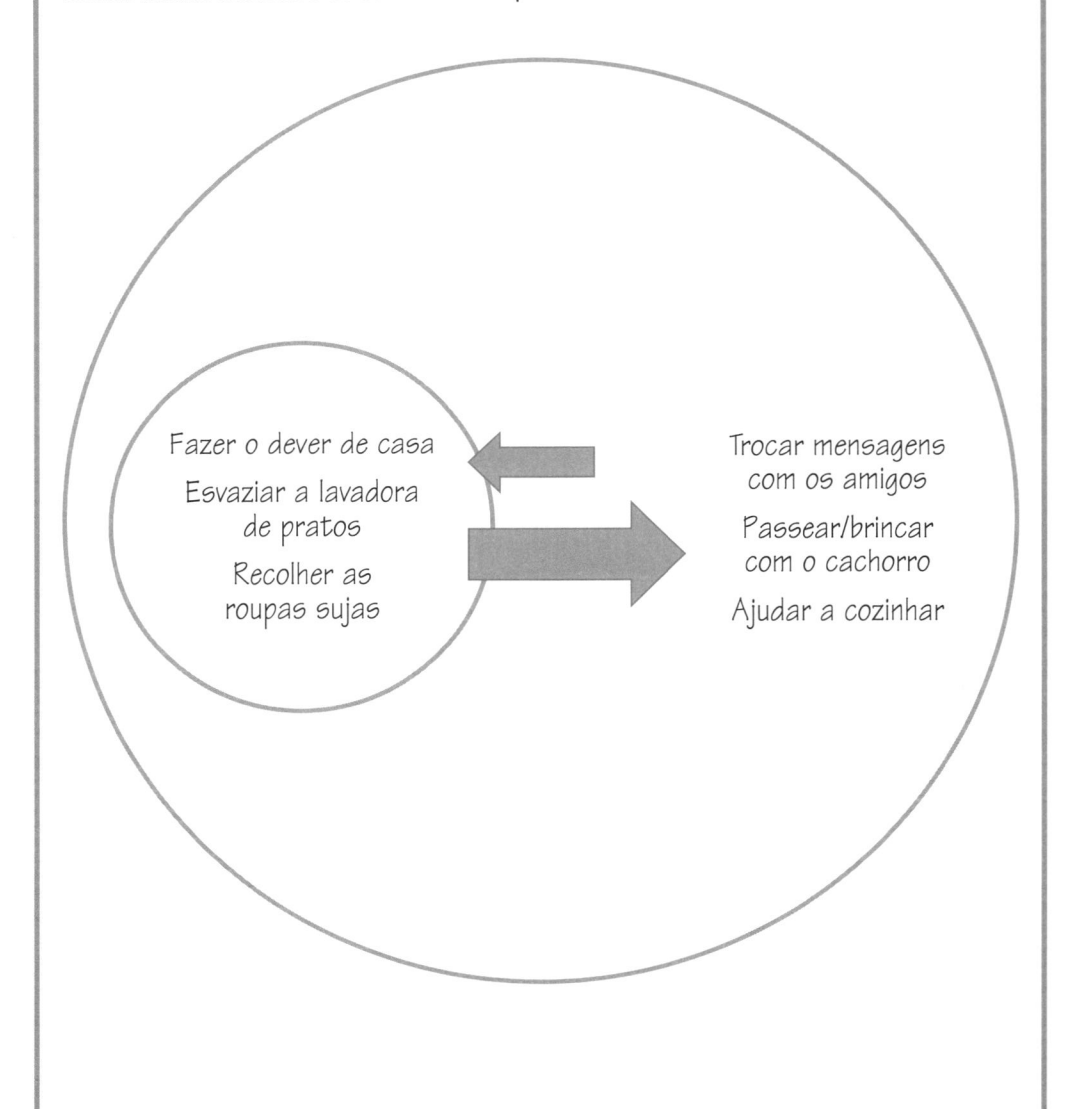

Fazer o dever de casa
Esvaziar a lavadora de pratos
Recolher as roupas sujas

Trocar mensagens com os amigos
Passear/brincar com o cachorro
Ajudar a cozinhar

De *TCC expressa*. McClure, Friedberg, Thordarson e Keller. Copyright © 2019 The Guilford Press. É permitido aos leitores deste livro copiar este Cartão PR para uso pessoal ou para uso com os clientes (ver página de direitos autorais para detalhes). Os leitores têm permissão para fazer *download* de cópias adicionais deste Cartão PR (ver quadro no final do Sumário deste livro).

Cartão PR 3.6c
De dentro para fora e de fora para dentro

Coloque no círculo maior as coisas que são motivadoras e fáceis de fazer. Coloque no círculo menor as coisas que não são motivadoras ou são mais difíceis de fazer.

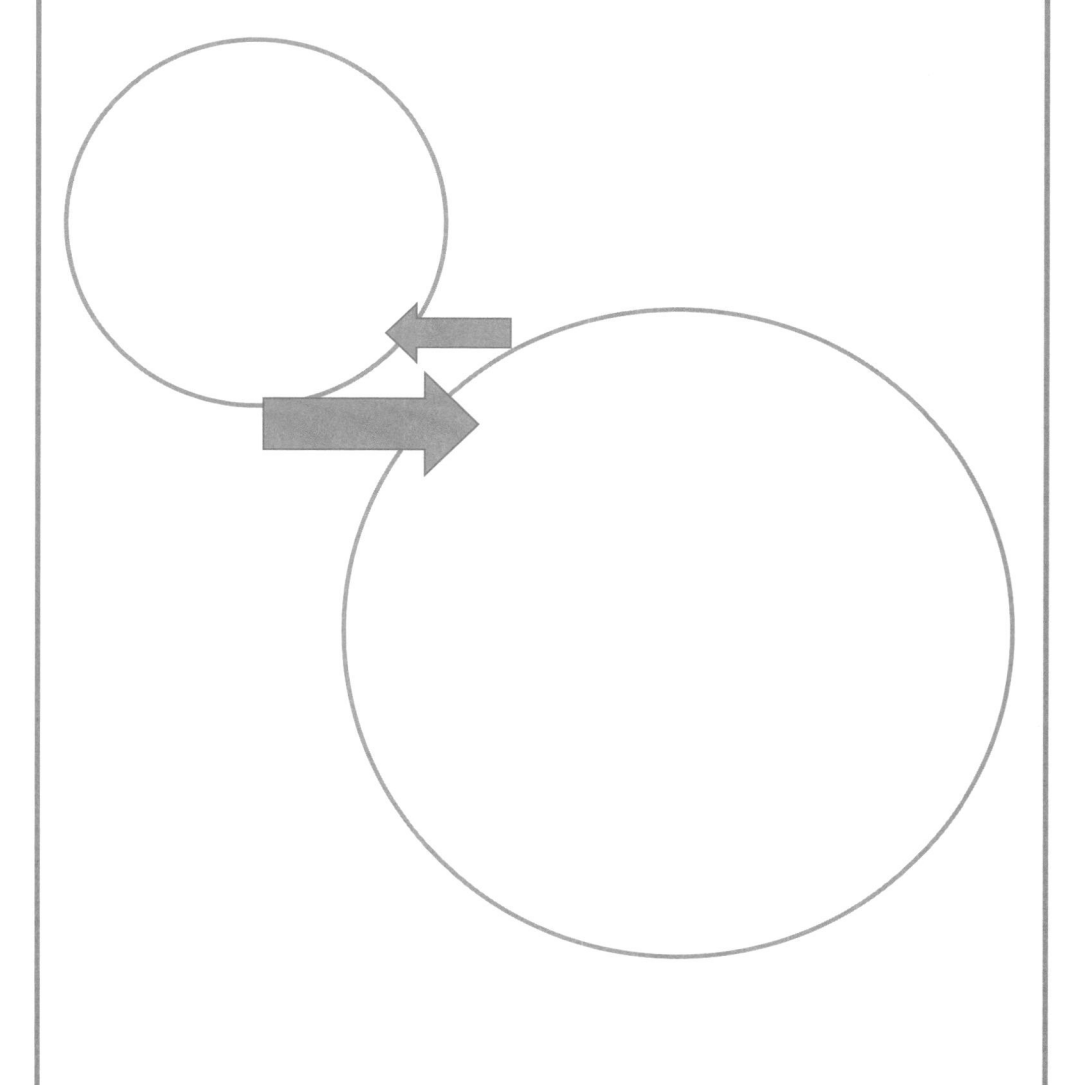

De *TCC expressa*. McClure, Friedberg, Thordarson e Keller. Copyright © 2019 The Guilford Press. É permitido aos leitores deste livro copiar este Cartão PR para uso pessoal ou para uso com os clientes (ver página de direitos autorais para detalhes). Os leitores têm permissão para fazer *download* de cópias adicionais deste Cartão PR (ver quadro no final do Sumário deste livro).

Cartão PR 3.6d
De dentro para fora e de fora para dentro: conexão dos círculos

Conectando os círculos grande e pequeno, podemos ajudar as crianças a concluírem as tarefas menos motivadoras usando recompensas altamente motivadoras.

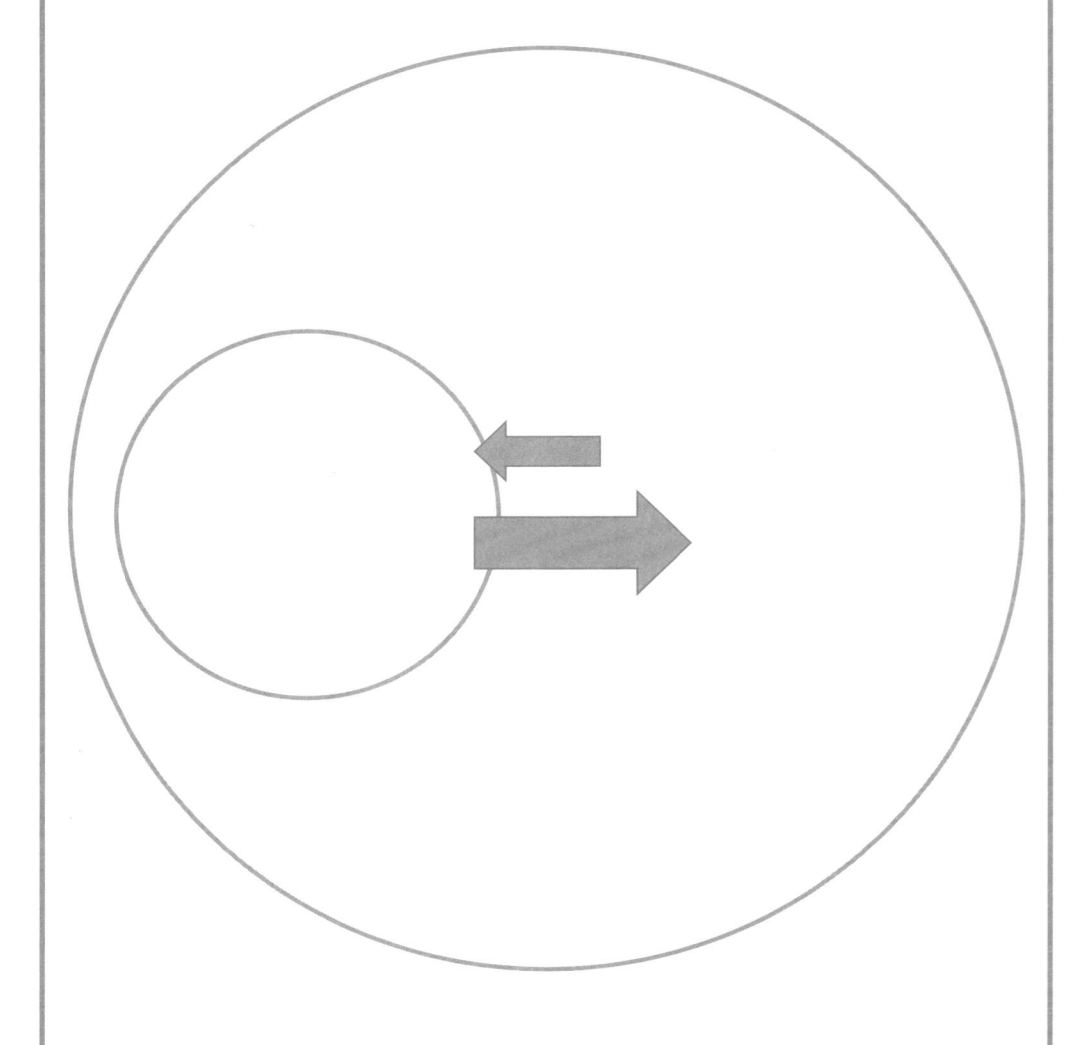

De *TCC expressa*. McClure, Friedberg, Thordarson e Keller. Copyright © 2019 The Guilford Press. É permitido aos leitores deste livro copiar este Cartão PR para uso pessoal ou para uso com os clientes (ver página de direitos autorais para detalhes). Os leitores têm permissão para fazer *download* de cópias adicionais deste Cartão PR (ver quadro no final do Sumário deste livro).

4

Raiva

"Toda vez que as coisas não saem do jeito que ela quer, é como um interruptor de luz. Ela muda da água para o vinho e explode."

"Ele se ofende com muita facilidade. É como se achasse que todos estão contra ele e fica com raiva muito fácil."

"Ele tem problemas com raiva."

"Ela xinga os outros."

Como todos os sentimentos, a raiva é uma experiência típica para as crianças. Quando o grau e a frequência da raiva, muitas vezes acompanhada de agressão verbal ou física, causam problemas é que ela chama a atenção dos médicos, supervisores e orientadores escolares, psicólogos ou outros profissionais. Estes comportamentos externalizantes originam problemas sociais, colocam as crianças em apuros na escola ou creche e provocam conflito familiar. Em geral, a raiva não ocorre isoladamente. Problemas com o controle dos impulsos podem levar a mais agressão quando uma criança está irritada, e um distúrbio do humor pode causar distorções cognitivas que reforçam pensamentos negativos e padrões de raiva. Uma vida familiar disruptiva pode desencadear mais raiva, e o modelo do cuidador também pode ter impacto sobre o padrão.

BREVE EXPOSIÇÃO SOBRE TRATAMENTOS BASEADOS EM EVIDÊNCIAS

Comportamentos que expressam raiva como gritar, brigar e discutir causam problemas para as crianças e irritam seus pais. Os jovens costumam reagir com raiva quando acham que estão sendo tratados injustamente ou quando interpretam mal uma situação. A terapia cognitivo-comportamental (TCC) demonstrou abordar com eficiência estes déficits nas habilidades e excessos comportamentais. As intervenções comportamentais ensinam os jovens a se acalmarem e a reagirem à sua raiva de forma diferente (Landenberger & Lipsey, 2005). Estratégias cognitivas geram melhorias nas habilidades para resolução de problemas, e as crianças aprendem a reavaliar as situações para limitar as respostas hostis (Lochman & Wells, 2002). Para pacientes jovens que têm conflitos com seus colegas, a aprendizagem de habilidades sociais como conciliação, negociação e comunicação é um elemento importante do tratamento (Hammond & Yung, 1991; Lochman et al., 2011). A agressão relacional é cada vez mais importante de abordar, dada a ampla variedade de plataformas de mídias sociais e à quantidade substancial de interação que ocorre por meio de dispositivos móveis (Görzig & Frumkin, 2013). Práticas emocionalmente evocativas dentro da sessão (exposições) são essenciais, pois facilitam a generalização de habilidades e tiram proveito da aprendizagem dependente do estado emocional (Goldstein et al., 2013; Lochman & Wells, 2002). Também é importante incluir os cuidadores na terapia para que eles possam apoiar a aplicação das habilidades e treinar o jovem em ambientes do cotidiano (McCart & Sheidow, 2016; Smith, Lochman, & Daunic, 2005).

A TCC é um tratamento eficaz para comportamentos de raiva para jovens de todas as idades. Os jovens que aprendem e aplicam habilidades da TCC apresentam melhora no funcionamento social, melhor desempenho acadêmico, menos comportamentos-problema, menor frequência de rejeição por parte dos colegas e maior compreensão das situações sociais (Goldstein et al., 2013; Lochman et al., 2011; Lochman & Wells, 2002, 2003). Os jovens também apresentam melhor compreensão das suas emoções e melhor tomada de perspectiva (Lochman et al., 2011). Os ganhos são mantidos por até três anos em alguns estudos (McCart & Sheidow, 2016). Os benefícios de longo prazo da TCC para comportamentos de raiva incluíram redução no risco de abuso de substância, problemas legais e evasão escolar (Lochman & Wells, 2002). Embora a maioria das pesquisas seja realizada com o sexo masculino, diversos estudos mostram que as mesmas estratégias se aplicam à terapia com o sexo feminino (Goldstein et al., 2013). As ferramentas da TCC funcionam bem para crianças pequenas e igualmente com adolescentes, sendo aplicáveis a todas as etnias e condições socioeconômicas (Hammond & Yung, 1991; Martinez & Eddy, 2005; McCart & Sheidow, 2016). Como comportamentos de raiva podem ocorrer com jovens que enfrentam inúmeros problemas, as estratégias de *TCC expressa* oferecem aos profissionais uma forma de intervir diretamente em padrões de comportamento problemáticos e introduzem novas habilidades em uma variedade de ambientes.

PREOCUPAÇÕES E SINTOMAS PRESENTES

Os pais usam o termo *raiva* quando descrevem inúmeros comportamentos que estão observando em seus filhos. Mais comumente, os pais descrevem que observam gritos, respostas rudes e expressões faciais indicando frustração e raiva por parte do seu filho. Algumas crianças também se envolvem em agressão física, xingamentos e destruição de propriedade. As intervenções neste capítulo são concebidas para abordar comportamentos leves a moderados associados à raiva, tais como gritos, berros, respostas grosseiras e agressão leve.

INTERVENÇÕES

As explosões de raiva de um jovem costumam ser descritas pelos pais como tipicamente sendo precedidas por um comportamento observável. Portanto, muitas intervenções que recomendamos são implementadas no ponto deste desencadeador, ou antes de "comportamentos de raiva". Além disso, a forma como o pai responde a uma demonstração de raiva do filho pode reforçar os comportamentos da criança, portanto os pais precisam ser conhecedores dos comportamentos aos quais estão dando atenção.

Depois da leitura do Capítulo 2, os leitores já devem estar familiarizados com os ABCs dos problemas das crianças. Para que as crianças e seus cuidadores abordem comportamentos indicativos de raiva ou explosões de raiva, apresentamos intervenções para focar nos desencadeadores da raiva e nas reações a eles.

Duplo drible

Idades: A partir de 6 anos.

Módulo: Psicoeducação.

Objetivo: Aumentar a identificação de comportamentos e as consequências dos comportamentos, e aumentar a motivação para se engajar em outras estratégias de intervenção.

Justificativa: As crianças não costumam parar e pensar nas consequências de suas ações. Assim sendo, quando recebem uma consequência por um comportamento, elas podem ficar ainda mais raivosas (com raiva pelo desencadeador inicial da raiva e também pela consequência dos seus próprios comportamentos).

Materiais: Cartão PR 4.1, Duplo drible (p. 73), e recursos para escrever.

Tempo necessário previsto: 2 minutos.

Com frequência as crianças não têm compreensão de como as consequências de seus comportamentos estão contribuindo para suas frustrações. Padrões que são tão claros para os cuidadores passam despercebidos pelas crianças. "Duplo drible" revela os padrões repetitivos em que crianças com raiva podem se encontrar – engajando-se neles repetidamente e ficando frustradas com as consequências. Esta estratégia *expressa* é projetada para lançar alguma luz sobre esses padrões, dessa forma motivando o jovem a se engajar em outras intervenções apresentadas neste capítulo.

O que o terapeuta pode dizer

"Você sabe como driblar com uma bola de basquete? O que você tem que fazer se estiver driblando e então parar de driblar? É isso mesmo, você tem que fazer alguma coisa diferente de driblar. Você pode passar a bola para um colega de time ou tentar fazer uma cesta. Driblar novamente vai contra as regras e resultará em uma falta por 'duplo drible', e o outro time ficará com a bola. Suas reações de raiva são mais ou menos como um duplo drible. Você fica fazendo a mesma coisa que sempre fez, mas isso não acaba bem. Ou então pode tentar algo diferente, como passar a bola ou tentar fazer uma cesta, e arriscar um resultado melhor. Queremos tentar fazer alguma coisa diferente com a sua raiva. Em vez de driblar novamente, queremos experimentar outra estratégia."

Dependendo de quanto tempo o profissional tem com a criança naquele dia, ele poderá passar para uma das próximas intervenções ou poderá fazer planos para colocar isso em prática na consulta próximas. Esta estratégia oferece uma rápida introdução à ideia de que as coisas podem ser diferentes e ajuda a criança a começar a ver que ela pode ter algum controle ou influência sobre o que acontece caso escolha mudar seus comportamentos. Esta intervenção de 2 minutos pode ser enriquecida com demonstrações de dribles com uma bola pequena ou um vídeo de duplo drible durante um jogo de basquete.

Raiva assertiva

Idades: A partir de 8 anos.

Módulo: Psicoeducação.

Objetivo: Aprender como expressar assertivamente sentimentos de raiva.

Justificativa: Muitos jovens não possuem a habilidade básica de comunicar suas emoções de forma clara e assertiva. Sem tal habilidade, o jovem só será capaz de se manter calmo por tanto tempo se recorrer a expressões agressivas de raiva ou entrar em um ciclo de supressão/explosão. O treinamento explícito em comunicação assertiva preenche esta lacuna na habilidade.

Materiais: Cartão PR 4.2, Raiva assertiva (p. 74), e recursos para escrever.

Tempo necessário previsto: 15 minutos.

Mesmo que as crianças sejam capazes de usar estratégias de autorregulação para permanecerem calmas em face de desencadeadores de raiva, a menos que aprendam como expressar apropriadamente sua frustração, elas retornarão às reações de raiva prévias. Assim, o treinamento efetivo inclui não só ideias de como se manter calmo, mas também a comunicação assertiva da sua raiva. Nem toda a raiva precisa ser expressa, portanto recomendamos que as crianças comecem a praticar esta habilidade somente com adultos (isto é, cuidadores, professores). Depois que o jovem dominar a habilidade de comunicar assertivamente a sua raiva, ele poderá começar a identificar quando é uma boa ideia expressar raiva aos seus colegas e amigos.

Considere o exemplo de Terry, que foi encaminhado para tratamento devido a explosões de raiva. O supervisor escolar está trabalhando com Terry como demonstrar a habilidade de se comunicar efetivamente. No diálogo a seguir, Terry e o supervisor escolar usam a "Raiva assertiva" para identificar diferentes formas como Terry pode expressar sua raiva sem machucar os outros ou se meter em problemas.

O que o terapeuta pode dizer

SUPERVISOR: Você está trabalhando com afinco para comunicar efetivamente quando sente raiva. Esta próxima folha de exercícios vai lhe ensinar como dizer à sua mãe o que o deixou tão zangado quando ela lhe disse "não" ao pedido de ir ao jogo na quinta à noite com seu amigo.

TERRY: Ela já sabe o que me deixa com raiva.

SUPERVISOR: Você tem certeza? Porque, para ser honesto, eu não tenho certeza se sei do quê você está com raiva. Além de perder o jogo, é claro. Quero dizer, você poderia estar com raiva por não poder ficar acordado até tarde, ou porque seu amigo vai conseguir sair com outra pessoa, ou porque ele vai chamá-lo de bebê porque você não pode sair à noite durante a semana.

TERRY: Tudo bem, tudo bem, já entendi.

SUPERVISOR: OK, então se você der uma olhada neste papel, poderá ver que já tem algumas ideias de como começar. Nós só vamos examinar e preencher as diferentes partes com seus pensamentos específicos.

A parte delicada sobre aprender a se expressar assertivamente é que isso não garante que você vai conseguir o que quer. É importante enfatizar para o jovem ao treinar esta habilidade que isto *não* é sobre conseguir o que ele quer; é sobre garantir que a outra pessoa entenda como ele se sente. Quando as pessoas nos entendem, acabamos nos sentindo menos frustrados e nos metemos em problemas com menos frequência.

Lance os dados

Idades: A partir de 5 anos.

Módulo: Psicoeducação.

Objetivo: Melhorar a consciência da criança das várias emoções e a sua expressão apropriada.

Justificativa: As crianças com frequência reagem com raiva quando estão desconfortáveis com as emoções ou não sabem como expressar outras emoções. "Lance os dados" propicia um modo divertido de ensinar e praticar com as crianças e as famílias a identificação e expressão de sentimentos.

Materiais: Dados e Cartão PR 4.3, Lance os dados (p. 75). *Alternativa: Crie seu próprio dado de sentimentos conforme descrito abaixo.*

Tempo necessário previsto: 10 minutos.

Algumas crianças que têm problemas com raiva ficam desconfortáveis ou não possuem as habilidades para identificar e expressar apropriadamente outros sentimentos. Quando ficam frustradas com uma tarefa, se sentem excluídas pelos colegas ou ficam nervosas em um novo ambiente, não são capazes de expressar seus sentimentos. A raiva pode ser mais prevalente, portanto, nessas situações. "Lance os dados" ajuda a construir habilidades para identificação e expressão dos sentimentos, e também promove a comunicação dos sentimentos entre a criança e os cuidadores. O fortalecimento dessas habilidades pode normalizar a expressão dos sentimentos e aumentar o nível de comunicação entre a criança e os familiares acerca de vários sentimentos. A demonstração por parte dos pais da expressão apropriada dos sentimentos também pode ser muito eficaz.

"Lance os dados" requer um trabalho profundo de preparação por parte do profissional no sentido de estar pronto quando uma criança específica precisar desta técnica. Reservar um tempo para organizar os materiais manterá esta intervenção *expressa* focada, eficiente e impactante. Os profissionais podem desenhar ou imprimir fotos simples de rostos refletindo sentimentos comuns. Os rostos podem então ser colados, um em cada face de um cubo de 4 x 4 x 4. Depois de pronto este cubo, o profissional estará preparado para usar a intervenção quando uma criança que se beneficiaria dela se apresenta no consultório. Esta técnica pode ser útil com crianças que experimentam outros problemas além de raiva, portanto tê-la sempre à mão é muito proveitoso. Verifique a seguir o que o terapeuta pode dizer, incluindo uma sugestão de como usar um dado e o Cartão PR 4.3 em vez de um cubo.

O que o terapeuta pode dizer

"Algumas vezes, os sentimentos de raiva são dominantes quando temos outro sentimento. Quero lhe mostrar um jogo que vai nos ajudar a falar sobre os sentimentos. Lance os dados e veja o sentimento que se encontra retratado na face voltada para cima. Então vamos jogar um jogo usando o dado."

O que o terapeuta pode fazer

Já ter o cubo pronto economiza tempo, ou então o profissional pode usar um cubo e um Cartão PR 4.3. O profissional encoraja a criança a lançar o cubo ou um dado e então pede que ela tente nomear o sentimento que se encontra na face do cubo voltada para cima (ou que corresponde ao número no dado). O profissional, a criança e o cuidador que estiver presente se revezam para lançar, nomear os sentimentos e compartilhar alguma situação em que tiveram esse sentimento ou notaram esse sentimento em outra pessoa. Quando a face em branco é lançada (p. ex., "seis" no Cartão PR 4.3), a pessoa faz uma expressão facial da sua escolha e então os outros jogadores têm que adivinhar qual é o sentimento.

Esta intervenção *expressa* foi usada com Sierra durante uma consulta em que compareceram ela e sua mãe.

MÃE: Estamos tendo muita dificuldade com a raiva de Sierra. Ela explode muito facilmente.

TERAPEUTA: Que tipo de coisas parecem provocar a raiva dela?

MÃE: Outro dia estávamos saindo de casa e ela ia ficar com a nova babá. Ela entrou em crise total. Ela já ficou com babás centenas de vezes e sempre fica bem, mas desta vez ela começou a gritar comigo, dizendo que eu não ia sair e até jogou um dos seus brinquedos.

TERAPEUTA: Sierra, como era seu sentimento quando chegou a hora da sua mãe deixá-la com a babá?

SIERRA: Não sei. Mal.

TERAPEUTA: Você se sentiu mal. Que tipo de mal foi? Você se sentiu mais triste, zangada ou assustada?

SIERRA: Não sei (*elevando a voz*)!

TERAPEUTA: Parece que só falar nisso já faz você se sentir mal. Eu tenho uma ideia: vamos jogar um jogo. Eu tenho este cubo – é como um dado que você usa em outros jogos. Você o lança e vê o rosto que fica virado para cima.

SIERRA: (*Lança o dado.*)

TERAPEUTA: Ótimo, o que este rosto parece para você?

SIERRA: Triste.

TERAPEUTA: Concordo. O que mais poderia deixar alguém triste?

SIERRA: Se o seu cachorro fugisse.

TERAPEUTA: Isso é triste. OK, mãe, é a sua vez de jogar.

MÃE: Tirei um rosto nervoso ou assustado.

TERAPEUTA: Que outra coisa poderia deixar alguém nervoso ou assustado?

MÃE: Um temporal terrível.

SIERRA: Especialmente se trovejar muito!

TERAPEUTA: Ótimo trabalho ao darem nome a esses sentimentos, vocês duas. Agora, Sierra, quando foi que você se sentiu nervosa ou assustada?

Dependendo do nível de habilidade e conforto da criança, você poderá ter que trabalhar exemplos mais personalizados pela criança. Ela pode precisar começar pela identificação de sentimentos que outras pessoas poderiam ter ou exemplos de sentimentos que observou em outras pessoas. Depois que a criança estiver confortável com esses passos, você poderá trabalhar com ela a expressão de mais exemplos da sua própria vida. Estas são algumas ideias para formular as perguntas:

"Diga alguma coisa que pode fazer alguém sentir _____."
"Conte sobre alguma situação em que você notou que outra pessoa estava _____."
"Diga alguma coisa que poderia fazer você sentir _____."
"Conte sobre alguma situação em que você sentiu _____."

O melhor palpite

Idades: A partir de 6 anos.

Módulo: Reestruturação Cognitiva.

Objetivo: Aumentar a habilidade da criança para assumir a perspectiva dos outros e lançar dúvidas sobre os pensamentos automáticos negativos que ela tem quando interage com os outros.

Justificativa: Crianças que têm dificuldades com a raiva frequentemente supõem que os outros têm intenção negativa. "O melhor palpite" estimula as crianças a considerarem intenções alternativas e menos maldosas por parte de outras pessoas.

Materiais: Cartão PR 4.4a e 4.4b, O melhor palpite, cartões com exemplo e em branco (p. 76-77) e recursos para escrever.

Tempo necessário previsto: 10 minutos.

Reações de raiva desencadeadas pela crença de que a pessoa foi injustiçada ou julgada por outros podem ser difíceis de identificar. As crianças geralmente não compartilham ou podem não ter consciência do que está passando pela sua mente antes da explosão de raiva. Este era o caso de Olívia, 9 anos, que foi suspensa da escola um pouco antes de ser vista em uma clínica pelo seu médico de atenção primária.

A descrição da mãe do que aconteceu pareceu indicar um padrão exacerbado de raiva e comportamentos de atuação, possivelmente depois de Olívia sentir que estava sendo julgada. Durante sua primeira semana de aula, Olívia respondeu mal para a professora e foi repreendida. Quando a professora se afastou, Olívia empurrou um colega e alegou que ele estava rindo dela. Ela foi mandada para casa mais cedo naquele dia. Quando voltou à escola no dia seguinte, vários colegas perguntaram onde ela estava no dia anterior. Olívia ficou mais agitada e explosiva quando seus colegas notaram que ela havia deixado a escola, e depois desta explosão ela foi mandada para casa de novo, desta vez pelo resto da semana.

A reação imediata de Olívia parecia ser de que ela achava que os outros estavam zombando dela ou a julgando, e assim ela atacava verbal e fisicamente, criando ainda mais problemas para si. Sua mãe já vinha focando nos comportamentos (agredir e responder mal), mas não havia se voltado para o desencadeador desses comportamentos, que era a interpretação de Olívia dos comportamentos dos outros e de palpites sobre o que eles estavam pensando dela.

O que o terapeuta pode dizer

TERAPEUTA: Parece que foi bem difícil a primeira semana de aula.

OLÍVIA: Os garotos são muito maus. Quando eu voltar, se eles debocharem de mim de novo, vou dar um soco na cara deles.

TERAPEUTA: Parece que quando as crianças lhe perguntam sobre onde você estava, isso a deixa muito zangada.

OLÍVIA: Sim, porque eles estão caçoando de mim por eu ter sido mandada para casa.

TERAPEUTA: É possível, ou poderia haver outras razões para estarem perguntando.

OLÍVIA: O que você quer dizer?

TERAPEUTA: Bem, eles disseram por que estavam perguntando?

OLÍVIA: Não.

TERAPEUTA: Então talvez você tenha imaginado o seu *melhor palpite* de por que eles perguntaram, mas talvez o seu *melhor palpite* estivesse errado. Vamos usar esta folha de exercícios para ver se pode haver outro palpite de por que eles perguntaram onde você estava.

O que o terapeuta pode fazer

O terapeuta então trabalha com a família para preencher o Cartão PR 4.4. A identificação de explicações alternativas ajuda Olívia a ver que seu melhor palpite pode não ser a única possibilidade. Os jovens em geral estão plenamente convencidos de que geraram a interpretação correta de uma situação. Ao usar o Cartão PR "O melhor palpite", estimule a criança a identificar outras interpretações *possíveis*, não necessariamente as "certas". Este movimento inicial em direção ao pensamento flexível facilita a futura percepção de explicações alternativas. Este exercício também pode proporcionar discussões sobre motivos e percepções, bem como dramatizações (ver "Ensaio geral", mais adiante neste capítulo), de maneiras de lidar com situações semelhantes no futuro. As práticas comportamentais dão às crianças a chance de ensaiar mais estratégias de enfrentamento. Especificamente para Olívia, este próximo passo foi fundamental. Ela deveria retornar à escola na segunda-feira seguinte, e provavelmente seria questionada outra vez sobre por onde andava.

Não é necessariamente assim!

Idades: A partir de 8 anos.

Módulo: Reestruturação Cognitiva.

Objetivo: Reduzir a rigidez cognitiva e aumentar a capacidade de levar em consideração múltiplas alternativas (reatribuição).

Justificativa: Jovens com raiva e agressivos tendem a julgar os acontecimentos como injustos, como provocações hostis e como violações de regras pessoais.

Materiais: Cartões PR 4.5a e 4.5b, Não é necessariamente assim!, cartões com exemplo e em branco (p. 78-79) e recursos para escrever.

Tempo necessário previsto: 10 minutos.

Jovens com raiva e agressivos têm vieses de atribuição hostis em que arbitrariamente interpretam de modo equivocado as ações de outras pessoas como provocações hostis (Dodge, 2006). Além do mais, eles percebem as coisas que não acontecem como queriam como sendo injustas. "Não é necessariamente assim!" é uma intervenção simples de reestruturação cognitiva que recebe este nome de uma canção clássica de George e Ira Gershwin e ajuda os jovens pacientes a pensarem fora da sua caixa mental governada pela raiva.

A intervenção "Não é necessariamente assim!" é muito simples de aplicar. Em primeiro lugar, terapeuta e paciente listam o pensamento de raiva na coluna da esquerda. Depois o paciente preenche o espaço em branco para "Não é necessariamente assim" na coluna da direita. O exemplo na folha de exercícios é um modelo que mostra ao paciente como preencher os espaços em branco.

O que o terapeuta pode dizer

O diálogo a seguir demonstra como os terapeutas podem introduzir e utilizar rapidamente esta estratégia *expressa* com Esther, que está tendo dificuldades com a expressão da raiva.

TERAPEUTA: Esther, você se lembra do que falamos, que quando você está com raiva acha que é certo que os outros estão intencionalmente sendo injustos ou testando você para ver se consegue se defender e você acha que tem que se defender?

ESTHER: Sim, me lembro.

TERAPEUTA: Bem, eu tenho este exercício rápido chamado "Não é necessariamente assim!". Ele ajuda a investigar outras formas de ver a situação. Você está disposta a experimentar?

ESTHER: Acho que sim.

TERAPEUTA: Vamos examinar primeiro o exemplo na folha de exercícios. Leia o pensamento de raiva e a resposta "Não é necessariamente assim!".

ESTHER: OK, já li... E agora?

TERAPEUTA: As respostas têm alguma coisa em comum?

ESTHER: Cara... Bem... Todas elas começavam com "Não é necessariamente assim".

TERAPEUTA: Bem sacado... absolutamente correto! O que eu quero que você experimente fazer é: quando tiver pensamentos de raiva sobre as pessoas serem injustas ou estarem intencionalmente tentando depreciar você, tente responder a esses pensamentos começando com "Não é necessariamente assim". Você quer tentar?

ESTHER: Acho que sim.

TERAPEUTA: Certo, escreva um pensamento de raiva que passou pela sua cabeça hoje na escola.

ESTHER: Certo. Anna-Marie é uma verdadeira p***. Ela tenta fazer com que todos os meninos não gostem de mim e gostem dela. Ela acha que é a única que é atraente. Ela quer que eu seja menos do que ela. Eu não posso deixar que ela faça isso comigo.

TERAPEUTA: Esse é com certeza um pensamento de raiva. Agora tente a resposta. Não é necessariamente assim...

ESTHER: Bem, ela é uma verdadeira p***. Posso afirmar isso!

Terapeuta: Lembre-se, Esther, tente o "Não é necessariamente assim". Ela é 100% uma p***? Você não achava que ela era uma boa amiga até algumas semanas atrás? Isso não significaria que em algum momento ela tivesse características não tanto de p***? Então talvez ela tenha feito mal a você, mas não é necessariamente assim que ela seja 100% uma p***.

Esther: Se você colocar nesses termos... OK.

Terapeuta: Agora você continua com o resto.

Esther: Hummm. Não é necessariamente assim que ela é mais do que eu.

Terapeuta: O que significa dizer que você *não pode* deixar que ela faça isso com você?

Esther: Ela *deveria* me respeitar!!

Terapeuta: É verdade... mas você *tem* que fazer com que ela faça isso? Você consegue relaxar a pressão para forçá-la?

Esther: Talvez.

Terapeuta: Use a ferramenta "Não é necessariamente assim!".

Esther: Não é necessariamente assim que eu tenha que *fazer* com que ela me respeite.

Neste exemplo, o terapeuta trabalhou com Esther para modificar seus pensamentos de raiva em tempo real durante o diálogo para estimular e praticar a intervenção *expressa* "Não é necessariamente assim!" Esther a princípio relutou em aplicar a técnica, mas o terapeuta manteve a interação focada na estratégia e não foi desviado pelos comentários raivosos de Esther. No fim, Esther teve a experiência de modificar seus pensamentos durante esta interação breve com o terapeuta, o que aumenta as chances de ela usar a estratégia novamente no futuro.

Recue

Idades: A partir de 8 anos.

Módulo: Reestruturação Cognitiva.

Objetivo: Interromper comportamentos de raiva impulsivos fazendo as crianças pararem por um breve momento e "recuarem" para avaliar a situação em vez de reagirem imediatamente ou se envolverem de forma impulsiva na situação.

Justificativa: As crianças reagem aos desencadeadores de raiva de modo impulsivo e rápido. "Recue" oferece uma imagem visual e um lembrete físico para as crianças pararem por um momento e refletirem sobre a situação antes de reagirem.

Materiais: Cartão PR 4.6, Recue (p. 80), e recursos para escrever.

Tempo necessário previsto: 10 minutos.

Intervir ou interromper uma reação de raiva depois que ela começa pode ser um grande desafio. As explosões de raiva tipicamente incluem impulsividade e menos pensamento racional. Portanto, a utilização de técnicas cognitivas profundas ou tentativas de raciocinar com o jovem nesses momentos provavelmente acabarão em uma escalada por parte do jovem e em frustração por parte do cuidador. "Recue" oferece uma imagem visual que permite que as crianças pratiquem a imaginação no momento em que começam a se sentir com raiva. Os cuidadores podem rapidamente estimular o jovem quando percebem os sinais de desenvolvimento da raiva lembrando-os da imagem ou da técnica "Recue".

O que o terapeuta pode dizer

"Quando acontece alguma coisa frustrante ou que o deixa com raiva, sua reação automática é agir imediatamente. Se você acha que alguém está sendo maldoso ou lhe dizendo alguma coisa que você não gosta, você em geral o encara de perto, grita com ele ou algo parecido. Mas isso frequentemente acaba lhe criando problemas e ainda assim você não consegue o que quer. Em vez de agir impulsivamente, eu quero que você se imagine recuando, como se alguém dobrasse a esquina e o assustasse ou se você estivesse parado à beira da calçada e um carro passasse em alta velocidade. Usar esse momento para recuar e imaginá-lo na sua mente pode lhe dar o tempo de que você precisa para evitar agir impulsivamente e demonstrar sua raiva de uma forma que lhe traga mais problemas."

O que o terapeuta pode fazer

Primeiro, o profissional pode dramatizar com a criança, fazendo-a literalmente saltar para frente e para trás fisicamente para ilustrar o conceito e ajudar a criar uma memória mais vívida da intervenção. Então a criança pode praticar sem saltar fisicamente, em vez disso visualizando o salto na sua cabeça. A seguir temos um exemplo do orientador escolar de Daniel praticando "Recue" com ele.

Orientador: Parece que você fica muito incomodado quando outras crianças lhe dizem alguma coisa durante a educação física ou o recreio.

Daniel: Eles estão sempre tentando mexer comigo quando os professores não estão perto.

Orientador: É difícil para você evitar se envolver e reagir imediatamente. Percebi que sua primeira resposta é gritar com eles e empurrá-los.

Daniel: Eles me deixam tão furioso que eu quero ir atrás deles.

Orientador: O que costuma acontecer a seguir?

Daniel: É claro que a professora se vira e nos vê, então eu acabo tendo problemas.

Orientador: Imagino que isso o deixa ainda mais furioso.

Daniel: Isso é tão injusto.

Orientador: E se tentarmos uma estratégia diferente? E se, em vez de agir imediatamente, você recuar?

Daniel: O que isso quer dizer?

Orientador: Boa pergunta. Você já se assustou ou ficou surpreso com alguém que dobrou a esquina inesperadamente?

Daniel: É claro.

Orientador: E o que aconteceu quando essa pessoa apareceu de repente na sua frente?

Daniel: Acho que eu dei um passo para trás porque fiquei surpreso ou não queria esbarrar nela.

Orientador: Exatamente. É como se você recuasse para evitar que alguma coisa ruim aconteça. Queremos fazer a mesma coisa na sua mente quando alguém disser algo que seja frustrante ou desagradável. Vamos praticar agora. (*O orientador e Daniel ficam em pé.*) Finja que eu sou um garoto no ginásio que está perto de você esperando a professora para começar a aula.

Daniel: É exatamente nesse momento que alguém diria alguma coisa como "Mexa-se!".

Orientador: OK, eu serei essa pessoa. Você "recua" quando eu disser "Mexa-se!".

Daniel: (*Dá um salto para trás.*)

Orientador: O que você nota?

Daniel: Bem, nós estamos muito mais afastados agora, então não consigo alcançá-lo tão facilmente para lhe empurrar.

Orientador: Isso mesmo. Recuar coloca alguma distância entre você e o outro garoto, e pode lhe dar tempo para pensar no que fazer. Você nem sempre poderá recuar fisicamente, mas recuar mentalmente pode ter o mesmo efeito. Isso coloca alguma distância entre você e o garoto e lhe dá tempo para pensar no que mais pode fazer. Nesta situação, o que mais você poderia fazer?

Daniel: Acho que eu poderia apenas me afastar; a aula já iria começar em seguida. Ou eu poderia fingir que não ouvi.

Orientador: Essas são ótimas ideias. Vamos tentar novamente, mas agora, em vez de recuar fisicamente, imagine-se fazendo isso na sua mente.

A estratégia "Recue" ajudou a propiciar a Daniel uma experiência mais concreta para imaginar ao enfrentar situações parecidas na escola, ao mesmo tempo também proporcionando oportunidades de discussões adicionais sobre em que situações é melhor recuar. Os pais podem ser incluídos nas discussões, e ideias para praticar em casa devem ser geradas com as famílias.

Preciso lhe dizer uma coisa...

Idades: Pais de crianças a partir de 6 anos.

Módulo: Experimentos e Exposições Comportamentais.

Objetivo: Estimular os jovens a praticarem estratégias de autorregulação antes que ocorra o desencadeador da raiva.

Justificativa: As crianças têm maior probabilidade de se engajarem em estratégias de autorregulação recentemente aprendidas quando estão calmas. Ajudá-las a identificar estratégias de enfrentamento e de autorregulação imediatamente antes de um desencadeador de raiva aumentará as chances de usarem as estratégias depois que ocorrer o desencadeador.

Materiais: Nenhum.

Tempo necessário previsto: 5 minutos.

Respostas de raiva são geralmente reações impulsivas a mensagens indesejadas, decepção ou percepção de rejeição. As crianças respondem sem parar para pensar, e seus comportamentos ocorrem antes que tenham pensado nas consequências de seus comportamentos ou em respostas alternativas. Quando as emoções são intensas, a resolução de problemas e a tomada de decisão são mais desafiadoras. Esta técnica *expressa* ajuda os pais a prepararem seu filho para desencadeadores de raiva conhecidos e treina a criança para uma resposta mais apropriada, além de identificar as consequências antes que ocorra o comportamento. Consideremos James, um menino de 8 anos que perde a calma toda vez que seus pais lhe dizem "não" ou lhe dão limites. Sua mãe o descreve como alegre e agradável, desde que ele esteja fazendo o que quer. Quando ela lhe dá um limite, ele grita, é desrespeitoso e às vezes joga objetos e bate portas.

O que o terapeuta pode dizer

"Você mencionou que James fica zangado principalmente quando você dá um limite, como quando lhe diz 'não'. Isso é denominado desencadeador da raiva. A boa notícia é que você conhece um desencadeador importante para ele, portanto podemos tentar mudar o padrão usando uma intervenção denominada 'Preciso lhe dizer uma coisa...' Esta estratégia ajuda a preparar James para notícias decepcionantes lembrando-o de estratégias de enfrentamento e de autocontrole, e assim permite que você o elogie pelo uso de tais estratégias, dessa forma focando sua atenção nos comportamentos que você quer ver mais com mais frequência. É tipo uma dramatização ou prática de controle da raiva antes que a raiva entre em cena. Isso pode ser mais difícil de explicar do que de demonstrar. Deixe-me mostrar o que eu quero dizer."

O que o terapeuta pode fazer

O terapeuta pode iniciar uma interação com a criança como o diálogo a seguir. Inicialmente pode ser escolhido um exemplo bobo para garantir o encaminhamento para a dramatização, mas depois disso o profissional deve trabalhar para ajudar a família a generalizar para outras situações. O engajamento na discussão e qualquer demonstração do jovem de uma estratégia de enfrentamento ou autorregulação devem ser elogiados, e os pais podem ser lembrados do bloco parental *Elogio* e de como usar a atenção positiva durante esta intervenção.

Elogio

Os pais podem ser lembrados de atribuir rótulos descritivos positivos para os comportamentos desejados.

TERAPEUTA: James, preciso lhe dizer uma coisa.

JAMES: (*Ergue os olhos do seu telefone e arqueia as sobrancelhas.*)

TERAPEUTA: Obrigado por sua atenção. Preciso lhe dizer uma coisa e preciso que você mantenha sua voz calma e respeitosa quando eu falar. Se não gostar do que eu vou dizer, me diga calmamente.

JAMES: Você está agindo de um jeito meio estranho.

TERAPEUTA: Eu preciso que você passe calmamente desta cadeira para a que está ao lado dela.

JAMES: (*Revira os olhos e muda de cadeira.*)

TERAPEUTA: (*Sorri.*) Obrigado – sei que isso foi estranho, mas agradeço o quanto você mudou calmamente de cadeira. (*falando com a mãe*) Se eu não tivesse falado a James que ia lhe dizer uma coisa, como você acha que teria sido a reação dele quando eu lhe desse a instrução?

MÃE: Ele teria começado com perguntas como "Por que você quer que eu troque de cadeira?"

TERAPEUTA: OK, sei que este foi um exemplo bobo, mas agora vamos praticar com exemplos com mais chance de ocorrer em casa.

O terapeuta então trabalha com a família para identificar uma situação específica durante a qual esta técnica pode ser aplicada. Para James, a família identificou um exemplo de quando lhe dizem que ele não pode passar a noite na casa de um amigo.

TERAPEUTA: Você está me dizendo que James teria problemas em controlar sua raiva em casa se você lhe dissesse que ele não poderia passar a noite na casa de um amigo.

OK, mãe, vamos fazer de conta que James lhe mandou uma mensagem da escola perguntando se poderia passar a noite na casa de Kyle. Você respondeu que falaria com ele sobre isso depois da escola e ele acabou de chegar em casa.

Mãe: OK, vamos ver. Acho que eu começaria com algo como "James, preciso lhe dizer uma coisa e preciso que você se mantenha calmo enquanto conversamos".

Terapeuta: Bom começo. Agora se lembre de lhe contar a parte boa se ele se mantiver calmo quando você der a informação que já desencadeou sua raiva no passado.

Mãe: Você pediu para dormir na casa de Kyle esta noite. Você poderá ir à casa de Kyle esta noite se continuar a usar sua voz calma e palavras gentis. Dormir na casa dele está fora de questão já que temos que acordar muito cedo amanhã, mas você pode ficar na casa dele até as 10h30.

James: (*com um olhar de desconfiança*) Você não quer acordar tarde, e por isso eu não posso passar a noite fora.

Terapeuta: (*Estimula a mãe em voz baixa.*) Foque no que ele está fazendo bem.

Mãe: Você está fazendo um trabalho muito bom ao manter sua voz calma. Eu sei que isso é frustrante. No próximo fim de semana não temos que estar cedo em lugar nenhum no sábado de manhã, então podemos discutir que você passe a noite fora.

Isso pode parecer excessivamente simplista para algumas famílias, mas esses poucos segundos que possibilitam que James tenha uma resposta do tipo "pare e pense" podem fazer diferença entre uma resposta levemente aborrecida (conforme recém-descrito no exemplo do diálogo) e uma completa explosão de raiva. Considere como poderia ter sido *sem* a preparação ou estímulo inicial.

Mãe: Entendi o seu ponto e lamento, mas nada de dormir fora neste fim de semana.

James: *Mãe!* Sério?! Você deve estar brincando. Por que não?

Mãe: Acalme-se! Você está sendo mal-educado. Você quer ficar de castigo? Você pode ficar na casa dele uma parte desse tempo.

James: Uh! Mas isso não é justo! Que inferno!!

Mãe: Pare de gritar!

James: Isso é muito injusto, por que não posso ir? Você nunca me deixa fazer o que eu quero!

Mãe: Ótimo, então fique em casa.

James: (*Joga sua mochila no chão, sai pisando forte e bate a porta.*)

Observe como James e sua mãe vão se exaltando a cada resposta. A natureza inesperada da frustração parece provocar James desde o início. Por outro lado, o primeiro exemplo de diálogo lhe indica que más notícias estão a caminho para que ele possa estar preparado, e sua mãe imediatamente fornece reforço para a autorregulação, além de distração ao fornecer informações (no próximo fim de semana ele pode passar a noite fora).

Ensaio geral

Idades: A partir de 6 anos.
Módulo: Experimentos e Exposições Comportamentais.
Objetivo: Praticar novas formas de responder aos desencadeadores de raiva identificados.

Justificativa: Reduzir a vulnerabilidade emocional às atribuições cognitivas é apenas parte do problema. As crianças também precisam aprender como reagir a eventos indutores potencialmente ambíguos e então praticar respostas adaptativas para maximizar a generalização na vida diária.

Materiais: Nenhum.

Tempo necessário previsto: 10-15 minutos.

O que o terapeuta pode dizer

"Não podemos chegar à noite de estreia de uma peça sem nunca termos lido o roteiro, praticado os movimentos de dança ou experimentado nosso figurino. [*Pode ser adaptado a um evento esportivo ou uma conquista acadêmica conforme apropriado aos interesses do paciente.*] Quando sabemos que uma apresentação importante está se aproximando, nós praticamos, praticamos, praticamos. Também é possível praticarmos para as situações em que sabemos que podemos ficar com raiva. Vamos fazer uma prática juntos agora!"

O que o terapeuta pode fazer

Depois de concluir o Cartão PR 4.4b, "O melhor palpite" (p. 61-62), com Olívia, que estava preocupada que seus colegas a julgassem quando foi mandada para casa da escola, o terapeuta trabalhou com ela e sua mãe para identificar algumas respostas a fim de que ela pudesse estar preparada para a pergunta "Onde você estava?". O ideal é preparar duas ou três opções para resposta aos desencadeadores de raiva para que as crianças não fiquem sobrecarregadas com a escolha de uma resposta, mas também não fiquem paralisadas quando a principal reação planejada não for possível. Depois que as falas estiverem prontas, é hora do ensaio geral!

TERAPEUTA: OK, já temos algumas ideias de como você pode responder à pergunta "Onde você estava?" que, esperamos, serão capazes de mantê-la longe de problemas. Agora vamos praticá-las juntos.

OLÍVIA: OK.

TERAPEUTA: Mãe, você quer ser outra criança ou prefere ser o diretor por trás da cena?

MÃE: Acho que vou começar sendo uma das outras crianças. Quero ver como você faz o treinamento.

TERAPEUTA: OK, ótimo. Agora, Olívia, quando eu disser "Ação", você e sua mãe vão fazer de conta que é a sua primeira manhã de volta à escola e você vai praticar as respostas às perguntas dos outros alunos assim como conversamos antes. Entendeu?

OLÍVIA: Sim. Mas não é a mesma coisa. Eu sei que é apenas a minha mãe.

TERAPEUTA: Com certeza! Vamos praticar agora que você sabe que é uma simulação para que, quando acontecer a coisa real, você já tenha feito isso antes. Assim como as atrizes praticam sem o público para que possam ser ótimas quando o público estiver sentado e assistindo.

OLÍVIA: Acho que faz sentido. Vamos fazer.

MÃE: Ei, Olívia! Você voltou! Por onde você andava?

OLÍVIA: Eu estava em casa.

MÃE: Por que você não veio à escola?

OLÍVIA: (*irritada*) Porque você fez com que eu me metesse em problemas!

TERAPEUTA: Ooh, pausa! Acho que planejamos um roteiro diferente, certo? Vamos tentar aquele mais uma vez.

MÃE: Por que você não veio à escola?

OLÍVIA: Você vai jogar bola na hora do almoço?

MÃE: Sim, acho que sim, você vai jogar também?

OLÍVIA: Acho que sim.

TERAPEUTA: Ótimo trabalho, Olívia! Você fez bem como falamos antes. Quanto mais você praticar nestes ensaios gerais, mais fácil vai ser quando acontecer de verdade.

Olívia e sua mãe dramatizaram usando as novas falas na sessão e então foram para casa e também praticaram algumas vezes. O terapeuta sugeriu que diferentes pessoas fizessem o papel dos outros alunos (p. ex., o outro genitor, irmão) para que Olívia pudesse ensaiar mais. Quando Olívia chegou à escola, ela estava pronta para enfrentar os desencadeadores da sua raiva com as reações preparadas, pois havia ensaiado suas falas até a perfeição.

Sempre que indicado, treine as famílias a usarem materiais de apoio e/ou praticarem no ambiente para tornar o ensaio o mais realista possível. Por exemplo, se Olívia tivesse o hábito de jogar longe os brinquedos, os ensaios incluiriam Olívia segurando alguma coisa em suas mãos enquanto praticasse suas falas. Para crianças que ficam mais desconfiadas com práticas comportamentais, poderá ser útil preparar o roteiro em mais detalhes. Por exemplo, o jovem pode elaborar a resposta planejada em um formato cômico ou escrevê-la em uma forma narrativa. Esta intervenção é facilmente adaptável para se adequar aos *hobbies* específicos dos pacientes, e a natureza interativa engaja os pacientes nas tarefas terapêuticas.

Jogos do tipo 1 minuto para vencer

Similar à maioria dos outros problemas na infância, o manejo da raiva e da irritação é mais bem realizado por meio da ação. Portanto, exercícios experienciais que são emocionalmente ativadores são essenciais (Friedberg & McClure, 2015; Friedberg et al., 2009). Felizmente, existem muitas maneiras de proporcionar aos jovens pacientes prática para lidar com circunstâncias irritantes. Os exercícios do tipo 1 minuto para vencer (do inglês *minute-to-win-it*) servem bem a este propósito. Há inúmeros exercícios que podem ser encontrados *on-line* (http://community.today.com/parentingteam/post/25-minute-to-win-it-games-for-teens-ton-of-fun-guaranteed; www.thechaosandtheclutter.com/archives/dollar-store-minute-to-win-it). Entretanto, nesta seção explicamos três jogos desse tipo frustrantes que possuem valor terapêutico.

Exercícios de frustração (Ponginator, Breakfast Scramble, Speed Eraser)

Idades: A partir de 5 anos.

Módulo: Experimentos e Exposições Comportamentais.

Objetivo: Proporcionar prática no enfrentamento adaptativo de emoções de raiva e situações frustrantes.

Justificativa: Os jovens pacientes precisam aprender a aplicar suas habilidades de enfrentamento para raiva em contextos emocionalmente salientes. Isso facilita a transferência apropriada da aprendizagem e o desenvolvimento de autoeficácia genuína.

Materiais: Ver cada exemplo a seguir.

Tempo necessário previsto: 10-15 minutos.

Ponginator

Website: *www.thechaosandtheclutter.com/archives/dollar-store-minute-to-win-it*

Materiais: Embalagem de ovos vazia, bolas de pingue-pongue, cronômetro.

O objetivo de Ponginator é jogar as bolas de pingue-pongue dentro de uma embalagem de ovos vazia de modo que oito bolas permaneçam dentro da caixa no prazo de 1 minuto. O jogo é frustrante porque você tem que encontrar o ângulo correto em relação à embalagem e a bola tem que ficar dentro do espaço destinado ao ovo.

Breakfast Scramble

Website: *www.thechaosandtheclutter.com/archives/dollar-store-minute-to-win-it*

Materiais: A parte da frente de uma caixa de cereal recortada em 8 ou 16 peças; cronômetro.

Para se preparar para Breakfast Scramble, você vai precisar recortar a parte da frente de uma caixa de cereal. Dependendo do tamanho da caixa de cereal e da idade dos participantes no seu desafio *1 minuto para vencer*, você pode recortar a caixa em 8 ou 16 peças. O objetivo do jogo é reagrupar o quebra-cabeça no prazo de 1 minuto.

Speed Eraser

Website: *http://community.today.com/parentingteam/post/25-minute-to-win-it-games-forteens--ton-of-fun-guaranteed*

Materiais: Lápis sem ponta com uma borracha na extremidade; copo; cronômetro.

Speed Eraser é uma tarefa difícil que provoca muita frustração. Os pacientes têm que jogar o lápis com a ponta de borracha batendo contra a superfície dura de uma mesa para que ele ganhe impulso e caia dentro do copo. O paciente tem que jogar sete lápis dentro do copo em 1 minuto.

O que o terapeuta pode fazer

Lembre-se, o foco do experimento comportamental é passar por estresse e aprender a fazer alguma coisa diferente quando se deparar com o estressor. O terapeuta deve estar alerta a momentos emocionalmente ativadores quando o jovem paciente estiver engajado no jogo. Quando os pacientes parecerem frustrados ou irritados, o terapeuta deve perguntar o que a criança está sentindo e situar o sentimento dentro de uma escala ("Em uma escala de 0 a 10, o quanto você está se sentindo irritado?"). Então tente captar seus pensamentos ("O que está passando pela sua mente neste momento?") e o treine por meio da reestruturação cognitiva. Quando o paciente concluir o experimento, o terapeuta e o paciente fazem um balanço da tarefa e escrevem as lições aprendidas.

CONCLUSÃO

A raiva e os comportamentos associados são preocupações comuns nas interações dos profissionais com as famílias. Os desencadeadores para explosões de raiva podem ser muitos, e o tratamento pode precisar ser mais intenso para alguns jovens. Entretanto, rápidas introduções às estratégias *expressas* descritas neste capítulo podem ajudar as famílias a começarem a gerenciar os sintomas de raiva, dão às famílias a esperança de que alguma coisa pode ser feita para melhorar o comportamento e a autorregulação do filho e engajam a criança em intervenções que preparam o terreno para futuras sessões. Como com muitas das outras intervenções *expressas* neste livro, a importância de demonstrar, o envolvimento do cuidador e o uso proposital do curto tempo de que você dispõe com as famílias são todos essenciais para intervenções *expressas* bem-sucedidas.

Cartão PR 4.1

Duplo drible

Você sabe como driblar com uma bola de basquete? O que você tem que fazer se estiver driblando e então parar de driblar? É isso mesmo, você tem que fazer alguma coisa diferente de driblar. Você pode passar a bola para um colega do time ou tentar fazer uma cesta. Driblar novamente vai contra as regras e resultará em uma falta por "duplo drible" e o outro time ficará com a bola. Suas reações são mais ou menos como um duplo drible. Você fica fazendo a mesma coisa que sempre fez, mas isso não acaba bem. Ou então pode tentar algo diferente, como passar a bola ou tentar fazer uma cesta. Queremos tentar fazer alguma coisa diferente com a sua raiva. Em vez de driblar novamente, queremos tentar alguma outra coisa. Pratique nomear outras coisas que você pode fazer em vez de "duplo drible" quando sentir raiva.

Duplo drible

Pare o duplo drible

Tente alguma coisa diferente

_____
_____
_____
_____
_____
_____
_____
_____

De *TCC expressa*. McClure, Friedberg, Thordarson e Keller. Copyright © 2019 The Guilford Press. É permitido aos leitores deste livro copiar este Cartão PR para uso pessoal ou para uso com os clientes (ver página de direitos autorais para detalhes). Os leitores têm permissão para fazer *download* de cópias adicionais deste Cartão PR (ver quadro no final do Sumário deste livro).

Cartão PR 4.2
Raiva assertiva

O que fazer quando sinto raiva:
"Estou me sentindo..." (circule um)

Com raiva	Furioso	Frustado	Como se fosse explidir
Incomodado	Irritado	Grrr!	Com vontade de gritar

Eu não gosto que _____
_____
_____
_____

Eu realmente queria _____
_____
_____
_____

Talvez na próxima vez _____
_____
_____
_____

Certi ique-se de:
Não xingar.   Usar palavras gentis.
Não acusar.   Usar voz calma.
Falar sobre o que você gosta, quer ou precisa.
Respirar várias vezes para deixar seu corpo calmo quando estiver falando.

De *TCC expressa*. McClure, Friedberg, Thordarson e Keller. Copyright © 2019 The Guilford Press. É permitido aos leitores deste livro copiar este Cartão PR para uso pessoal ou para uso com os clientes (ver página de direitos autorais para detalhes). Os leitores têm permissão para fazer *download* de cópias adicionais deste Cartão PR (ver quadro no final do Sumário deste livro).

Cartão PR 4.3
Lance os dados

De *TCC expressa*. McClure, Friedberg, Thordarson e Keller. Copyright © 2019 The Guilford Press. É permitido aos leitores deste livro copiar este Cartão PR para uso pessoal ou para uso com os clientes (ver página de direitos autorais para detalhes). Os leitores têm permissão para fazer *download* de cópias adicionais deste Cartão PR (ver quadro no final do Sumário deste livro).

Cartão PR 4.4a
O melhor palpite: exemplo

O que aconteceu? Descreva o que deixou você furioso.

Os garotos da minha turma estavam debochando de mim, então eu mostrei pra eles.

Qual foi seu palpite no momento sobre o que aconteceu?

Eles estavam achando que eu sou idiota e estavam zombando de mim por ter sido mandada da escola para casa no dia anterior.

Que outras três coisas podem ter causado isso?

1. *Sara contou que eu fui mandada para casa e que eles deveriam me perguntar sobre isso.*

2. *Eles não viram o que aconteceu e só estavam se perguntando onde eu estava.*

3. *O professor contou que eu fui suspensa e eles estavam tentando descobrir por quê.*

Qual é seu melhor palpite agora sobre o que aconteceu?

Eles não viram o que aconteceu e só estavam se perguntando onde eu estava.

De *TCC expressa*. McClure, Friedberg, Thordarson e Keller. Copyright © 2019 The Guilford Press. É permitido aos leitores deste livro copiar este Cartão PR para uso pessoal ou para uso com os clientes (ver página de direitos autorais para detalhes). Os leitores têm permissão para fazer *download* de cópias adicionais deste Cartão PR (ver quadro no final do Sumário deste livro).

Cartão PR 4.4b

O melhor palpite

O que aconteceu? Descreva o que deixou você furioso.
_____
_____
_____

Qual foi seu palpite no momento sobre o que aconteceu?
_____
_____
_____

Que outras três coisas podem ter causado isso?

1. _____
_____

2. _____
_____

3. _____
_____

Qual é seu melhor palpite agora sobre o que aconteceu?
_____
_____
_____
_____

De *TCC expressa*. McClure, Friedberg, Thordarson e Keller. Copyright © 2019 The Guilford Press. É permitido aos leitores deste livro copiar este Cartão PR para uso pessoal ou para uso com os clientes (ver página de direitos autorais para detalhes). Os leitores têm permissão para fazer *download* de cópias adicionais deste Cartão PR (ver quadro no final do Sumário deste livro).

Cartão PR 4.5a
Não é necessariamente assim!: exemplo

Pensamento de raiva	Não é necessariamente assim! Resposta
Ela queimou meu filme quando falou de mim e do meu marido. Ela foi muito injusta comigo.	**Não é necessariamente assim** que ela tenha sido tão injusta comigo. Ela só estava falando como uma boba.
Meu pai é um FDP injusto.	**Não é necessariamente assim** que ele seja injusto e um FDP. Ele só está estressado e cometeu um erro.
As regras são feitas para ser quebradas.	**Não é necessariamente assim** que todas as regras são feitas para ser quebradas e que respeitar as regras faz de mim uma marionete.
	Não é necessariamente assim
	Não é necessariamente assim
	Não é necessariamente assim
	Não é necessariamente assim

De *TCC expressa*. McClure, Friedberg, Thordarson e Keller. Copyright © 2019 The Guilford Press. É permitido aos leitores deste livro copiar este Cartão PR para uso pessoal ou para uso com os clientes (ver página de direitos autorais para detalhes). Os leitores têm permissão para fazer *download* de cópias adicionais deste Cartão PR (ver quadro no final do Sumário deste livro).

Cartão PR 4.5b
Não é necessariamente assim!

Pensamento de raiva	Não é necessariamente assim! Resposta
	Não é necessariamente assim
	Não é necessariamente assim
	Não é necessariamente assim
	Não é necessariamente assim
	Não é necessariamente assim
	Não é necessariamente assim
	Não é necessariamente assim

De *TCC expressa*. McClure, Friedberg, Thordarson e Keller. Copyright © 2019 The Guilford Press. É permitido aos leitores deste livro copiar este Cartão PR para uso pessoal ou para uso com os clientes (ver página de direitos autorais para detalhes). Os leitores têm permissão para fazer *download* de cópias adicionais deste Cartão PR (ver quadro no final do Sumário deste livro).

Cartão PR 4.6

Recue

Às vezes, quando acontece alguma coisa, as pessoas não param para pensar sobre o que está se passando e simplesmente reagem de forma impulsiva e respondem. Você está trabalhando para esperar para responder, ou "recuar", antes de decidir se reagir vai funcionar melhor para você. Pense em algum momento em que você ficou furioso ou com raiva e reagiu. O que aconteceu quando você reagiu impulsivamente? O que teria acontecido se você primeiro tivesse recuado e avaliado a situação? Use a folha de exercícios abaixo para praticar.

A coisa que me deixou furioso: _____
_____
_____
_____

Como eu reagi impulsivamente: _____
_____
_____
_____

O que aconteceu depois que eu reagi impulsivamente: _____
_____
_____
_____

O que teria acontecido se eu tivesse recuado primeiro? _____
_____
_____
_____
_____
_____
_____

De *TCC expressa*. McClure, Friedberg, Thordarson e Keller. Copyright © 2019 The Guilford Press. É permitido aos leitores deste livro copiar este Cartão PR para uso pessoal ou para uso com os clientes (ver página de direitos autorais para detalhes). Os leitores têm permissão para fazer *download* de cópias adicionais deste Cartão PR (ver quadro no final do Sumário deste livro).

5

Desregulação emocional

> "Ela tem explosões emocionais completamente do nada – e depois demora uma eternidade para se acalmar!"
>
> "Eu simplesmente não entendo – ele nunca parece incomodado com nada até que tenha uma explosão."
>
> "Nós estamos constantemente com medo do que vai fazê-la explodir."
>
> "Eu nunca sei o que ela está sentindo. Não importa o que seja, ela não diz nada."

Crianças com desregulação emocional são um desafio para pais, professores, treinadores e outros profissionais. Seu humor e comportamento explosivo são assustadores e até mesmo perigosos algumas vezes. Desregulação emocional é como as crianças experimentam e respondem a sentimentos intensos (Gross, 1998). Isso não ocorre naturalmente para muitas das crianças que tratamos, mas aprender a regular as emoções é um processo desenvolvimental fundamental que ajuda o jovem a funcionar socialmente, a expressar as emoções de modo eficaz e a lidar com o mundo à sua volta (Southam-Gerow & Kendall, 2002).

As crianças diferem na forma como experimentam as emoções desde o nascimento. Todos nós observamos diferenças que mesmo irmãos biológicos demonstram na sua expressão das emoções. Por exemplo, alguns bebês choram facilmente e são descritos pelos pais como "irritadiços" desde o primeiro dia de vida, enquanto outros são descritos como "sempre felizes", só choram "quando precisam de alguma coisa" e então são rapidamente tranquilizados. Numerosas pesquisas demonstraram que tais diferenças podem ser observadas desde uma idade muito tenra e é provável que sejam relativamente estáveis com o tempo (Beauchaine, Hinshaw, & Pang, 2010; Carthy, Horesch, Apter, Edge, & Gross, 2010; Frick & Morris, 2004; Lavigne, Gouze, Hopkins, Bryant, & LeBailly, 2012; Martel, Gremillion, & Roberts, 2012; Muris & Ollendick, 2005; Waldman et al., 2011).

As vulnerabilidades disposicionais interagem com fatores ambientais para determinar as crises emocionais. Desde a primeira infância, a regulação emocional é controlada externamente por influências dos cuidadores (Frick & Morris, 2004). Os cuidadores diferem em suas respostas às emoções das crianças. Alguns pais tendem a notar e responder mais rapidamente a sinais sutis de estresse (p. ex., uma leve careta), enquanto outros podem esperar para agir até que esteja presente uma demonstração mais forte de emoção, como o choro. Pais e cuidadores ensinam as crianças direta e indiretamente a regularem as emoções durante a infância. As respostas parentais à expressão emocional e aos comportamentos do filho reforçam ou punem esses comportamentos e contribuem para a história de aprendizagem da criança. Pesquisas sobre as relações pai-filho sugerem que não existe um conjunto distinto de "bons" comportamentos parentais e "maus" comportamentos parentais em resposta às emoções; em vez disso, é a qualidade da adequação entre o temperamento da criança e as respostas parentais o que determina se a relação serve ao desenvolvimento adaptativo ou se contribui para as dificuldades com a regulação emocional (Chess & Thomas, 1999).

Déficits na regulação emocional são encontrados na maioria, se não em todos os transtornos na infância (Aldao, Nolen-Hoeksema, & Schweizer, 2010). Frequentemente, as dificuldades com a regulação emocional precedem o início de outros sintomas, sugerindo que a desregulação emocional é um fator de risco para psicopatologia, e não uma consequência (McLaughlin, Hatzenbuehler, Mennin, & Nolen-Hoeksema, 2011). Assim, os esforços do clínico para focar na regulação emocional podem resultar em um benefício preventivo na redução da probabilidade de sintomas clínicos futuros, além de resolver o problema com o qual uma família se apresenta. Este benefício preventivo faz das intervenções de *TCC expressa* apresentadas neste capítulo ideais para inclusão na clínica de especialidades, atenção primária, escolas e outros contextos em que crianças e famílias podem ser atendidas para prevenção ou intervenção precoce.

Ao longo deste capítulo, procure exemplos básicos de roteiros e intervenções de *TCC expressa* para melhorar a regulação emocional. Você também encontrará referência à intervenção "Blocos parentais para modificação do comportamento", introduzida inicialmente no Capítulo 3, em pontos relevantes neste capítulo.

BREVE EXPOSIÇÃO SOBRE TRATAMENTOS BASEADOS EM EVIDÊNCIAS

A terapia cognitivo-comportamental (TCC) tem como alvo a regulação emocional indireta e diretamente (Southam-Gerow & Kendall, 2002). A psicoeducação em geral inclui ampliar o conhecimento das emoções, tal como a relação entre pensamentos e sentimentos, os benefícios das emoções e comportamentos associados a diferentes emoções (Friedberg & Brelsford, 2011; Hannesdottir & Ollendick, 2007). O automonitoramento das emoções aumenta a consciência emocional e facilita a expressão emocional (Suveg, Morelen, Brewer, & Thomassin, 2010). O treinamento comportamental básico pode incluir estratégias críticas de regulação emocional, tais como resolução de problemas e relaxamento. O relaxamento reduz o componente fisiológico da emoção (Hannesdottir & Ollendick, 2007), que pode interferir no uso efetivo de outras estratégias, como resolução de problemas e reestruturação cognitiva (Suveg et al., 2010). A resolução de problemas pode ser utilizada para identificar estratégias para lidar com situações emocionalmente salientes (Hannesdottir & Ollendick, 2007). A reestruturação cognitiva é uma das estratégias de regulação emocional adaptativa mais efetiva e é um elemento essencial das intervenções de TCC para uma variedade de problemas (Friedberg & Brelsford, 2011). Exposições a situações emocionalmente ativadoras reduzem o estresse, aumentam a autoeficácia, desafiam cognições falhas e reduzem a esquiva emocional (Friedberg et al., 2011).

Além do mais, a regulação emocional é explicitamente focada em alguns protocolos de tratamento apoiados empiricamente para jovens. Por exemplo, o Protocolo Unificado para o Tratamento de Transtornos Emocionais (Allen, Ehrenreich, & Barlow, 2005) aborda uma ampla gama de sintomas externalizantes integrando a teoria da aprendizagem contemporânea, a neurociência cognitiva e a literatura da regulação emocional. Esse protocolo é um tratamento eficaz em adultos (Allen et al., 2005) e foi adaptado para uso com adolescentes, apresentando resultados promissores (Ehrenreich, Goldstein, Wright, & Barlow, 2009). Da mesma forma, a terapia comportamental dialética (DBT, Linehan, 1993) foca especificamente na regulação emocional em indivíduos suicidas ao reduzir estratégias de regulação emocional disfuncionais, aumentando a tolerância ao estresse e habilidades de regulação emocional, e reduzindo a esquiva experiencial. A DBT tem um corpo de pesquisa substancial apoiando sua eficácia com adultos e também foi adaptada para adolescentes (Miller, Rathus, & Linehan, 2006). Southam-Gerow (2016) compilou uma extensa coleção de intervenções de regulação emocional criativas para crianças e adolescentes voltadas à consciência emocional, compreensão das emoções, empatia e regulação emocional.

PREOCUPAÇÕES E SINTOMAS PRESENTES

A maioria dos jovens que apresentam dificuldades emocionais podem ser considerados como *supercontrolados* ou *subcontrolados*. Algumas crianças tentam enfiar as emoções nas famosas caixas – chamamos essas crianças de supercontroladas. Elas evitam expressar emoções e usam fortemente o recurso de repelir respostas emocionais em uma tentativa de regular seus sentimentos. Tais crianças podem negar que se sentem abaladas apesar das evidências em contrário. Elas evitam contato visual quando demonstram mesmo o menor sinal de emoção e podem evitar temas ou eventos emocionalmente relevantes. Este padrão é ilustrado por Raj, 9 anos, cujos pais estavam confusos com seu comportamento. Raj nunca parecia ficar incomodado, embora às vezes se fechasse completamente, entrando em *freezing* fisicamente no lugar e se recusando a falar.

Os jovens subcontrolados, por outro lado, têm suas emoções à flor da pele. Eles têm tendência a explosões emocionais. Estas são crianças que têm dificuldades para controlar seus sentimentos e expressam suas emoções de formas inapropriadas, ineficazes ou destrutivas. Diante da mais leve provocação, Michael, 5 anos, era propenso a crises emocionais explosivas que podiam durar até uma hora. Seus pais estavam desesperados por ajuda, explicando que se sentiam "pisando em ovos" constantemente, tentando evitar uma explosão. Tanto as crianças supercontroladas quanto as subcontroladas tendem a ter crenças disfuncionais sobre as emoções, precisam de ajuda para aprender a expressar e regular as emoções apropriadamente e podem se beneficiar de intervenções focadas nas emoções. É importante observar que algumas crianças podem supercontrolar suas emoções algumas vezes e em alguns contextos, enquanto subcontrolam suas emoções em outras situações. Mindy, uma menina de 7 anos, evitava experiências e expressão emocional na escola, mas em casa costumava apresentar explosões emocionais descontroladas. Mindy e sua família se beneficiariam das estratégias *expressas* deste capítulo, que incluem intervenções para essas duas dificuldades de regulação emocional. Ao longo deste capítulo, você verá os termos *supercontrole* e *subcontrole* ao lado de cada intervenção para que saiba qual dos dois grupos (frequentemente ambos!) se beneficiaria com a intervenção.

INTERVENÇÕES COM OS PAIS

Os pais de crianças supercontroladas ou subcontroladas se beneficiam de psicoeducação sobre emoções e aprendizagem de habilidades focadas nas emoções. Especificamente, ensinar os pais a validarem, demonstrarem e reforçarem a regulação e expressão emocional apropriada, além de evitarem o reforço da desregulação, são tarefas clínicas fundamentais.

Para cada uma destas estratégias parentais, o terapeuta é encorajado a ensinar a técnica, aplicar a habilidade por meio da prática na sessão com o genitor, fornecer *feedback* corretivo, continuar praticando e solucionar como os pais podem lembrar de usar a habilidade em casa e em situações de estresse.

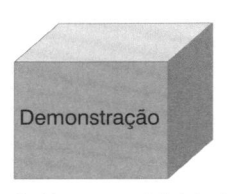

Os blocos parentais introduzidos no Capítulo 3 ajudarão a formar a estrutura destas intervenções. Além dos blocos de construção básicos que você tem usado com os pais, agora vamos acrescentar a demonstração. A demonstração é uma ferramenta poderosa para os terapeutas usarem ao ensinar habilidades aos pais, e depois disso os pais podem demonstrar/modelar o uso destas habilidades para seus filhos. Os terapeutas devem chamar a atenção para sua própria demonstração e para as oportunidades que os pais têm de demonstrar durante as interações familiares.

Os blocos *Elogio* e *Demonstração* serão particularmente relevantes durante estas intervenções. A demonstração da regulação emocional apropriada ensinará às crianças habilidades de autorregulação, e a atenção positiva ao uso que a criança faz da regulação emocional apropriada aumentará a frequência desses comportamentos desejados no futuro. As Seções "O que o terapeuta pode dizer" e "O que o terapeuta pode fazer" ao longo deste capítulo vão ajudá-lo a aplicar as estratégias *expressas* enquanto trabalha com as famílias.

O que o terapeuta pode dizer

"Você se lembra de quando falamos sobre os blocos de construção para os pais? Como os principais blocos podem ser usados de múltiplas formas em diferentes situações para ajudar a melhorar o comportamento e funcionamento do seu filho? Hoje mesmo vamos usar os blocos *Elogio* e *Demonstração* para ajudar a melhorar a autorregulação do seu filho. Esses blocos serão empilhados juntos para aumentar a eficácia das intervenções."

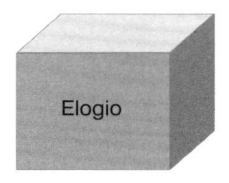

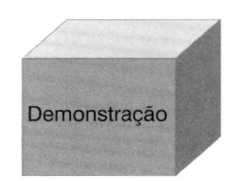

O que o terapeuta pode fazer

Este é um ótimo momento para lançar mão dos blocos de madeira e demonstrar! Use exemplos do início do tratamento, tais como fazer referência a como os pais usaram o bloco *Elogio* para aumentar o comportamento obediente do seu filho. Então ilustre como combinar a demonstração de estratégias de autorregulação com elogios para exemplos de autorregulação apropriada por parte da criança, ao mesmo tempo introduzindo as seguintes habilidades e intervenções.

Fatos sobre sentimentos (supercontrole e subcontrole)

Idades: Pais de crianças de qualquer idade; crianças/adolescentes a partir de 10 anos.

Módulo: Psicoeducação.

Objetivo: Aumentar a compreensão dos pais das emoções para que possam demonstrar e reforçar efetivamente a expressão emocional dos seus filhos.

Justificativa: Quando os pais entendem estes fatos importantes sobre os sentimentos, são mais capazes de reconhecer suas próprias experiências emocionais, de ensinar seus filhos sobre emoções e de responder efetivamente à expressão emocional e aos comportamentos dos filhos.

Materiais: Cartão PR 5.1, Fatos sobre sentimentos (p. 105).

Tempo necessário previsto: 10-15 minutos.

Ter um conhecimento básico dos sentimentos é um primeiro passo essencial para se beneficiar de outras estratégias de regulação emocional. A maioria das intervenções que visam especificamente estratégias de regulação emocional começa com psicoeducação sobre emoções que são compatíveis com os fatos críticos listados a seguir (Linehan, 2014; Ehrehreich, Goldstein, Wright, & Barlow, 2009; Southam-Gerow, 2016). Várias mensagens para os pais são essenciais. Elas incluem:

1. Os sentimentos são importantes.
2. Os sentimentos nem sempre são precisos.
3. Os sentimentos têm diferentes componentes.
4. Os sentimentos podem ter diferentes intensidades.
5. Os sentimentos não duram para sempre.

O que o terapeuta pode dizer

"Algumas vezes, quando as emoções são intensas, parecem fora de controle ou estão atrapalhando, pode parecer que os sentimentos em si é que são o problema. Aprender alguns fatos sobre sentimentos pode ajudar a esclarecer o problema, pois a verdade é que os sentimentos são realmente importantes e com certeza não queremos nos livrar deles. De fato, não ter sentimentos causaria muitos outros problemas ainda maiores! Se quisermos atacar alguns dos problemas que o seu filho está enfrentando com as emoções, queremos garantir que de fato os entendemos. É por isso que começamos aprendendo estes 'Fatos sobre sentimentos'."

O que o terapeuta pode fazer

Os "Fatos sobre sentimentos" devem ser examinados com os pais para garantir que eles tenham um conhecimento sólido destes aspectos das emoções. Eles também devem ser examinados com jovens a partir de 10 anos. O Cartão PR 5.1 pode ser introduzido na consulta e levado para casa pelas famílias para reforçar o uso desta intervenção *expressa*.

Tomemos o seguinte exemplo de Delilah, 12 anos, e sua mãe.

Terapeuta: Posso entender que você esteja preocupada sobre como Delilah lida com suas emoções.

Mãe: Ela é tão sensível! Quase todos os dias acontece uma nova crise, e elas podem durar horas! Simplesmente não sei mais o que fazer.

Terapeuta: Deve ser muito frustrante para você – e Delilah, aposto que isso não é divertido para você também!

Delilah: (*Amuada.*) Não é.

Terapeuta: Bem, vamos trabalhar juntos para ajudá-la a entender melhor as emoções e aprender novas maneiras de lidar com elas. O que você acha?

Delilah: OK, eu acho.

Terapeuta: Você sabia que os sentimentos são na verdade superimportantes e que os temos por alguma razão? Por exemplo, se você saísse para caminhar no parque e visse um urso rosnando para você, como se sentiria?

Mãe: Muito assustada.

Terapeuta: Com certeza! E é uma coisa boa se sentir assustada, pois esse urso é perigoso e você precisa se assegurar de que está em um local seguro. O medo nos diz que podemos estar em perigo e ajuda a nos prepararmos para escapar ou nos protegermos. Outras emoções também podem nos ajudar. Por exemplo, a raiva nos diz que alguma coisa é injusta e pode nos preparar para a luta ou para nos defendermos. E a tristeza nos permite saber que perdemos alguma coisa importante e ajuda outras pessoas a saberem que precisamos de apoio. Estes são alguns exemplos de como as emoções nos ajudam – e é por isso que não queremos nos livrar delas. Queremos aprender novas maneiras de lidar com elas para não ficarmos tão sobrecarregados.

Este diálogo ilustra como introduzir e começar e ensinar a uma família os "Fatos sobre sentimentos". O terapeuta se assegurou de envolver Delilah e sua mãe, usar exemplos apropriados para a idade e apresentar uma justificativa para intervenções relacionadas às emoções.

Depois de apresentar este conceito às famílias, lembre-se de incluir todos os fatos principais para assegurar que as famílias tenham um conhecimento sólido das emoções (**Figura 5.1**). O exame destes conceitos em conjunto com pais e filhos permite que você garanta que todos os membros da família tenham o mesmo conhecimento básico. Embora algumas das estratégias de regulação emocional para jovens sejam eficazes mesmo que este conhecimento básico não esteja presente, ajudar os pais a entenderem as emoções permite que eles ajam como treinadores eficazes das emoções e serve como uma base para as seguintes intervenções *expressas*.

---

1. Os sentimentos são importantes e benéficos.
   a. O medo ajuda a sabermos se estamos em perigo.
   b. A raiva ajuda a nos prepararmos para uma luta.
   c. A tristeza nos diz que perdemos alguma coisa importante e ajuda os outros a saberem que precisamos de apoio.
2. Os sentimentos nem sempre são precisos.
   a. Algumas vezes, temos medo de coisas que não são perigosas.
   b. Algumas vezes, nos sentimos com raiva ou tristes devido ao que PENSAMOS que alguém pretendia, e acontece que a pessoa pretendia alguma coisa diferente.
3. Os sentimentos têm diferentes componentes: pensamentos, sensações corporais, comportamentos.
4. Os sentimentos têm diferentes intensidades – por exemplo, 0-10, 0-100.
5. Os sentimentos não duram para sempre.

FIGURA 5.1 Fatos sobre sentimentos: resumo.

Valide as emoções: Isto é válido?; Não são permitidos "mas" (supercontrole e subcontrole)

Idades: Pais de crianças de todas as idades.

Módulos: Psicoeducação; Tarefas Comportamentais Básicas.

Objetivo: Ensinar os pais a validarem as emoções de seus filhos.

Justificativa: Quando os pais aprendem a validar as emoções dos filhos usando ensaio comportamental e *feedback* corretivo, eles comunicam que as emoções são aceitáveis e fazem sentido, aumentam a expressão emocional adaptativa dos filhos e diminuem as técnicas de regulação disfuncionais.

Materiais: Cartões PR 5.2, Isto é válido?: prática de validação parental (p. 106), e 5.3, Não são permitidos "mas" (p. 107).

Tempo necessário previsto: 10-15 minutos.

A validação comunica aos filhos que seus pais entendem a perspectiva deles. Os filhos esperam que seus pais entendam suas experiências. Quando os pais validam as emoções, ajudam seu filho a aumentar a consciência e o conhecimento das emoções, além de comunicar a mensagem de que as emoções são uma parte normal da vida. Isso é fundamental para as crianças que supercontrolam e subcontrolam suas emoções. Para crianças supercontroladas, é importante que os pais comuniquem que as emoções são aceitáveis e que a expressão emocional é normal e compreensível. A validação da emoção para crianças supercontroladas ajuda a aumentar sua expressão emocional e a reduzir seu uso da supressão expressiva. As crianças que são subcontroladas se beneficiam de pais que comunicam estas mesmas mensagens. Este tipo de validação serve para reduzir a excitação emocional em jovens subcontrolados e aumentar o uso de estratégias de regulação.

O que o terapeuta pode dizer

"A comunicação de que você entende a emoção do seu filho pode ajudá-lo a se acalmar. Em vez de dizer 'não fique tão aborrecido' ou 'isto não é nada demais', valide a emoção do seu filho deixando que ele saiba que você consegue ver a perspectiva dele. Validação significa comunicar ao seu filho que a experiência dele faz sentido para você. Você poderia dizer: 'Posso ver que você está muito aborrecido' ou 'Faz sentido se sentir triste quando alguém magoa seus sentimentos'. Mesmo que não entenda ou concorde com a forma como ele está reagindo aos seus sentimentos, você ainda pode validar o sentimento. Se o seu filho teve uma crise de birra e quebrou um brinquedo, você ainda pode validar sua emoção ('você deve ter se sentido muito frustrado') sem dizer que não há problema em se comportar daquela maneira. Ao validar as emoções, você ajuda seu filho a reconhecer as próprias emoções e aceitar que as emoções são válidas e fazem sentido."

O que o terapeuta pode fazer

É essencial que você não só explique a validação, mas também faça os pais praticarem na sessão. Eles podem parecer entender o conceito, mas ter dificuldades para aplicá-lo acuradamente. Praticando na sessão, você tem a oportunidade de dar *feedback* corretivo, o que irá aumentar as chances de os pais validarem efetivamente em casa. Ao praticar, use exemplos que sejam relevantes para a criança em particular e que procedam de interações reais entre pai e filho. O Cartão PR 5.2 traz mais exemplos de prática para pais.

A seguir, encoraje os pais a evitarem o uso de "mas". Isso frequentemente transforma o que começou como um comentário validante em um comentário invalidante. Por exemplo, se um pai diz: "Entendo que você está se sentindo triste, *mas* tudo isso vai ter passado amanhã", a primeira metade validante será esquecida e a criança vai se lembrar da segunda metade bem-intencionada, porém invalidante. O Cartão PR 5.3 traz exemplos adicionais que dão aos pais oportunidades para prática.

Este é um exemplo da prática de validação com a Sra. Miller, cujo filho de 10 anos, Anthony, tem andado irritável e apresenta explosões emocionais. Em outras palavras, Anthony está subcontrolando suas emoções.

Terapeuta: Já falamos sobre como validar as emoções de Anthony. Agora vamos praticar: Eu serei Anthony e quero que você pratique a validação.

Sra. Miller: OK.

Terapeuta: (*como Anthony*) Eu tive o pior dia na escola hoje! Todos são tão maus comigo – nunca mais vou voltar lá!

Sra. Miller: Posso ver que você está muito aborrecido, mas eles provavelmente não tinham a intenção de ser maus para você, apenas pareceu ser assim.

Terapeuta: Ótimo trabalho ao refletir a emoção quando você disse "Posso ver que você está muito aborrecido". Sei que você estava tentando fazer Anthony se sentir melhor dizendo que seus amigos provavelmente não estavam tentando ser maus. Lembre-se de que queremos comunicar que entendemos como ele se sente e ainda não tentar mudar isso. Como você acha que poderia mudar essa segunda parte para ser mais validante?

Sra. Miller: Hummm, e se eu dissesse: "Ninguém gosta quando as pessoas são más com elas"?

Terapeuta: Essa é uma ótima validação! Você está lhe mostrando que entende como ele se sente e que isso faz sentido considerando-se as circunstâncias.

Este diálogo ilustra a importância de não só ensinar sobre validação, mas realmente praticar com os pais. Como com a maioria das novas habilidades, os pais se beneficiam do ensaio na sessão, do *feedback* corretivo e da prática repetida para atingir maestria. O terapeuta demonstrou como dar elogios específicos, como dar *feedback* corretivo de uma maneira gentil, porém simples, e como examinar a justificativa para validação. Também é fundamental ensinar validação aos pais de jovens supercontrolados. Este é um exemplo da prática de validação com o Sr. Berry, o pai de Sonja, 12 anos, que tem dificuldade de expressar suas emoções.

Terapeuta: Digamos que Sonja chega em casa da escola, joga sua mochila no chão e se senta no sofá amuada. Como você teria respondido a isso antes?

Sr. Berry: Eu diria: não jogue suas coisas no chão! Vá guardar e pare com essa atitude!

Terapeuta: Agora que aprendeu sobre validação e o quanto isso é importante, o que você poderia dizer em vez disso e que lhe comunicaria que você entende como ela se sente?

Sr. Berry: Hummm, eu realmente não sei.

Terapeuta: Como você acha que Sonja estava se sentindo?

Sr. Berry: Talvez aborrecida?

Terapeuta: É o que parece. E se você dissesse: "Você parece aborrecida"?

Sr. Berry: Acho que eu poderia fazer isso; você acha mesmo que isso vai ajudar?

Terapeuta: Vamos tentar e ver se ajuda.

Alguns pais se beneficiam quando orientados sobre a linguagem específica a ser usada ao validar. Esse diálogo ilustra o ensino da validação a um pai que tinha dificuldades para identificar respostas validantes para dar à sua filha. O terapeuta pode sugerir expressões com as quais começar e depois pede que o pai pratique para aumentar seu conforto e confiança.

Faça como eu digo e faça como eu faço! (supercontrole e subcontrole)

Idades: Pais de crianças de todas as idades.

Módulo: Tarefas Comportamentais Básicas.

Objetivo: Ensinar os pais a demonstrarem expressão e regulação emocional adaptativa aos seus filhos.

Justificativa: Observar os outros é um dos meios mais importantes pelos quais as crianças aprendem, e elas vão observar e aprender se os pais expressarem e regularem as emoções de uma forma saudável ou mesmo não saudável. Os pais podem aprender a impactar os comportamentos emocionais de seus filhos demonstrando intencionalmente expressão e regulação emocional adaptativa.

Materiais: Nenhum.

Tempo necessário previsto: 5-10 minutos.

Ao observar seus pais, as crianças aprendem formas aceitáveis de expressar as emoções. Se os pais acharem que nenhuma expressão emocional é aceitável, os filhos provavelmente terão visões semelhantes ou sentirão vergonha quando expressarem emoções. Embora os pais tipicamente entendam que os filhos costumam aprender imitando o que observam nos outros, eles podem não reconhecer que eles fornecem um modelo para a expressão das emoções assim como outros comportamentos. Crianças supercontroladas e subcontroladas se beneficiam com os pais que demonstram suas emoções de formas apropriadas. Pais de crianças supercontroladas precisam focar na expressão das suas emoções com mais frequência para que seus filhos vejam que demonstrar emoções é aceitável. Pais de crianças subcontroladas devem ser cautelosos quanto à demonstração de desregulação emocional e se esforçarem para demonstrar níveis moderados de expressão emocional.

Igualmente, as crianças aprendem estratégias para regular as emoções observando como os pais respondem às emoções. Se os pais são vistos suprimindo as emoções, evitando experiências emocionais, agindo destrutivamente ou usando substâncias para regular as emoções, os filhos também podem aprender estas estratégias disfuncionais de regulação emocional. Os pais se beneficiam da aprendizagem das mesmas estratégias de regulação emocional que estão sendo ensinadas ao seu filho, tanto para atuar como um treinador e apoiador em casa quanto para ser um modelo destas habilidades.

O que o terapeuta pode dizer

"Tenho certeza de que você pode pensar em situações em que seu filho copiou alguma coisa que você estava fazendo ou dizendo – independentemente de você querer que ele fizesse ou não! Isso pode ser realmente adorável e útil, como quando ele quer ter sua própria vassoura para varrer o chão como seu pai faz. Também pode ser frustrante ou constrangedor, como a criança que repete um palavrão em público que ela ouviu você dizer quando você machucou o dedo do pé. Esta tendência das crianças de imitarem seus pais é igualmente importante quando se trata de demonstrar emoções e lidar com elas. A forma como você expressa seus sentimentos e como lida com as emoções ensina aos seus filhos o que fazer. Ao demonstrar os tipos de expressão emocional e regulação emocional que você deseja ver no seu filho, você pode ajudá-lo a aprender estas habilidades importantes."

O que o terapeuta pode fazer

O fato de que as crianças copiam seus pais é a razão por que é essencial ensinar aos pais as mesmas habilidades que você quer que seus filhos aprendam. Guillermo, 7 anos, se fechava e parava de falar quando se sentia sobrecarregado. Seus pais relataram que eles costumavam expressar suas emoções entre os dois, mas achavam que era melhor manter isso privado e não falar a respeito ou demonstrar emoções na frente do filho. Por exemplo, quando estressado com o trabalho, o pai de Guillermo chegava em casa, jantava sozinho em seu escritório e depois assistia a TV sem falar com a esposa ou o filho até a hora de dormir. Na sessão, o terapeuta trabalhou com o pai de Guillermo fazendo com que praticasse dizer: "Estou estressado com o trabalho e preciso de algum tempo para mim. Vou comer no escritório esta noite para poder trabalhar melhor". Embora ainda se afastasse da família quando estava emocionalmente sobrecarregado, ao nomear sua emoção e explicar seu comportamento, ele demonstrava a Guillermo que é normal se sentir sobrecarregado e dar um tempo quando necessário.

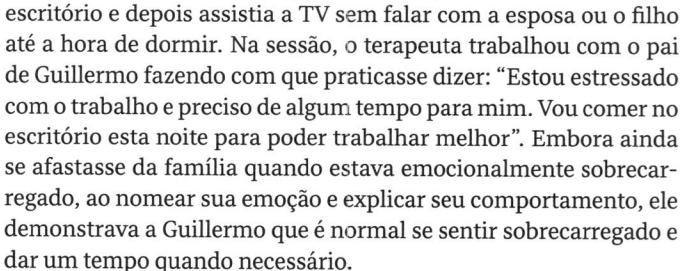

O terapeuta também praticou como identificar e nomear a regulação emocional adaptativa com a mãe de Guillermo. Na verdade, ela disse que já vinha praticando respiração profunda como uma estratégia de enfrentamento adaptativa, mas tipicamente ia para outra sala longe de Guillermo para fazer isso. Depois de aprender sobre demonstração da regulação emocional, ela começou a dizer ao filho: "Preciso praticar um pouco de respiração profunda. Você faz isso comigo?". Isso serviu não apenas para ilustrar a regulação emocional efetiva como também encorajou Guillermo a praticar respiração profunda, o que ele gostou porque era uma coisa especial que fazia com sua mãe.

O bloco de construção *Elogio* introduzido no Capítulo 3 é uma ferramenta poderosa para os pais reforçarem expressões apropriadas de emoção, e os terapeutas podem usar o bloco para ilustrar o impacto do elogio durante esta intervenção. Os terapeutas devem encorajar os pais a usarem o bloco *Elogio* enquanto praticam esta intervenção, e podem associá-la ao bloco *Demonstração* para estas interações.

Aumente a expressão (supercontrole e subcontrole)

Idades: Pais de crianças de todas as idades.

Módulo: Tarefas Comportamentais Básicas.

Objetivo: Ensinar os pais a usarem princípios comportamentais como reforço positivo para aumentar a expressão emocional adaptativa.

Justificativa: Assim como qualquer outro comportamento, a expressão emocional responde bem ao reforço. Se os pais reforçarem positivamente a expressão emocional adaptativa, os filhos se engajarão nestes comportamentos com mais frequência. Ensinar os pais a aplicarem princípios comportamentais básicos aos comportamentos emocionais de seus filhos os ajudará a moldar os comportamentos que desejam.

Materiais: Cartão PR 5.4, Aumente a Expressão (p. 108), e recursos para escrever.

Tempo necessário previsto: 5-10 minutos.

Como com qualquer comportamento que um pai deseja aumentar, o reforço de expressões apropriadas de emoção aumentará este comportamento no jovem. É essencial notar expressões adaptativas de emoção porque, se estes comportamentos forem ignorados, as crianças supercontroladas terão menos probabilidade de escalar sua expressão emocional e se tornarão desreguladas. Expressões apropriadas de emoção podem ser reforçadas de várias maneiras, com a atenção sendo o reforçador mais importante. Atenção na forma de elogio, conforto, acolhimento ou assistência é uma boa opção para pais de jovens supercontrolados e subcontrolados. Como com qualquer estratégia de reforço, escolher um reforçador que seja potente para uma criança em particular é fundamental. Trabalhe com os pais para preencher o Cartão PR 5.4 para "aumentar" e reforçar a expressão e regulação emocional apropriadas.

O Capítulo 2 (Cartão PR 2.3) mostra o que dizer e fazer quando ensinar reforço aos pais. Os mesmos princípios comportamentais se aplicam para aumentar comportamentos relacionados às emoções.

Algumas vezes pode ser difícil determinar se a expressão emocional de uma determinada criança é supercontrolada, apropriada ou subcontrolada. O quadro a seguir descreve comportamentos que podemos observar para uma variedade de emoções e pode ser usado para identificar se uma criança está tendo dificuldades com supercontrole, subcontrole ou ambos.

	Supercontrolada	Apropriada	Subcontrolada
Triste	Recusa-se a falar sobre o sentimento; não chora (especialmente na frente de outras pessoas)	Chorosa, chorando; busca conforto nos outros; capaz de ser acalmada	Soluçando por horas; gritando; jogando-se ao chão; inconsolável; pode ameaçar se machucar
Com raiva	Bufando; recusa-se a falar; pode andar em círculos, mas evita confronto	Levanta a voz, pode gritar; expressa raiva/frustração; busca soluções	Destruição de propriedade; agressiva com os outros; gritando/berrando; chutando; batendo
Assustada	Entra em *freezing*/recusa-se a falar, evita a situação temida; pode ficar pálida/fria; relata dores de cabeça, dores estomacais ou outros sintomas físicos	Alguns sintomas fisiológicos (p. ex., tremendo, chorosa); hesitante em se aproximar; busca ajuda ou proteção; capaz de ser persuadida a enfrentar o medo	Em pânico; sintomas fisiológicos intensos (p. ex., hiperventilação, sudorese); pode gritar/berrar; pode arremessar coisas

	Supercontrolada	Apropriada	Subcontrolada
Feliz	Relutante ou incapaz de se engajar em atividade; expressão mínima de emoções positivas; envolvimento limitado com outros; o comportamento é hipoativo para a situação (p. ex., sentada em silêncio enquanto os outros estão se divertindo em um evento esportivo)	Sorri; expressa excitação/antecipação/alegria; participa das atividades; explora; o comportamento é apropriado à situação (p. ex., correndo enquanto brinca de pegar com os amigos); compartilha com os colegas ou os pais	Hiperexcitada; pode ter dificuldade em se engajar em atividade; o comportamento é hiperativo para a situação (p. ex., gritando animada dentro de uma biblioteca); dificuldade de se envolver com os outros devido ao entusiasmo

Pode ser desafiador reforçar respostas apropriadas. O quadro a seguir oferece algumas ideias de como validar, elogiar e dar atenção como recompensa por expressões adaptativas de várias emoções.

	Validação	Elogio		Atenção
		Supercontrolada	Subcontrolada	
Triste	"Posso ver que você está muito triste agora."	"Obrigado por me dizer como você se sente."	"Estou muito orgulhoso de você por expressar sua tristeza desta maneira."	Dê um abraço, sente-se junto
Com raiva	"Faz sentido estar com raiva por isto!"	"Estou feliz em saber como você está se sentindo."	"Você está fazendo um bom trabalho se mantendo calmo mesmo que esteja com muita raiva."	Deem uma volta juntos
Assustada	"Você deve estar muito assustada."	"Você está sendo muito corajosa ao falar sobre isto."	"Posso ver que você está se esforçando muito para enfrentar seus medos."	Dê um abraço, sente-se junto
Feliz	"Parece que você está se divertindo muito"	"Adoro ver como você está animada."	"Ótimo trabalho ao participar no jogo!"	Bater as mãos

Reforçando a regulação emocional efetiva: Reconheça o uso de habilidades; Quadro de recompensas (supercontrole e subcontrole)

Idades: Pais de jovens de todas as idades.

Módulo: Tarefas Comportamentais Básicas.

Objetivo: Ensinar os pais a usarem princípios comportamentais como o reforço positivo para aumentar a regulação emocional.

Justificativa: Assim como qualquer outro comportamento, a regulação da expressão responde bem ao reforço. Se os pais reforçarem positivamente a regulação emocional adaptativa, os filhos irão se engajar nestes comportamentos com mais frequência. Ensinar os pais a aplicarem princípios comportamentais básicos aos comportamentos emocionais de seus filhos os ajudará a moldar os comportamentos que eles desejam.

Materiais: Cartões PR 5.5, Reconheça o uso de habilidades (p. 109), 5.6a e 5.6b, Quadro de recompensas, cartões com exemplo e em branco (p. 110-111) e recursos para escrever.

Tempo necessário previsto: 5-10 minutos.

A regulação emocional adaptativa pode ser ampliada nos jovens por meio do reforço parental. Tanto os jovens supercontrolados quanto os subcontrolados provavelmente têm dificuldades para regular as emoções de forma efetiva. As crianças supercontroladas se baseiam pesadamente na supressão expressiva, portanto os pais devem procurar e reforçar estratégias alternativas de regulação emocional, como as descritas posteriormente neste capítulo na Seção "Intervenções com crianças e adolescentes". As crianças subcontroladas podem carecer de estratégias efetivas ou utilizam estratégias disfuncionais como comportamento agressivo, comportamento de autolesão ou uso de substância. Os pais destas crianças devem da mesma forma estar atentos a momentos de regulação efetiva (p. ex., respirando profundamente, usando uma técnica de relaxamento, distração) e fornecer reforço. Tanto com a expressão emocional quanto com a regulação emocional, a atenção é o principal reforçador. Elogio, conforto, aconchego e assistência são excelentes opções.

Priya, 10 anos, com emoções subcontroladas, estava aprendendo novas estratégias de regulação emocional e fazia um ótimo trabalho praticando-as na sessão. Seus pais estavam frustrados porque ela raramente parecia usar estas novas habilidades em casa. Este era um momento perfeito para focar no reforço positivo. Em família, eles escolheram duas das habilidades de regulação emocional favoritas de Priya – respiração profunda e brincar com seu cachorro. As práticas dos pais de Priya consistiram em notar e elogiar a regulação emocional da sua filha. A mãe de Pryia se sentia mais confortável usando o elogio verbal e elaborou estes exemplos: "Ótimo trabalho com sua respiração profunda!"; "Gostei muito que você levou Toto [o cachorro] para a rua para brincar quando você ficou frustrada"; e "Uau, posso ver que a respiração profunda realmente ajudou a acalmá-la". O pai de Priya tinha dificuldades com elogio verbal e se sentia mais confortável com expressões físicas. Ele começou batendo as mãos com Priya sempre que notava que ela estava usando uma habilidade de regulação emocional, e posteriormente os dois criaram uma batida especial com os punhos. Eles também fizeram uma tabela onde Priya ganhava uma estrela a cada vez que praticava uma habilidade e eles combinaram que, quando ela somasse 15 estrelas, poderia escolher um filme para assistirem juntos em família. Os Cartões PR 5.5, 5.6a e 5.6b guiarão os profissionais no uso destas intervenções com as famílias.

Não bote lenha na fogueira! (subcontrole)

Idades: Pais de jovens de todas as idades.

Módulo: Tarefas Comportamentais Básicas.

Objetivo: Ensinar os pais a extinguirem comportamentos e tolerarem o surto da extinção.

Justificativa: Os pais de jovens subcontrolados muitas vezes estão involuntariamente reforçando comportamentos que eles querem reduzir – isso é como derramar fluido de isqueiro quando você acha que está usando o extintor de incêndio. Para extinguir esses comportamentos, é essencial remover o reforço para expressão e regulação emocional disfuncional.

Materiais: Cartão PR 5.7, Não bote lenha na fogueira! (p. 112-113), e recursos para escrever.

Tempo necessário previsto: 10-15 minutos.

Frequentemente as crianças subcontroladas desenvolvem um padrão de desregulação emocional em parte devido ao reforço involuntário dos comportamentos. Por exemplo, Tyler, 4 anos, fazia birra quando recebia um "não". Quando Tyler tinha uma explosão emocional em um local público, como um supermercado, seus pais ficavam tão embaraçados que em geral cediam e compravam o doce ou brinquedo que inicialmente haviam negado. Ao cederem ao pedido de Tyler depois da sua exibição de desregulação emocional, seus pais estavam reforçando positivamente este comportamento inapropriado. É importante lembrar que as crianças geralmente acham a atenção dos pais gratificante, mesmo que os pais vejam isso como "atenção negativa" ou como um tipo de punição. Dar sermões é um bom exemplo disso. Embora os pais frequentemente vejam os sermões como uma punição, algumas crianças são reforçadas por esta atenção individual de um dos pais. Esta atenção joga mais lenha na fogueira em vez de apagá-la.

Sempre que Lillian, 11 anos, ficava com raiva e quebrava um dos brinquedos da sua irmã, seus pais lhe davam um sermão de até 30 minutos. Embora seus pais encarassem isso como punição, eles notaram que Lillian estava quebrando brinquedos com cada vez mais frequência. Isso nos diz que Lillian estava sendo reforçada pelo tempo individualizado que tinha com a mãe ou com o pai. O primeiro passo é descontinuar, de forma imediata e consistente, qualquer reforço de expressões emocionais ou regulação disfuncional. Em vez disso, os pais devem ser treinados para ignorar o comportamento desregulado, ao mesmo tempo reforçando entusiasticamente o comportamento adaptativo. Os pais de Lillian foram treinados para notar quando ela expressava raiva sem quebrar os brinquedos (p. ex., "Vejo que você está ficando frustrada, e gosto como você está conseguindo se controlar") e a aplicar um castigo curto na hora de brincar e dar tarefas extra em vez de fazer sermões depois que Lillian quebrasse um brinquedo. O Cartão PR 5.7 traz mais informações sobre o rompimento deste ciclo.

Cuidado com o surto da extinção!

Quando os pais estão consistente ou intermitentemente reforçando a desregulação emocional, é fundamental que interrompam este processo se esperam ajudar seu filho a regular suas emoções de forma apropriada. No entanto, quando os pais param de reforçar o comportamento desregulado, os filhos previsivelmente irão escalar o comportamento em uma tentativa de receber reforço. Isso é chamado de surto da extinção, e ocorre sempre que o reforço for retirado abruptamente (Cooper, Heron, & Heward, 1987). Para pais que estão tentando extinguir um comportamento, persistir durante o surto da extinção costuma ser o momento mais difícil. É importante preparar os pais para este padrão e encorajá-los a ver a piora temporária do comportamento como um sinal de que eles estão a caminho da extinção. Isso pode ajudá-los a se manterem no plano em vez de ceder ao comportamento mais extremo.

O que o terapeuta pode dizer

"Você tem feito um ótimo trabalho ao aprender estas novas maneiras de mudar o comportamento do seu filho e parece que está pronto para começar a ignorar o choramingo e reforçar 'uma conversa de criança grande'. Agora, antes que você volte para casa e comece, preciso alertá-lo sobre o surto da extinção. Quando os pais vêm dando muita atenção à choradeira e de repente eles param, os filhos geralmente escalam o comportamento para tentar receber essa atenção. Isso é chamado de surto da extinção e pode fazer alguns pais tropeçarem, mas como você vai saber o que procurar, você será capaz de passar por isso. O segredo para sobreviver ao surto da extinção é saber que ele vai acontecer e manter-se firme no programa. Talvez ele eleve a birra até o nível 10 ou mesmo até o nível 100, talvez ele comece a gritar ou bata os pés. Lembre-se de que este é o surto da extinção e mantenha-se no programa. Isso significa ignorar 100% até que ele use sua 'voz de criança grande'."

O que o terapeuta pode fazer

Fique de olho nas oportunidades de apontar um reforço involuntário e o surto da extinção durante a sessão. Por exemplo, você pode notar que enquanto está examinado o dever de casa com o pai de Tyrell, 6 anos, ele começa a puxar a manga da camisa do pai e choramingando diz: "Pai, estou com fome. Pai, preciso de um salgadinho. Pai? Pai?? Pai???" até que seu pai grita: "O QUE É?? Você não vê que estou conversando com o doutor??".

Esta é uma ótima oportunidade para apresentar ao pai de Tyrell os elementos principais desta intervenção comportamental. Você pode elogiar suas tentativas iniciais de ignorar a birra de Tyrell e validar sua frustração com a escalada do comportamento do filho. Ao ser indicado que este foi um surto da extinção, o pai de Tyrell será mais capaz de identificar situações parecidas em casa. Por último, você pode fazer com que Tyrell e seu pai recriem a cena e pratiquem uma nova maneira de responder. Você pode até mesmo trocar os papéis (p. ex., Tyrell faz o papel do pai e você faz o papel de Tyrell) para que continue divertido.

Exemplos como este na sessão podem levar estas habilidades até o nível seguinte, dando a você a oportunidade de ilustrar novas habilidades no momento e demonstrar um novo padrão de resposta para os pais.

INTERVENÇÕES COM CRIANÇAS E ADOLESCENTES

As emoções possuem um componente fisiológico importante, e ensinar estratégias aos jovens para acalmar os efeitos fisiológicos das emoções é uma estratégia fundamental de regulação emocional. Tais estratégias podem ser usadas em qualquer nível de excitação emocional, incluindo estados altamente desregulados, o que faz delas ferramentas essenciais para jovens subcontrolados. Os jovens supercontrolados também se beneficiam da aprendizagem destas estratégias na medida em que isso aumenta sua autoeficácia para lidar com as emoções e provavelmente irá aumentar a sua disposição para participar nas exposições emocionais.

Para cada uma destas estratégias, introduza a técnica (você pode usar o roteiro fornecido), pratique a habilidade na sessão com a criança, forneça *feedback* corretivo, repita a sua prática e resolva o problema de como a criança pode se lembrar de praticar em casa e usar a habilidade em situações de estresse. Não se esqueça de que os pais devem estar aprendendo essas mesmas habilidades!

As crianças não precisam conhecer os aspectos básicos das emoções para se beneficiarem dessas estratégias. Se você conseguir fazê-las praticarem técnicas de regulação emocional planejadas para reduzir a excitação fisiológica, isso será efetivo independentemente de elas entenderem as emoções ou não. Você pode imediatamente introduzir e praticar essas habilidades com uma criança que, por exemplo, apresenta um estado altamente desregulado e provavelmente não será capaz de participar em outras intervenções. No entanto, as crianças podem aprender *mais* com estas estratégias se elas souberem (1) como identificar e nomear suas emoções, (2) que as emoções têm um componente fisiológico e (3) que as emoções podem ter diferentes intensidades (ver intervenção "Fatos sobre sentimentos"). Se a criança entender que as emoções podem ter intensidades diferentes, peça-lhe que classifique sua emoção antes e depois de cada prática.

Pronto para a corrida (supercontrole e subcontrole)

Idades: 4-12 anos.

Módulo: Tarefas Comportamentais Básicas.

Objetivo: Ensinar as crianças a regularem o componente fisiológico das emoções.

Justificativa: Focar as sensações fisiológicas é uma estratégia eficaz para regular as emoções, e uma forma de fazer isso é abrandar nossa respiração.

Materiais: Barco de papel e instruções para fazer um barco de papel com dobraduras (Cartão PR 5.8, Construindo um barco de papel, p. 114).

Tempo necessário previsto: 5 minutos (mais 5 minutos de preparação).

Esta estratégia *expressa* é fácil de aprender, divertida e efetiva, o que significa que os jovens constroem autoeficácia rapidamente ao usarem estas habilidades. Crianças que apresentam desregulação emocional costumam acreditar que será muito difícil ou até mesmo impossível mudarem a forma como se sentem, portanto é essencial que logo de início tenham experiências de sucesso com habilidades de regulação emocional. A excitação fisiológica está intimamente associada à intensidade emocional. É muito difícil nos sentirmos calmos quando nossa respiração está acelerada. "Pronto para a corrida" é uma forma envolvente de fazer as crianças praticarem como acalmar seus corpos por meio de movimentos respiratórios longos e lentos.

O que o terapeuta pode dizer

"Você já notou que quando ficamos incomodados começamos a respirar muito mais rápido? Sei que quando eu estou [nervoso/assustado/zangado] algumas vezes começo a [*demonstra a respiração superficial rápida*]. Quando respiramos rápido e superficialmente assim, nossa emoção cresce e fica difícil nos acalmarmos. Uma maneira muito boa de acalmar nossas emoções é abrandar nossa respiração, e agora vamos praticar uma forma de fazer isso. Vamos fazer uma corrida com barcos de papel, aqui sobre a mesa! Este é o seu barco e eu tenho o meu. Vou lhe contar um truque – se você inspirar profundamente e depois soprar todo o ar muito lentamente assim [*demonstra*], seu barco vai flutuar e ir muito mais longe pelo lago-mesa! Vamos experimentar."

O que o terapeuta pode fazer

Dependendo da idade/interesse da criança e da quantidade de tempo de que você dispõe, vocês podem fazer barcos de papel juntos ou tê-los preparado com antecedência. São necessários apenas alguns minutos para fazer a dobradura de dois barcos de papel, portanto você pode explicar a respiração profunda enquanto confecciona os barcos com a criança. Certifique-se de ter uma cópia impressa das instruções para a dobradura para que a família leve para casa. Encoraje os pais a jogarem "Pronto para a corrida" com seu filho.

4 – 5 – 6 (supercontrole e subcontrole)

Idades: A partir de 13 anos.
Módulo: Tarefas Comportamentais Básicas.
Objetivo: Ensinar os adolescentes a regularem o componente fisiológico das emoções.
Justificativa: Focar as sensações fisiológicas é uma estratégia eficaz para regulação das emoções e uma forma de fazer isso é abrandar a respiração.
Materiais: Nenhum.
Tempo necessário previsto: 5 minutos.

Semelhante à intervenção "Pronto para a corrida" para crianças menores, 4-5-6 é uma forma rápida e envolvente para os adolescentes desenvolverem autoeficácia na redução da excitação fisiológica. É provável que os adolescentes, assim como as crianças menores, fiquem em dúvida sobre o poder de mudar suas emoções, portanto auxiliá-los a praticar estratégias específicas para acalmar seus corpos ajudará a "comprarem" a ideia de que estas estratégias realmente funcionam!

O que o terapeuta pode dizer

"Aposto que parece meio bobo praticar respiração – você já faz isso o tempo todo! Mas é o seguinte, frequentemente quando ficamos incomodados, nossa respiração começa a ficar assim [*demonstra respirações rápidas e superficiais*]. Cada vez que inspiramos, estamos ampliando essa emoção e quando expiramos, diminuímos o volume. Então faz sentido que se nosso cérebro achar que estamos em perigo, vamos inspirar muito oxigênio para nos prepararmos para escapar. Mas se quisermos nos acalmar, teremos que fazer o oposto – começar a abrandar nossa respiração e fazer com que a expiração seja mais longa do que a inspiração. Isso diz ao nosso cérebro para diminuir o volume da emoção e nos ajuda a relaxar. Uma forma de lembrar disso é pensar 4-5-6. Primeiramente, vamos inspirar contando até 4, seguramos a respiração no 5 e então expiramos no 6. Vamos fazer juntos. Inspire ... 2... 3... 4... Segure... 2... 3... 4... 5... Expire...2...3...4...5...6...[*repita três vezes*]."

Esponja com raiva/esponja ansiosa (supercontrole e subcontrole)

Idades: 4-12 anos.

Módulo: Tarefas Comportamentais Básicas.

Objetivo: Ensinar as crianças a regularem o componente fisiológico das emoções.

Justificativa: Focar as sensações fisiológicas é uma estratégia eficaz para regular as emoções e uma forma de fazer isso é relaxar os músculos.

Materiais: Esponja e água.

Tempo necessário previsto: 5 minutos cada.

Esta intervenção é uma forma interativa de ajudar as crianças a praticarem o relaxamento corporal. Baseada no relaxamento muscular progressivo, uma técnica que tem sido usada há décadas (Carlson & Holye, 1993), "Esponja com raiva/esponja ansiosa" toma o que pode ser um procedimento complexo para adultos e o simplifica em uma atividade divertida que até mesmo crianças pequenas conseguem entender. Usando a imagem de uma esponja absorvendo e liberando água, as crianças irão lembrar vividamente desta intervenção. As crianças podem ainda receber uma pequena esponja para deixar em um local onde elas frequentemente ficam desreguladas – sobre sua mesa em casa, em sua mochila na escola – como um lembrete para praticar esta habilidade.

O que o terapeuta pode dizer

"Algumas vezes, podemos absorver a raiva durante todo o dia até que ela cresce e cresce e cresce. É como se pegássemos uma esponja e a colocássemos embaixo da água corrente [*abra a torneira, encharque a esponja*]: ela fica cheia d'água. Seu corpo é como uma esponja com raiva, e a forma de fazer a raiva sair é espremer [*demonstre como espremer a esponja*]. Vamos experimentar com nossos corpos desta vez e deixar todas as raivas saírem! De pé [*sentado/deitado*] bem aqui, eu quero que você pense naquelas coisas que o deixam com raiva e então quando eu disser "Esprema", você vai espremer todos os seus músculos para retirar todos esses sentimentos de raiva! Pronto? 1-2-3-ESPREMA! Esprema seus músculos com muita força! OK, relaxe. Geralmente uma vez não é suficiente, vamos espremer um pouco mais. 1-2-3 ESPREEEMA! E relaxe. Oh! Eu pude ver muitas raivas saindo dessa vez. Vamos fazer de novo! 1-2-3-ESPREEEMA! E relaxe. Muito bem!"

O que o terapeuta pode fazer

Esta atividade pode ser adaptada para focar na emoção que é mais difícil para a criança em particular. Por exemplo, uma criança que fica tensa devido a sentimentos ansiosos pode espremer as preocupações da sua "Esponja ansiosa". Não é necessário demonstrar com uma esponja real se você não tiver os materiais disponíveis, mas não deixe de praticar com a criança. Faça os pais também praticarem para que eles possam demonstrar e reforçar o uso desta técnica em casa. Não diga à criança apenas o que fazer. Mostre a ela como enrijecer todos os seus músculos fazendo com que contraia o rosto, cerre os punhos e enrijeça o estômago, braços e pernas.

As próximas intervenções *expressas* são planejadas para ajudar as crianças a mudarem seu foco. O controle da atenção é uma das primeiras estratégias de regulação emocional que as crianças exibem (Gross, 1998). Desde uma idade precoce, os bebês podem ser vistos desviando o olhar quando estão emocionalmente estressados, e crianças pequenas costumam cobrir os olhos quando estão assustadas (Gross, 1998). Técnicas de distração podem ser usadas por crianças subcontroladas quando a atenção a um estímulo emocionalmente marcante está provocando desregulação emocional. Quando elas mudam seu foco para um estímulo neutro ou agradável por um período de tempo, sua excitação emocional pode diminuir, permitindo que respondam mais adaptativamente à emoção. Note que estas estratégias não são recomendadas para jovens supercontrolados, que tendem a ser emocionalmente evitativos e podem fazer uso excessivo das técnicas de distração.

Alfabeto dos animais (subcontrole)

Idades: A partir de 6 anos.

Módulo: Tarefas Comportamentais Básicas.

Objetivo: Ensinar crianças e adolescentes a usarem a distração para regular as emoções.

Justificativa: Jovens subcontrolados podem ser "acionados" por um estímulo emocionalmente relevante e continuar a focar nele enquanto vão ficando desregulados. Aprender a mudar o próprio foco para um estímulo neutro ou positivo pode ajudar jovens subcontrolados a diminuírem a excitação emocional rapidamente.

Materiais: Nenhum.

Tempo necessário previsto: 5 minutos.

O "Alfabeto dos animais" ensina crianças e adolescentes a mudarem seu foco quando as emoções são excessivas. Quando eles escolhem uma categoria neutra ou mesmo positiva como os animais, as chances são de que, após alguns minutos jogando este jogo, suas emoções abrandem ao menos um pouco. O objetivo destas atividades para mudança de foco é exatamente este – ensina as crianças a fazerem uma pausa emocional suficiente para que possam recuar e se aproximar do problema com uma mente mais calma.

O que o terapeuta pode dizer

"Algumas vezes, quando as emoções são intensas, precisamos de uma pausa, e isso ajuda a focar em algo diferente por alguns minutos. As emoções realmente prendem nossa atenção e isso nos faz focarmos ainda mais no que desencadeia a emoção. Por exemplo, se alguém zombasse de mim, eu me sentiria triste e poderia passar muito tempo pensando sobre o que aquela pessoa disse. Eu poderia até mesmo começar a pensar sobre outras coisas ruins que as pessoas disseram, e isso vai fazer com que eu me sinta muito triste. O que de fato me ajudaria a imaginar o que fazer a seguir seria primeiro fazer uma pausa e esquecer por algum tempo a zombaria, mas é muito difícil simplesmente parar de pensar em alguma coisa. Vamos tentar um experimento. Se eu digo: não pense em um cachorro verde! No que você pensaria? Aposto que pensaria em um cachorro verde! É bem difícil simplesmente não pensar em alguma coisa, mesmo querendo isso. Funciona melhor ter alguns pensamentos diferentes na sua mente ou fazer alguma coisa diferente; esta pode ser uma boa maneira de se distrair um pouco se as emoções forem muito intensas."

"Vamos tentar uma maneira juntos: Diga o nome de um animal para cada letra do alfabeto. Você pode escolher outra categoria que não seja de animais, se quiser, como os personagens da Disney, times de futebol ou filmes. Lembre-se, você não vai ser avaliado, portanto não tem problema se ficar travado. Você pode pular uma letra, mudar as categorias ou inventar alguma coisa nova!"

Este é um exemplo de como jogar o "Alfabeto dos animais" com Kimiko, 7 anos, que estava soluçando porque estava com medo de tomar uma injeção.

TERAPEUTA: Kimiko, você gosta de animais?

KIMIKO: (soluçando) Não quero tomar injeção!

TERAPEUTA: Eu sei. Vamos jogar um jogo – nós vamos dar nomes de animais para cada letra do alfabeto. Qual é o animal que começa com A?

KIMIKO: (ofegante) Eu...não...sei.

TERAPEUTA: Hummm... e que tal.... abelha! OK! E quanto à letra B?

KIMIKO: (fungando)... borboleta?

TERAPEUTA: Oh, esta é ótima! Eu gosto de borboletas. Posso ver um animal com C na sua camiseta!

KIMIKO: (olha para baixo) Cachorro.

TERAPEUTA: Sim! OK, D... dinossauro!

KIMIKO: Isso não vale. Eles não existem mais!

TERAPEUTA: Oh, acho que você está certo. Qual o animal com D que você consegue pensar?

KIMIKO: *Doninha!*

TERAPEUTA: Você conhece muitos animais! O que vem a seguir?

KIMIKO: E. *Elefante!* Agora você faz o F.

Enfrente seus sentimentos (supercontrole e subcontrole)

Idades: A partir de 4 anos.

Módulo: Experimentos e Exposições Comportamentais.

Objetivo: Reduzir a esquiva emocional e modificar crenças sobre as emoções aumentando a habilidade dos jovens para tolerar experimentar e expressar emoções.

Justificativa: Como com o foco nos medos em outras áreas, as exposições concebidas para reduzir a esquiva e desafiar previsões disfuncionais ajudam a aumentar as habilidades dos jovens para tolerarem situações emocionais, aumentar sua autoeficácia no que diz respeito à expressão emocional e modificar crenças disfuncionais.

Materiais: Nenhum.

Tempo necessário previsto: 15 minutos.

Frequentemente, crianças supercontroladas têm medos em relação à expressão das emoções. Elas podem ter crenças catastróficas sobre o que vai ocorrer caso experimentem e expressem emoções (p. ex., "Isso nunca vai acabar"; "Não vou conseguir lidar com isso"; "Todos vão achar que sou fraco e idiota") e, em consequência, evitam experiências emocionalmente marcantes. Assim como a exposição gradual é essencial para o tratamento de qualquer outro medo, crianças supercontroladas se beneficiam da exposição gradual à emoção.

Jovens subcontrolados também podem acabar evitando emoções, mas de formas diferentes. Eles podem ter uma resposta emocional tão intensa aos estímulos que é difícil tolerarem a emoção sem responder de maneira impulsiva. Eles podem recorrer rapidamente a estratégias de regulação emocional destrutivas – como uma criança com raiva que joga uma cadeira e depois se sente culpada e chora até ficar exausta e adormecer. Este padrão interrompe o curso natural da emoção inicial. A raiva, se tolerada, acabará diminuindo e se dissipando. A ação impulsiva (jogar a cadeira) e a emoção secundária (culpa) essencialmente fazem com que a criança evite a experiência de raiva. As exposições a emoções para crianças subcontroladas permitem que a criança experimente que o sentimento pode ser tolerado sem responder impulsivamente e que as emoções vão diminuir naturalmente com o tempo.

Para jovens supercontrolados e subcontrolados, a exposição a emoções envolve a criação de uma hierarquia dos medos, começando por emoções ou situações emocionais levemente temidas e continuando até o evento emocional mais temido. Se a exposição como intervenção ainda é novidade para você, o Capítulo 6 traz mais detalhes sobre a implantação efetiva de exposição.

É essencial que as crianças conheçam alguns princípios básicos sobre as emoções para se beneficiarem das técnicas de exposição. Comece com a intervenção *expressa* "Fatos sobre sentimentos" para garantir que a criança tenha um conhecimento sólido destes aspectos importantes da emoção. Então ela estará pronta para "Enfrente seus sentimentos".

Os passos gerais para realizar uma exposição a emoções são os mesmos, mas cada exposição específica deve ser adaptada à criança. Os passos são descritos a seguir, acompanhados de exemplos de exposições a vários tipos de emoções.

1. Orientar a criança para a exposição.
2. Conduzir a exposição.
3. Chamar a atenção da criança para a experiência e expressão da emoção.
4. Avaliar a intensidade emocional.
5. Destacar as lições aprendidas.

Exposições a medo

Para crianças que evitam situações que induzem medo, as estratégias para planejar exposições são idênticas às que você usaria para transtornos de ansiedade. O Capítulo 6 traz mais detalhes sobre estas intervenções fundamentais. Considere atividades como assistir a trechos de um filme de terror, discutir uma experiência assustadora ou imaginar um cenário temido.

Exposições a alegria

Algumas crianças supercontroladas vão evitar até mesmo a expressão de sentimentos de felicidade e alegria. Estas exposições são particularmente divertidas de fazer! Considere atividades como assistir *on-line* a vídeos engraçados com animais, olhar fotos no telefone da criança, descrever uma lembrança agradável, ler um livro de piadas ou assistir a uma comédia ou partes de um filme ou programa de TV divertido.

Exposições a raiva

Muitas crianças supercontroladas evitam experimentar ou expressar raiva. Para algumas, até mesmo ver outras pessoas expressarem raiva é altamente desconfortável. As exposições podem começar assistindo a uma cena de um programa na TV ou um filme que envolva alguém que está com raiva. Tente escolher uma cena descrevendo um personagem que se pareça em idade e gênero com a criança com quem você está trabalhando. Outras atividades a considerar incluem encenar uma dramatização de raiva, fazer caras de raiva e discutir uma situação que deixou a criança com raiva.

Exposições a tristeza

Crianças supercontroladas podem evitar experimentar e especialmente expressar tristeza; com frequência evitam chorar, sobretudo na frente de outras pessoas. Assistir a filmes tristes e TV, ouvir música triste (considere a música de fundo de cenas tristes em filmes ou músicas que um adolescente associa a uma lembrança triste), ver imagens de pessoas chorando, fazer caras tristes, colocar colírio para simular a sensação de chorar e encenar um papel triste são atividades que podem ser usadas para exposições a tristeza.

O que o terapeuta pode dizer

"Você se lembra de quando aprendeu a andar de bicicleta [tocar piano, chutar uma bola de futebol]? Aposto que a primeira vez que você tentou, foi muito difícil. Pode ter sido assustador ou difícil, e você pode não ter conseguido fazer muito bem. Com o tempo, com a prática, aposto que você foi ficando cada vez melhor até que agora é fácil de fazer e você está muito melhor nisso do que quando começou. Enfrentar nossos sentimentos também requer prática – pode ser muito assustador e difícil inicialmente, mas, se praticamos, fica mais fácil e mais confortável. Se lá no começo, quando estava aprendendo a andar de bicicleta, você parasse ao primeiro sinal de dificuldade, não seria capaz de fazer isso hoje! Quando enfrentamos nossos sentimentos, isso funciona da mesma maneira. Se paramos quando fica difícil, não temos a chance de ver que na verdade fica mais fácil e ficamos melhores nisso quanto mais praticamos."

"Muitos garotos têm problemas para enfrentar seus sentimentos. Algumas vezes, eles podem fazer coisas para tentar evitar enfrentar sentimentos, por exemplo, fugindo, escondendo o rosto, fechando os olhos ou se afastando. Que recursos você usa para parar de enfrentar os sentimentos? Juntos estaremos alertas a esses sinais de evitação – assim que os notarmos, nos lembraremos de enfrentar nossos sentimentos dando um passo atrás, descobrindo nosso rosto, abrindo bem nossos olhos e encarando nossos sentimentos diretamente."

"Vamos fazer uma prática para enfrentar alegria [medo/raiva/tristeza] juntos. A forma como faremos isso é fazer alguma coisa juntos que faça nos sentirmos alegres [assustados/com raiva/tristes]. Quando fizermos isso, vou lhe perguntar onde você sente a alegria [medo/raiva/tristeza] em seu corpo, e quero que você procure dar o melhor de si para descrever isso. Não se preocupe ser for difícil inicialmente – lembre-se, vai ficar mais fácil com a prática. Também vamos avaliar a intensidade dos seus sentimentos de alegria [medo/raiva/tristeza] em uma escala de 0-10. No final, vamos decidir o que aprendemos. Você está pronto para enfrentar a alegria [medo/raiva/tristeza] comigo?"

O que o terapeuta pode fazer

Os terapeutas devem trabalhar com a criança o sentimento de identificação. Comece discutindo, pensando a respeito, lendo a respeito ou observando outras pessoas expressando emoções. Livros com ilustrações, vídeos e videoclipes podem ser ferramentas excelentes.

Em seguida, colabore com as famílias para evocar experiências emocionais passadas que são classificadas em intensidades variadas na escala emocional da criança. Faça a criança descrever a sensação da emoção-alvo no nível 2, 5 e 10. Encoraje a criança a incluir o máximo de detalhes que puder recordar; o que ela sentiu, pensou, ouviu, viu, saboreou, tocou e cheirou? Anote suas descrições e as leia em voz alta, caso seja necessária a repetição da exposição neste passo.

Você deverá estimular as emoções sempre que possível e apropriado. Depois de preparar a criança para a exposição emocional, incluindo a justificativa e o processo, esteja atento a mudanças na emoção e peça que a criança descreva e experimente essa emoção intensamente. Traga a atenção da criança para seus sentimentos, pensamentos, sensações corporais e ímpetos de ação. Note os esforços para evitar as emoções mudando de assunto, desviando o olhar, escondendo o rosto, etc. Faça com que a criança avalie reiteradamente a intensidade emocional. Você pode fazer isso usando números (p. ex., 0-10) ou usando o braço como uma alavanca, com o cotovelo flexionado e a mão apontando para cima na intensidade máxima e flexionado com a mão apontando para frente como intensidade mínima. A criança pode erguer e abaixar seu braço durante a exposição para indicar o estresse emocional. É essencial que a criança aprenda que ela consegue tolerar a permanência em um nível alto de intensidade emocional. Avaliar a intensidade emocional permite que a criança observe que as emoções não duram para sempre e que a intensidade vai mudar com o tempo.

Por último, pratique regulação emocional apropriada na sessão enquanto a criança está emocionalmente ativada. Não se apresse neste estágio, já que aprender que podemos lidar com a intensidade emocional sem fugir ou reprimir a expressão emocional é fundamental para jovens supercontrolados. Se a criança concordar em participar de uma exposição emocional por 5 minutos, quando o tempo tiver terminado, este seria um ótimo momento para praticar com ela as habilidades "Pronto para a corrida" e "4-5-6" descritas anteriormente. Isso permitirá que a criança termine a exposição emocional por meio de regulação emocional adaptativa, o que desenvolve autoeficácia e aumenta a disposição para continuar a participar nas exposições.

Se você está achando que isso parece ser muito a fazer em uma intervenção *expressa*, você está certo! A parte principal é fazer com que a criança e sua família se envolvam na sua intervenção breve para que eles sejam capazes de continuar estes tipos de exposições por conta própria. Pense na exposição como uma mudança no modo de vida, não como um tratamento único. Se você estivesse acompanhando uma família na busca de uma alimentação mais saudável, apresentaria a justificativa e os ajudaria a desenvolver um plano para as refeições, mas as escolhas no dia a dia das comidas mais saudáveis precisam ocorrer repetidamente a cada dia. A exposição funciona da mesma maneira. Por exemplo, você pode criar uma hierarquia e fazer uma exposição em uma reunião de 10 minutos com a família, depois passa uma tarefa de casa para repetirem essa exposição todos os dias até que seja fácil, e a seguir avance na hierarquia de exposições.

CONCLUSÃO

A desregulação emocional pode ser uma questão presente desafiadora. Manter focadas as interações com as famílias e utilizar intervenções *expressas* pode ajudar a aumentar as habilidades na regulação e prevenir futura piora dos sintomas. As dicas a seguir o ajudarão a manter as intervenções com as famílias no caminho *expresso* e sem que sejam desviadas pela desregulação emocional.

1. Pratique! Não apenas ensine a habilidade, faça a criança e o genitor praticarem as técnicas na sessão.
2. Dê *feedback* corretivo e pratique novamente.
3. Não se esqueça de resolver o problema de como a criança e o genitor podem se lembrar de usar estas habilidades em casa.
4. Lembre-se de que os pais precisam aprender cada habilidade de regulação emocional que o filho aprender. Isso é essencial porque os pais são aqueles que podem treinar os filhos por meio da regulação emocional adaptativa entre as sessões. Além disso, é provável que os próprios pais de crianças emocionalmente desreguladas também tenham dificuldades com a regulação das emoções. Ao aprender as técnicas de regulação emocional, eles podem reduzir sua própria desregulação emocional (o que lhes permite exercer o papel de pais mais efetivamente) e demonstrar regulação emocional apropriada para o filho.

Cartão PR 5.1
Fatos sobre sentimentos

Os sentimentos são importantes e podem nos ajudar.	Descreva uma situação em que você se sentiu TRISTE, ASSUSTADO ou COM RAIVA e isso foi útil. Como o sentimento o ajudou?
Os sentimentos nem sempre são precisos.	Descreva uma situação em que você se sentiu TRISTE, ASSUSTADO ou COM RAIVA e isso não foi preciso. Pode ter sido algo de que você tinha medo e que não era perigoso ou uma situação em que você sentiu raiva devido a alguma coisa que pensou que aconteceu, mas na verdade não aconteceu.
Os sentimentos têm diferentes componentes.	Escolha uma situação em que você teve um forte sentimento e complete as seguintes seções. Qual era a situação (p. ex., começando um novo trabalho)? ___ ___ Nomeie o sentimento (p. ex., ansiedade). ___
Os sentimentos têm diferentes intensidades.	O quanto o sentimento era forte de 0 a 10? ___ Que pensamentos você teve (p. ex., "Não vou conseguir lidar com isso")? ___ ___
Os sentimentos não duram para sempre.	Que sensações você sentiu em seu corpo (p. ex., suor, palpitação)? ___ Que atitudes você tomou (p. ex., chegou cedo)? ___ ___ Quando o sentimento mudou (p. ex., 20 minutos, o dia seguinte)? ___ ___

De *TCC expressa*. McClure, Friedberg, Thordarson e Keller. Copyright © 2019 The Guilford Press. É permitido aos leitores deste livro copiar este Cartão PR para uso pessoal ou para uso com os clientes (ver página de direitos autorais para detalhes). Os leitores têm permissão para fazer *download* de cópias adicionais deste Cartão PR (ver quadro no final do Sumário deste livro).

Cartão PR 5.2
Isto é válido?: prática de validação parental

Escolha a resposta mais validante.

1. Jamais vou terminar este projeto. Estou sempre estragando tudo! Minha professora vai ficar furiosa comigo.
   a. É por isso que eu lhe disse para começar um mês atrás! Você está sempre deixando as coisas para o último minuto.
   b. Você vai terminar. Você é tão criativo e inteligente. Sei que sua professora vai adorar o trabalho – ela sempre gosta!
   c. Você parece muito estressado. Aposto que é difícil terminar quando você está sobrecarregado e preocupado com o resultado.

2. Não acredito que você não vai me deixar ir à festa! Todo mundo vai estar lá e só eu vou ser o perdedor que tem pais severos. Você está literalmente arruinando a minha vida.
   a. Sei que você está muito desapontado com a nossa decisão. Entendo que estar com seus amigos é realmente importante para você.
   b. Você é tão ingrato! Não me importa que todo mundo vai – enquanto você morar na minha casa, vai obedecer às minhas regras.
   c. Cá entre nós, é apenas uma festa. Ninguém nem vai se lembrar se você estava lá ou não.

3. [Chorosa] Betty disse que me odeia e que nunca mais vai ser minha amiga de novo.
   a. Tenho certeza de que Betty não odeia você! Ela é sua melhor amiga e vocês já terão superado isso amanhã, como sempre fazem.
   b. Você deve estar muito triste porque ela disse isso. Sei o quanto você se importa com ela como amiga.
   c. Acalme-se, ela não quis dizer isso. Você precisa parar de ficar tão incomodada com coisas pequenas.

4. ARGH! Eu odeio o dever de casa de matemática! Nunca vou conseguir resolvê-lo – eu sou muito burro.
   a. Você não é burro! Há tantas coisas em que você é bom – você só precisa trabalhar com mais afinco em vez de desistir.
   b. Pare de se queixar e apenas foque no seu trabalho. Não quero passar três horas em uma tarefa como fizemos na noite passada.
   c. Entendo que você esteja se sentindo frustrado – é realmente difícil ser persistente em uma coisa que é difícil.

5. Nãooooo, não posso entrar na piscina!
   a. Não quero mais ouvir esta lamúria – apenas faça.
   b. OK, OK, você não tem que fazer isso.
   c. É muito assustador fazer alguma coisa nova pela primeira vez, não é?

De *TCC expressa*. McClure, Friedberg, Thordarson e Keller. Copyright © 2019 The Guilford Press. É permitido aos leitores deste livro copiar este Cartão PR para uso pessoal ou para uso com os clientes (ver página de direitos autorais para detalhes). Os leitores têm permissão para fazer *download* de cópias adicionais deste Cartão PR (ver quadro no final do Sumário deste livro).

Cartão PR 5.3
Não são permitidos "mas"

Quando você quer validar seu filho, uma boa regra é evitar a palavra "mas". Isso não quer dizer que você tem que concordar com o que ele está fazendo ou quer fazer; significa apenas prestar atenção à linguagem que você usa. Isso pode parecer estranho inicialmente E você pode pegar o jeito com a prática (você viu o que eu fiz antes?). Transforme estes "mas" invalidantes em validações livres de "mas".

Exemplo: Eu entendo que você queira dar uma volta com seus amigos, MAS é muito tarde chegar em casa à meia-noite. Seu toque de recolher é às 10h da noite.

Sem "mas": *Eu entendo que você queira dar uma volta com seus amigos E ainda não estou confortável com a sua chegada em casa à meia-noite. Seu toque de recolher é às 10h da noite.*

Posso ver que você está muito incomodado, MAS vamos nos atrasar para a escola!
Sem "mas":

Faz sentido ficar com raiva quando alguém faz isso, MAS você precisa superar para que possa terminar seu projeto.
Sem "mas":

Sei que você está assustada de subir ao palco, MAS você praticou muito. Você vai se sair bem.
Sem "mas":

Você parece muito magoada com o que Priya disse, MAS tenho certeza de que ela não teve intenção.
Sem "mas":

Eu entendo que você esteja se sentindo triste, MAS você ainda precisa fazer suas tarefas em casa.
Sem "mas":

De *TCC expressa*. McClure, Friedberg, Thordarson e Keller. Copyright © 2019 The Guilford Press. É permitido aos leitores deste livro copiar este Cartão PR para uso pessoal ou para uso com os clientes (ver página de direitos autorais para detalhes). Os leitores têm permissão para fazer *download* de cópias adicionais deste Cartão PR (ver quadro no final do Sumário deste livro).

Cartão PR 5.4

Aumente a expressão

Esta folha de trabalho vai ajudá-lo a aumentar a expressão emocional adaptativa em seu filho.

Em primeiro lugar, identifique de um a três comportamentos que você quer aumentar. Estas são as formas como você gostaria que seu filho expressasse suas emoções mais frequentemente. Por exemplo, para uma criança supercontrolada, você pode querer aumentar a rotulação das emoções e expressões de tristeza, enquanto para uma criança subcontrolada, expressar raiva calmamente pode ser o objetivo.

Em seguida, encontre os reforçadores que você pode usar para cada comportamento. Veja o exemplo abaixo e depois preencha algumas formas pelas quais você pode "aumentar a expressão" com seu filho.

	Exemplo: Rotular emoções	Comportamento--alvo:	Comportamento--alvo:	Comportamento--alvo:
Valide	"Faz sentido que você esteja se sentindo triste."			
Elogie	"Eu realmente aprecio que você me diga como se sente."			
Dê atenção	Abraço			

De *TCC expressa*. McClure, Friedberg, Thordarson e Keller. Copyright © 2019 The Guilford Press. É permitido aos leitores deste livro copiar este Cartão PR para uso pessoal ou para uso com os clientes (ver página de direitos autorais para detalhes). Os leitores têm permissão para fazer *download* de cópias adicionais deste Cartão PR (ver quadro no final do Sumário deste livro).

Cartão PR 5.5
Reconheça o uso de habilidades

Esta folha de trabalho vai ajudá-lo a aumentar a regulação emocional adaptativa em seu filho.

Em primeiro lugar, identifique de uma a três estratégias de regulação que você quer que seu filho use mais frequentemente. Por exemplo, seu filho está aprendendo respiração profunda, relaxamento e distração.

Em seguida, encontre os reforçadores que você pode usar para cada comportamento.

	Exemplo: Respiração profunda	Comportamento-alvo:	Comportamento-alvo:	Comportamento-alvo:
Elogie	"Uau, você está ficando muito bom nessa respiração profunda!"			
Dê atenção	Bater as mãos			
Recompense	Ida ao parque (20 pontos)			

De *TCC expressa*. McClure, Friedberg, Thordarson e Keller. Copyright © 2019 The Guilford Press. É permitido aos leitores deste livro copiar este Cartão PR para uso pessoal ou para uso com os clientes (ver página de direitos autorais para detalhes). Os leitores têm permissão para fazer *download* de cópias adicionais deste Cartão PR (ver quadro no final do Sumário deste livro).

Cartão PR 5.6a
Quadro de recompensas: exemplo

Se você decidir usar recompensas para aumentar um comportamento específico, é importante que tenha uma forma de registrar os pontos que a criança ganha no caminho até essas recompensas. Os pontos devem ser concedidos imediatamente após o comportamento, ao passo que as recompensas podem valer muitos pontos e são recebidas somente depois que a criança tiver se engajado no comportamento por muitas vezes. Use o quadro disponível e a lista de recompensas abaixo como um guia. Primeiramente você vai ver um exemplo que os pais de Priya usaram e depois há uma cópia em branco para você.

	2ª	3ª	4ª	5ª	6ª	Sáb.	Dom.
Comportamento-alvo: Respiração profunda	★			★	★		
Comportamento-alvo: Desenhar		★			★		
Comportamento-alvo: Brincar com Toto		★		★		★	★
Total de Pontos	1	2	0	2	2	1	1
Total na Semana							9

Lista de recompensas de _Priya_	
Recompensa	**Pontos**
20 minutos de tempo de tela	5 pontos
Ida ao parque com Toto	10 pontos
Noite no cinema	15 pontos
Dormir fora de casa	20 pontos

De *TCC expressa*. McClure, Friedberg, Thordarson e Keller. Copyright © 2019 The Guilford Press. É permitido aos leitores deste livro copiar este Cartão PR para uso pessoal ou para uso com os clientes (ver página de direitos autorais para detalhes). Os leitores têm permissão para fazer *download* de cópias adicionais deste Cartão PR (ver quadro no final do Sumário deste livro).

Cartão PR 5.6b

Quadro de recompensas

	2ª	3ª	4ª	5ª	6ª	Sáb.	Dom.
Comportamento-alvo:							
Comportamento-alvo:							
Comportamento-alvo:							
Total de Pontos							
Total na Semana							

Lista de recompensas de _____	
Recompensa	Pontos

De *TCC expressa*. McClure, Friedberg, Thordarson e Keller. Copyright © 2019 The Guilford Press. É permitido aos leitores deste livro copiar este Cartão PR para uso pessoal ou para uso com os clientes (ver página de direitos autorais para detalhes). Os leitores têm permissão para fazer *download* de cópias adicionais deste Cartão PR (ver quadro no final do Sumário deste livro).

Cartão PR 5.7
Não bote lenha na fogueira!

Os pais de crianças subcontroladas muitas vezes estão involuntariamente reforçando comportamento disfuncional – é como jogar lenha na fogueira. Para mudar este padrão, os pais precisam detectar este reforço involuntário (a lenha) e aumentar o reforço do comportamento adaptativo.

O velho ciclo

Regulação emocional disfuncional → Reforço involuntário → Comportamento disfuncional aumentado

A fogueira: Regulação emocional disfuncional	A lenha: Reforço involuntário	Fogueira ainda maior: Comportamento disfuncional aumentado
Suresh faz birra no supermercado porque quer um carrinho de brinquedo.	O pai de Suresh compra o brinquedo e diz: "Na próxima vez é melhor você se comportar ou não vai ganhar nada".	Mais birras
Célia bate em sua irmã Grace porque Grace pegou o quebra-cabeça de Célia.	A mãe de Célia a repreende dando um sermão de 30 minutos por bater na sua irmã.	Mais agressão
Jorge corta sua perna depois de ser rejeitado por sua namorada.	A mãe de Jorge passa uma hora fazendo curativo na perna de Jorge, chorando e dizendo a ele o quanto o ama e pedindo que ele nunca mais faça isso de novo.	Mais cortes

(Continua)

De *TCC expressa*. McClure, Friedberg, Thordarson e Keller. Copyright © 2019 The Guilford Press. É permitido aos leitores deste livro copiar este Cartão PR para uso pessoal ou para uso com os clientes (ver página de direitos autorais para detalhes). Os leitores têm permissão para fazer *download* de cópias adicionais deste Cartão PR (ver quadro no final do Sumário deste livro).

Não bote lenha na fogueira! (*página 2 de 2*)

Rompa o ciclo

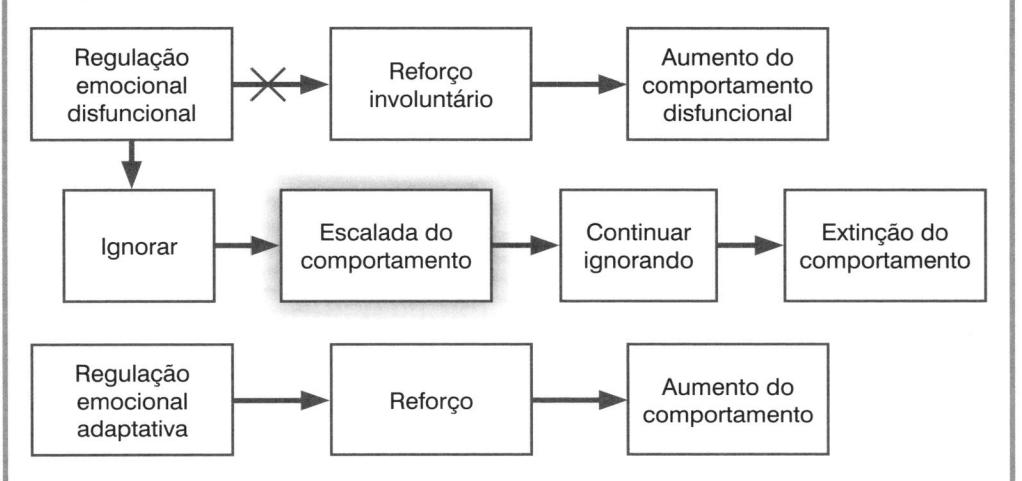

Regulação emocional disfuncional → ✗ → Reforço involuntário → Aumento do comportamento disfuncional

Regulação emocional disfuncional → Ignorar → Escalada do comportamento → Continuar ignorando → Extinção do comportamento

Regulação emocional adaptativa → Reforço → Aumento do comportamento

Para romper o ciclo, os pais precisam apagar pequenos incêndios IGNORANDO, ao mesmo tempo jogando lenha na regulação emocional adaptativa. Ignorar um comportamento que você previamente reforçava com atenção levará à extinção, desde que você tolere e não reforce o inevitável surto da extinção!

Este é um exemplo de como a família de Suresh conseguiu romper o ciclo.

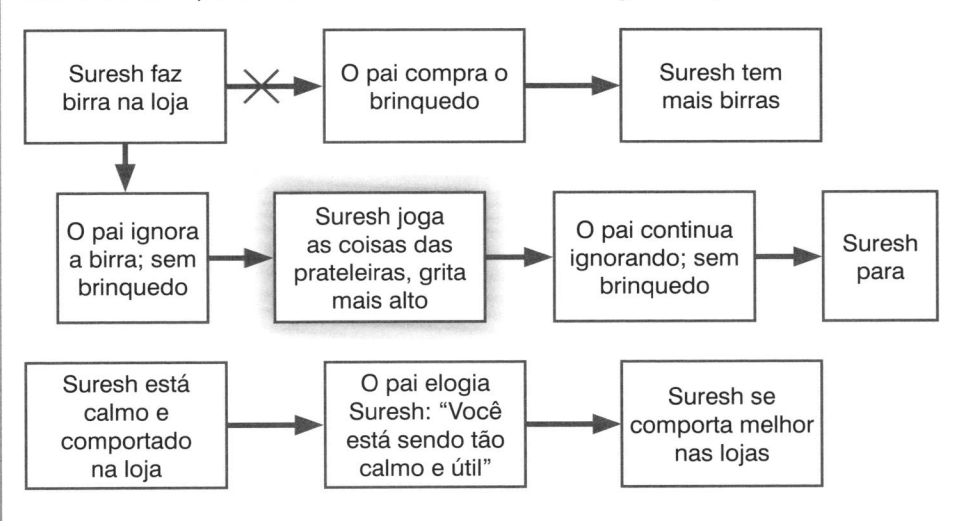

Suresh faz birra na loja → ✗ → O pai compra o brinquedo → Suresh tem mais birras

Suresh faz birra na loja → O pai ignora a birra; sem brinquedo → Suresh joga as coisas das prateleiras, grita mais alto → O pai continua ignorando; sem brinquedo → Suresh para

Suresh está calmo e comportado na loja → O pai elogia Suresh: "Você está sendo tão calmo e útil" → Suresh se comporta melhor nas lojas

---

De *TCC expressa*. McClure, Friedberg, Thordarson e Keller. Copyright © 2019 The Guilford Press. É permitido aos leitores deste livro copiar este Cartão PR para uso pessoal ou para uso com os clientes (ver página de direitos autorais para detalhes). Os leitores têm permissão para fazer *download* de cópias adicionais deste Cartão PR (ver quadro no final do Sumário deste livro).

Cartão PR 5.8
Construindo um barco

De *TCC expressa*. McClure, Friedberg, Thordarson e Keller. Copyright © 2019 The Guilford Press. É permitido aos leitores deste livro copiar este Cartão PR para uso pessoal ou para uso com os clientes (ver página de direitos autorais para detalhes). Os leitores têm permissão para fazer *download* de cópias adicionais deste Cartão PR (ver quadro no final do Sumário deste livro).

6

Medos e preocupações

"Ela odeia experimentar coisas novas."

"Tudo o preocupa – se está chovendo, ele se preocupa com tornados; se está fazendo sol, ele se preocupa com câncer de pele."

"Se a programação dele é alterada, ele simplesmente tem uma crise."

"Ela fica muito nervosa com injeções e só chora e diz que não consegue."

Seja o medo de uma injeção iminente durante uma consulta pediátrica ou a ansiedade em relação à escola, os medos e preocupações são frequentemente identificados como uma inquietação pelas famílias quando elas buscam ajuda em centros de atenção primária, clínicas de saúde mental, consultórios de terapeutas ou salas de supervisores e orientadores escolares. Os sintomas podem variar desde um incômodo até o pânico debilitante. A ansiedade é uma das razões mais frequentes por que as crianças são encaminhadas para serviços de saúde mental, e também pode aparecer como um problema em outros centros de atenção à saúde. Os sintomas de ansiedade podem se beneficiar de intervenções breves *in vivo* que requerem pouca introdução para as famílias e, assim, são ideias para intervenções baseadas em evidências rápidas e efetivas em escolas, centros de atenção primária ou centros para tratamento de saúde mental no contexto de outros cuidados, e também quando uma hora inteira de terapia "tradicional" não pode ser dedicada a uma intervenção.

BREVE EXPOSIÇÃO SOBRE TRATAMENTOS BASEADOS EM EVIDÊNCIAS

A terapia cognitivo-comportamental (TCC) é a abordagem de tratamento baseado em evidências para uma variedade de transtornos e sintomas de ansiedade. As intervenções comportamentais oferecem aos jovens novas habilidades de enfrentamento e formas de tolerar o estresse, ao passo que as intervenções cognitivas ajudam as crianças a aprenderem a localizar erros de pensamento e gerar mais pensamentos funcionais (Seligman & Ollendick, 2011; Weersing, Rozenman, Maher-Bridge, & Campo, 2012). As exposições são o componente vital no tratamento de transtornos de ansiedade na infância, uma vez que consolidam a aprendizagem e oferecem aos jovens a oportunidade de manejar seus medos (Tiwari, Kendall, Hoff, Harrison, & Fizur, 2013).

Considerações como idade, gênero, raça, etnia e severidade da apresentação dos sintomas não moderam os resultados (Kendall & Peterman, 2015; Walkup et al., 2008). O uso da TCC para tratar sintomas de ansiedade promove reduções na severidade dos sintomas, melhoras no funcionamento global, aprimoramento no funcionamento social e reduções nos distúrbios do sono (Higa-McMillan, Francis, Rith-Najarian, & Chorpita, 2016; Pereira et al., 2016; Peterman et al., 2016; Walkup et al., 2008). Uma revisão abrangente recente de estudos da ansiedade notou que as crianças que participaram em condições de TCC tinham três a sete vezes mais chances de apresentar melhoras significativas nos sintomas de ansiedade (Bennett et al., 2016).

Abordagens inovadoras procuram aumentar a disseminação da TCC para jovens ansiosos. A TCC pode ser efetivamente complementada e aumentada com a utilização de uma variedade de programas informatizados ou aplicativos para dispositivos móveis (Kendall & Peterman, 2015; Reyes-Portillo et al., 2014). Atualmente existem centenas de aplicativos que facilitam a generalização das ferramentas comportamentais e cognitivas (Berry & Lai, 2014; Elkins, McHugh, Santucci, & Barlow, 2011). Além do mais, pesquisas mostram que pacotes breves de TCC são tão efetivos quando protocolos mais extensos, contanto que a aprendizagem ativa seja enfatizada durante o tratamento (Crawley et al., 2013). Em outras palavras, as intervenções *expressas* neste capítulo apresentam uma excelente oportunidade para os clínicos prestarem o atendimento específico que jovens pacientes precisam para vencer a batalha contra seus medos e preocupações.

PREOCUPAÇÕES E SINTOMAS PRESENTES

Os transtornos e sintomas de ansiedade são altamente tratáveis, mas os sintomas de muitas crianças passam despercebidos e, portanto, não são tratados. Quando uma criança apresenta sintomas de ansiedade em qualquer contexto, esta é uma oportunidade de demonstrar rapidamente a ela e à família o quanto a TCC pode ser eficaz. A habilidade do terapeuta de imediatamente descrever a natureza poderosa da TCC pode convencer famílias que de outra forma se mostrariam resistentes em se engajar no tratamento. Para mostrar rapidamente os benefícios da TCC, os terapeutas devem avaliar de modo eficiente o nível de ansiedade, a compreensão que a criança tem dos seus sintomas e sua disposição e habilidade para inicialmente se engajar nas intervenções. No entanto, a falta de habilidade da criança para se engajar nas intervenções durante a interação não significa que a oportunidade está perdida. Ela pode aprender observando você demonstrar as técnicas, e os pais podem desenvolver habilidades e adquirir conhecimento sobre intervenções que poderão aplicar posteriormente em casa. Tenha em mente que os sintomas de ansiedade podem se manifestar de várias maneiras, incluindo afeto ansioso ou preocupado, verbalização de medos, dificuldade com transições, sintomas somáticos, distúrbios do sono, birras/problemas comportamentais e comportamentos compulsivos. Além do mais, devido à sobreposição dos sintomas de ansiedade entre os diagnósticos de ansiedade, cada intervenção pode ser modificada e aplicada aos problemas ou diagnósticos presentes mais relacionados à ansiedade.

INTERVENÇÕES

Crianças com muitas preocupações, como as portadoras de transtorno de ansiedade generalizada (TAG), carregam consigo uma grande carga de ansiedade. Não importa o que pareça estar acontecendo, seus pensamentos se voltam para os piores cenários ou resultados catastróficos, e elas experimentam sentimentos de impotência.

Para algumas famílias, o TAG apresenta mais desafios do que outros tipos de transtornos de ansiedade, pois o alvo das preocupações muda continuamente. Essas famílias frequentemente se encontram em um ciclo de constante fornecimento de tranquilização para as várias preocupações expressadas pela criança, e a criança se sobrecarrega cada vez mais, vendo o mundo como um lugar perigoso e imprevisível. Embora a intenção dos pais seja tranquilizar, o tiro sai pela culatra, reforçando o padrão de preocupação e mantendo os sintomas ativados. Muitas das estratégias neste capítulo podem ser aplicadas facilmente ao medo ou preocupação específica que impacta um paciente com TAG em um determinado momento, mas para abordar os sintomas existentes e o impacto destes medos nas crianças, a intervenção "Não afunde o barco" pode ser efetiva para ilustrar o ciclo da preocupação e tranquilização.

Não afunde o barco

Idades: A partir de 7 anos e seus pais.

Módulo: Psicoeducação.

Objetivo: Fornecer à família informações sobre o ciclo da ansiedade e as consequências involuntárias de tranquilizar a criança.

Justificativa: Com frequência as famílias não se dão conta de que a tranquilização que estão fornecendo está na verdade reforçando os sintomas de ansiedade, e que para reduzir a ansiedade precisam interromper este ciclo.

Materiais: Cartão PR 6.1, Não afunde o barco (p. 132), ou papel e recursos para escrever (opcional: barco de brinquedo).

Tempo necessário previsto: 10-15 minutos.

As preocupações são uma carga para as crianças, e é doloroso para os pais observarem seus filhos sendo continuamente arrebatados pela preocupação. "Não afunde o barco" é uma estratégia para lembrar as crianças e suas famílias de não permitirem que as preocupações se acumulem como pedras dentro de um barco e que seu peso o faça afundar. A estratégia os faz lembrar de assumir o controle de seus pensamentos e jogar ao mar as preocupações inúteis para impedir que o barco afunde. Algumas vezes, os pais entram no padrão de retirar a água para "salvar" o filho, mas quando as crianças estão acrescentando mais pedras dentro do barco, simplesmente entra mais água no barco. Em vez disso, os pais precisam aprender a ajudar seus filhos a se livrarem das pedras, o que por fim vai amenizar o problema subjacente.

O que o terapeuta pode dizer

"Parece que boa parte do tempo você se sente preocupado com muitas coisas diferentes. Essas preocupações estão sendo muito pesadas para você. Se você se imaginar sentado em um pequeno barco e encarar cada uma das suas preocupações como uma grande pedra que é acrescentada ao barco, o que você acha que acontece se você acrescentar cada vez mais preocupações? É isso mesmo, o barco fica cada vez mais pesado e começa a entrar água nele. E você começa a se sentir mais ansioso e em pânico. Você pode buscar tranquilização com seus pais, que é como retirar um pouco da água – isso ajuda um pouco, mas só por pouco tempo. O que realmente precisamos fazer é descobrir como retirar as pedras para que você não afunde o barco. Você está pronto para jogar ao mar algumas dessas preocupações?"

O que o terapeuta pode fazer

O terapeuta pode usar um barco de brinquedo para ilustrar o conceito. As famílias são instruídas a escrever as preocupações em pequenos pedaços de papel que são enrolados como pedras. As preocupações são colocadas dentro do barco. As crianças praticam a retirada das preocupações jogando-as ao mar enquanto os pais evitam tranquilizá-las. As famílias podem então usar esta metáfora como uma simplificação para falarem sobre as preocupações em casa. Se uma criança estiver buscando tranquilização para uma preocupação particular, os pais podem dizer: "Parece que você está colocando outra pedra no seu barco – jogue-a ao mar!". O Cartão PR 6.1 apresenta desenhos de pedras para estimular as crianças a identificarem preocupações específicas a serem usadas durante esta intervenção *expressa*.

Pelo rio e cruzando o bosque

Idades: A partir de 7 anos; pais de crianças de todas as idades.

Módulo: Psicoeducação.

Objetivo: Aumentar a compreensão das famílias sobre a conexão entre pensamentos e sentimentos.

Justificativa: Se as famílias compreenderem como pensamentos e sentimentos estão conectados, terão maior probabilidade de aplicar estratégias de modificação cognitiva com o entendimento de que as intervenções levarão ao alívio dos sintomas de ansiedade.

Materiais: Cartão PR 6.2, Pelo rio e cruzando o bosque (p. 133), e recursos para escrever.

Tempo necessário previsto: 5 minutos.

Ajudar as famílias a compreenderem a conexão entre pensamentos e sentimentos é parte fundamental do papel de um terapeuta que trabalha com crianças ansiosas. Quando as famílias entendem a conexão, elas entendem melhor o objetivo das intervenções que estão sendo introduzidas, e com essa maior compreensão elas têm mais chances de continuar usando as estratégias e o tratamento posterior, caso seja necessário. "Pelo rio e cruzando o bosque" é uma canção popular ("Over the River and through the Woods") baseada em um poema de Lydia Maria Child publicado pela primeira vez em 1844, e por ser conhecido por muitas famílias fica mais fácil recordarem esta estratégia pensando na canção. Esta intervenção ajuda as famílias a lembrarem como pensamentos e sentimentos estão conectados, e como a modificação dos pensamentos pode provocar mudanças nos sentimentos. O roteiro introdutório a seguir pode ser usado para ilustrar rapidamente essa conexão para as famílias. Os terapeutas podem modificá-lo para falar mais diretamente com os pais se o paciente for mais novo, ou para falar diretamente com a criança ou adolescente, dependendo do contexto e do desenvolvimento cognitivo da criança.

O que o terapeuta pode dizer

"Você falou sobre vários sintomas de ansiedade que ocorrem na maioria dos dias. Os sentimentos que você (ou seu filho) está descrevendo, incluindo nervosismo, ansiedade e preocupação, estão conectados aos pensamentos que você está tendo – por exemplo, quando você diz a si mesmo [*insira o pensamento que a criança/família compartilhou, se possível*] 'E se eu for reprovado no teste?', o que acontece com seus sentimentos ansiosos ou de preocupação? É isso mesmo, eles ficam mais fortes. E quanto mais você tem pensamentos como esse, cada vez mais fortes ficam os sentimentos e mais difícil será mudar para outro caminho. Pense em seus pensamentos como um caminho no meio do bosque que começa a ficar coberto de vegetação. Quando mais você avança por esse caminho, mais o seu cérebro se lembra dele. Ele se torna um caminho mais nítido e você começa a seguir esse caminho automaticamente. A canção 'Pelo rio e cruzando o bosque' pode fazê-lo lembrar deste padrão. Qual é a frase seguinte nesta canção? Isso mesmo – 'para a casa da vovó nós vamos'. Na canção, eles sabem o caminho que conduz até a casa da avó e o seguem automaticamente porque provavelmente já estiveram lá antes. O seu caminho da preocupação é parecido. Você já percorreu esse caminho tantas vezes que seus pensamentos automaticamente seguem por aquele caminho antigo, que conduz a mais sentimentos de preocupação. Nós queremos criar um novo caminho para que os sentimentos de preocupação diminuam. O que você acha?"

O que o terapeuta pode fazer

Os terapeutas podem usar o Cartão PR 6.2 para demonstrar os caminhos e fazer a criança traçar vários caminhos com um lápis ou giz de cera, ilustrando o quanto o caminho fica mais escuro e mais pronunciado com a repetição. Também pode ser útil que os terapeutas expliquem esta intervenção de *TCC expressa* aos pais e/ou filhos descrevendo o que acontece quando você pega um graveto e traça uma linha na areia. Quanto mais você traça essa mesma linha, mais pronunciada fica a linha na areia e mais difícil será retirar o graveto do caminho com sulcos para criar um novo caminho. Os terapeutas podem então trabalhar com as famílias para identificar qual poderia ser o novo caminho e como praticar esses pensamentos adaptativos modificados durante a semana para reforçar esse caminho.

Minha árvore de preocupações

Idades: A partir de 10 anos e pais.

Módulo: Psicoeducação.

Objetivo: Ensinar às famílias como os pensamentos se originam de crenças que as crianças têm sobre si mesmas, sobre os outros e sobre o mundo.

Justificativa: Entender de onde se originam seus pensamentos pode ajudar crianças e adolescentes a desafiarem as crenças que estão desencadeando pensamentos disfuncionais e imprecisos.

Materiais: Cartões PR 6.3a e 6.3b, Minha árvore de preocupações, cartões com exemplo e em branco (p. 134-136) e recursos para escrever; tesoura; fita adesiva.

Tempo necessário previsto: 15 minutos.

"Minha árvore de preocupações" oferece às famílias uma representação visual das preocupações crescentes do filho. Os terapeutas podem usar os Cartões PR 6.3a e 6.3b para ilustrar como as crenças (o tronco) podem levar a medos mais específicos (galhos) e pensamentos automáticos (folhas). Os galhos ou medos estão desenvolvendo mais folhas, assim como as crenças imprecisas originam pensamentos distorcidos. Este exercício *expresso* envolve treinar as crianças para deixar que as folhas de preocupações caiam da árvore no outono e novas folhas cresçam, desafiando e mudando suas crenças.

Por exemplo, Ty estava experimentando ansiedade social. Ele via o mundo como um lugar perigoso e ignorava sua habilidade para lidar com situações sociais quando estava em ambientes diferentes, como a escola, a prática de futebol ou noites do pijama. "Minha árvore de preocupações" é introduzida com um roteiro conforme apresentado a seguir e depois preenchida com a criança na sessão *expressa*. Folhas de papel são recortadas e rotuladas com pensamentos automáticos baseados no medo e então são viradas e substituídas por pensamentos mais funcionais e de enfrentamento.

O que o terapeuta pode dizer

"Parece que suas preocupações estão lhe enganando e fazendo você acreditar que o mundo é um lugar perigoso e fazendo você achar que não é capaz de lidar com as situações em sua vida. Esta crença é como o tronco desta árvore. Ver o mundo desta maneira provoca medos em certas situações, que são como estes galhos. Você tem medos em relação à escola, ao futebol e às noites fora de casa. Então esses medos originam pensamentos que surgem na sua cabeça quando você pensa a respeito ou se depara com essas situações. Esses pensamentos são como as folhas nesta árvore. Alguns dos pensamentos que você compartilhou são 'As outras crianças vão rir de mim', 'Vou me machucar e parecer idiota diante do time' e 'As outras crianças vão me achar chato'. Vamos anotar isso nas folhas da árvore nesta folha de exercícios."

O que o terapeuta pode fazer

O terapeuta então trabalha com a criança para anotar as crenças e pensamentos. As folhas que contêm pensamentos disfuncionais são discutidas usando o questionamento socrático e técnicas de descoberta guiada. Lembretes para autoinstrução também podem ser usados para ajudar o jovem a identificar novos pensamentos e então escrever esses pensamentos modificados no verso das folhas (p. ex., "Só porque _____, isso não significa que _____"). As famílias podem ser orientadas para continuar a trabalhar nestas modificações e depois riscar as crenças no tronco e substituí-las por novas crenças à medida que o filho progride.

Descongele seus medos

Idades: A partir de 7 anos.

Módulo: Reestruturação Cognitiva.

Objetivo: Descongelar (mudar) os pensamentos mediante autoinstrução e modificação cognitiva para reduzir a ansiedade e promover o enfrentamento e a resolução de problemas.

Justificativa: A modificação de pensamentos disfuncionais e imprecisos pode aumentar a habilidade das crianças para se engajarem em atividades temidas, incluindo exposições, e reduzir a intensidade dos sentimentos ansiosos.

Materiais: Cartões PR 6.4a e 6.4b, Descongele seus medos, cartões com exemplo e em branco (p. 137-138) e recursos para escrever.

Tempo necessário previsto: 15 minutos.

A intensidade dos medos, sobretudo das fobias, pode algumas vezes surpreender os pais e profissionais. A ansiedade pode começar sutilmente e, por meio do reforço involuntário, crescer até o ponto em que impacta o funcionamento não somente da criança, mas também dos outros membros da família. As fobias variam em relação ao objeto ou situação temida, mas a abordagem para intervenção é de qualquer forma semelhante. Além das outras intervenções de exposição *expressa* a seguir (p. ex., "Exposição, exposição, exposição" e "Levante poeira"), os terapeutas podem usar reestruturação cognitiva e diálogo interno para modificar pensamentos disfuncionais e imprecisos. Estas técnicas ajudarão a modificar pensamentos errôneos ou inúteis e podem aumentar a disposição e a motivação da criança para se engajar no trabalho de exposição. A intervenção *expressa* "Descongele seus medos" o ajudará a fazer isso de forma muito rápida e eficaz.

Os medos podem ser debilitantes e podem fazer parecer que estão congelando uma pessoa, deixando-a incapaz de lidar com a situação, resolver o problema ou pensar racionalmente. "Descongele seus medos" é uma estratégia rápida e fácil de lembrar planejada para ajudar crianças com ansiedade a recuperarem o controle e manejarem seu medo. Ela pode ser adaptada para crianças menores ou usada com adolescentes mais velhos com adaptação dos exemplos e da linguagem usada.

As pessoas frequentemente descrevem os sentimentos ansiosos como uma sensação de que estão congeladas; elas não conseguem pensar, sentem uma perda do controle e experimentam um sentimento de pânico ou incerteza. A intervenção *expressa* "Descongele seus medos" pode ser introduzida para ajudar as crianças a combaterem esta sensação de perda do controle e desbloquearem suas habilidades para resolução de problemas e enfrentamento. O roteiro a seguir irá guiá-lo na introdução desta intervenção *expressa*.

O que o terapeuta pode dizer

"Você já esteve em um carro em que o para-brisa estava coberto de gelo? O que o motorista faz? Ele descongela o para-brisa para que fique mais fácil enxergar. Quando o para-brisa congela, o motorista não consegue enxergar claramente e dirigir se torna perigoso. A sua ansiedade é um pouco assim. Ela congela você, fazendo com que não consiga ver uma solução ou uma forma de lidar com as coisas, e isso pode parecer perigoso e assustador. Vamos elaborar algumas afirmações de descongelamento para ajudar a clarear a sua visão e ajudá-lo a ver mais claramente algumas formas de lidar com situações difíceis."

O que o terapeuta pode fazer

O terapeuta então trabalha com a criança e a família para identificar os pensamentos que a criança tem quando se sente congelada pela ansiedade – por exemplo, "Vou ficar doente e morrer"; "Vou ser reprovado no teste"; ou "Alguma coisa ruim vai acontecer". Estes pensamentos são escritos na versão borrada "congelada" do para-brisa. Depois que alguns pensamentos congelados foram identificados, o terapeuta deve avançar para a próxima fase da intervenção. O Cartão PR 6.4a ilustra com um exemplo.

O que o terapeuta pode dizer

"Ótimo trabalho ao escrever alguns dos seus pensamentos congelados. Provavelmente existem mais pensamentos que ainda não listamos, mas você pode acrescentá-los mais tarde quando surgirem na sua mente. Por enquanto, vamos praticar o descongelamento dos que você anotou até agora. Esses pensamentos congelados estão impedindo você de ver as coisas claramente e estão fazendo com que se sinta assustado e em perigo. Quando não consegue ver o que há do outro lado do para-brisa congelado, você só pode imaginar o que está lá fora, e em geral imaginamos as coisas como mais assustadoras do que elas realmente são. Vamos descobrir alguns pensamentos descongelantes que você pode usar para derreter o primeiro pensamento que você listou e ver o que realmente existe do outro lado do para-brisa."

O que o terapeuta pode fazer

O terapeuta então engaja a criança na identificação de pensamentos alternativos que irão promover o enfrentamento e reduzir o pensamento catastrófico. Dependendo do nível de desenvolvimento, do sofrimento emocional e do nível de *insight* da criança, o terapeuta pode usar uma abordagem de preenchimento de lacunas ou o teste de evidências mais detalhado para identificar os novos pensamentos. Os terapeutas provavelmente não terão tempo para introduzir e completar o teste de evidências detalhado, e esta técnica não é planejada para isso. Sua intenção é começar a lançar dúvida sobre alguns dos pensamentos catastróficos distorcidos ou do tipo "tudo ou nada" que a criança está tendo. Especificamente, os terapeutas podem apresentar à criança pensamentos substitutos como "Só porque _____, isso não significa que_____" e "Algumas vezes não quer dizer o tempo todo" para começar a modificar os padrões de pensamento e promover afirmações para um diálogo interno. O terapeuta pode então trabalhar com a criança para anotar na folha de exercícios algumas das particularidades sobre a imagem no para-brisa limpo, como "Só porque o teste é difícil, isso não significa que vou ser reprovado" ou "Algumas vezes coisas ruins acontecem, mas elas não acontecem o tempo todo".

Durante estas interações, é importante que o terapeuta faça demonstração das habilidades para os cuidadores no decorrer das consultas. Os terapeutas devem chamar a atenção para como os cuidadores estão trabalhando com a criança para identificar os novos pensamentos, não simplesmente fornecer-lhes afirmações que devem ser repetidas. Os terapeutas também devem demonstrar formas de elogiar a criança por se engajar na técnica e trabalhar na estratégia, e podem estimular os cuidadores a também elogiarem. É neste ponto que os terapeutas devem dividir seu foco. Enquanto engajam a criança nesta atividade, os terapeutas também podem sutilmente pegar ou tocar no bloco *Elogio* para indicar ao cuidador que ele deve fazer uma declaração como reforço.

Exposição, exposição, exposição

Idades: A partir de 4 anos até a adolescência.

Módulo: Experimentos e Exposições Comportamentais.

Objetivo: Rapidamente educar a família sobre ansiedade e sobre o poder das exposições.

Justificativa: As exposições são extremamente poderosas para melhorar sintomas de ansiedade, mas os terapeutas em geral não têm tempo suficiente com as famílias para introduzir gradualmente este conceito ao longo de múltiplas sessões.

Materiais: Quaisquer itens para demonstrar exposições (tipicamente objetos na clínica ou no consultório, incluindo uma luva, uma folha de papel ou caneta); Cartão PR 6.5, Exposição, exposição, exposição (p. 139).

Tempo necessário previsto: 15 minutos.

No ramo imobiliário, "localização, localização, localização" é um mantra usado pelos corretores indicando que o bairro significa tudo na compra de propriedades. No tratamento para ansiedade, exposição é "tudo". "Exposição, exposição, exposição" é uma estratégia para ajudar os terapeutas a irem direto para esta intervenção efetiva, usar técnicas de exposição para ensinar as famílias sobre ansiedade e, enquanto fazem isso, construir uma relação de trabalho com as famílias.

Examinemos Carmen, que foi atendida durante uma visita pediátrica. Sua mãe descreveu como ela frequentemente fica presa ao ato de amarrar e tornar a amarrar seus sapatos e descreveu outros padrões semelhantes de repetição de tarefas até que Carmen ache que fez "bem direitinho". Ao ouvir sua mãe descrever estes sintomas, os olhos de Carmen se arregalaram e ela foi para o outro lado da sala. Sua mãe contou ao pediatra que não sabia como ajudar a filha. A essas alturas, Carmen estava obviamente ouvindo, mas fingia estar ocupada olhando para um quadro na parede. O clínico indicou que psicoeducação seria benéfico tanto para Carmen quanto para sua mãe. Sabendo que o trabalho de exposição seria útil, mas não tendo certeza se Carmen já estaria pronta para exposição, ele utilizou a abordagem descrita a seguir e primeiramente demonstrou o que era exposição para diminuir a ansiedade de Carmen, e depois engajou a família no trabalho de exposição. A estratégia é descrita em menos de um minuto, e então o clínico demonstra a intervenção para garantir que não acabe o tempo antes de se chegar ao passo crucial (a exposição).

O que o terapeuta pode dizer

"Você descreveu um ciclo da sua filha em que ela se sente estressada com alguma coisa, e então faz algo para reduzir esse estresse. [*Insere um exemplo da discussão com a família, como 'Carmen fica estressada sobre como amarrou seus sapatos e torna a amarrá-los até que ache que está bem direitinho'*]. A repetição da coisa que reduz o estresse é chamada de compulsão. Isso ajuda as pessoas a se sentirem melhor, mas apenas por um curto espaço de tempo. Com o tempo, a pessoa precisa realizar o comportamento compulsivo cada vez mais apenas para se sentir melhor. Para interromper este ciclo, ajudamos a criança a experimentar o uma situação em que o estresse melhore sem que ela realize o ato compulsivo. Sei que isso pode parecer um pouco confuso, mas deixe-me mostrar o que eu quero dizer."

Neste ponto, as famílias podem ter muitas perguntas sobre como isso funciona. Entrar em um padrão de perguntas e respostas pode certamente ser útil e aumentar o conhecimento da família sobre o ciclo da ansiedade, o transtorno obsessivo-compulsivo (TOC) ou os padrões de fobia e sobre como as exposições funcionam. Entretanto, isso levará muito mais tempo do que os 15 minutos que você pode ter para a intervenção, e no final vocês só terão conversado sobre as intervenções. Em *TCC expressa*, recomendamos que você ensine fazendo. O plano a seguir irá responder muitas das perguntas da família sobre exposição ao demonstrar o que você acabou de descrever.

O que o terapeuta pode fazer

Recomendamos que você ensine a família sobre estes tópicos enquanto demonstra uma exposição muito simples. Escolha um exemplo que tenha um padrão semelhante aos comportamentos específicos da criança, mas com desencadeadores diferentes para que a criança tenha menos chances de ficar excessivamente estressada durante a demonstração. Por exemplo, o clínico pode colocar uma luva ou outro item sobre a mesa de exame da clínica, ou pode colocar uma folha de papel sobre a mesa do consultório e introduzir as exposições usando o roteiro de 3 minutos.

O que o terapeuta pode dizer

Roteiro do Terapeuta — TCC Expressa

"Vamos fazer de conta que sua filha fica estressada se uma folha de papel não está bem posicionada no lado direito da mesa. Quando coloca o papel sobre a mesa, ela tem o ímpeto de pegar o papel e arrumá-lo novamente de uma forma diferente, repetidamente, até que pareça que está na posição correta. Quando reorganiza o papel, ela se sente melhor temporariamente, mas quanto mais este padrão continua, menos controle ela tem sobre ele, e à medida que o padrão se fortalece ela tem que reconfigurar o papel cada vez com mais frequência para aliviar seu estresse. Queremos que ela aprenda que o estresse vai passar se ela não reorganizar o papel. Inicialmente isso vai ser difícil, mas quanto mais ela praticar, mais fácil será, e em pouco tempo o novo padrão será mais fácil. Deixe-me mostrar o que eu quero dizer. Digamos que você coloque o papel sobre a mesa [*entrega o papel à criança ou à mãe*] e ele fica um pouco torto e você quer refazer. E digamos que em uma escala de 1 a 10 parece que você quer refazer em um nível 6. E então esperamos um pouco e a sensação começa a desaparecer e é apenas um 4. E esperamos mais algum tempo e então o ímpeto de movimentar o papel se dissipa ainda mais e é apenas um 2. E então, porque é tão baixo, você se esquece disso e prossegue com seu dia. Se praticássemos isso por várias vezes, o que você acha que aconteceria?"

Tipicamente neste ponto o pai ou a criança é capaz de dizer que por fim a avaliação inicial seria muito mais baixa. O terapeuta continua:

"Então podemos ver que quanto mais você praticar alguma coisa, mais fácil ela vai ficar. Quando se trata de coisas que estão causando o seu estresse, algumas vezes é difícil simplesmente começar não realizando as ações ou compulsões (como arrumar a posição do papel ou amarrar novamente seus sapatos), portanto poderemos ter que imaginar pequenos passos em direção a esse objetivo maior. Quando uma prática parecer muito difícil, sempre procure dar passos menores inicialmente e então trabalhar até a parte que parece muito difícil. Por exemplo, se arrumar a folha de papel fosse muito difícil, poderíamos ter começado apenas imaginando a colocação do papel de um jeito torto, depois poderíamos ter colocado o papel apenas levemente torto e então de uma forma mais entortada. Como você acha que poderíamos aplicar estes passos na prática ao seu estresse em relação a _____? [*Escolha um sintoma que a família tenha compartilhado; para Carmen, poderia ser amarrar os seus sapatos até que parecesse bem direitinho*]."

Nos minutos seguintes, o terapeuta poderá trabalhar com a família para concluir pelo menos uma exposição e então mediante resolução de problemas encontrar formas de generalizar e usar as estratégias em casa. Como os profissionais não sabem quantas outras oportunidades terão para intervir na família, cada minuto conta, e é importante passar rapidamente para a intervenção na interação com a família.

O Cartão PR 6.5 pode ser usado com as famílias para resumir os itens de "Exposição, exposição, exposição" preenchidos na consulta e para identificar os passos seguintes, aos quais eles podem dar seguimento em casa. Os pequenos passos devem ser preenchidos e realizados durante a consulta, com os itens maiores sendo identificados para trabalho futuro em casa ou durante uma próxima consulta.

As exposições são a conhecida estratégia "de referência" para TOC e fobias específicas, mas os terapeutas devem lembrar que o trabalho de exposição também é eficaz com outros sintomas de ansiedade. Oportunidades pequenas, mas espontâneas, de exposição para romper padrões de ansiedade podem ocorrer durante o dia. Ensinar os pais a prestarem atenção ou a criarem essas oportunidades os ajudará a usar os blocos de construção parentais anteriormente apresentados no Capítulo 3 para demonstrar e reforçar pensamentos mais adaptativos e resolução de problemas para seu filho ansioso. A intervenção a seguir ensina as famílias a usarem pequenas oportunidades durante o dia como miniexposições para reduzir a ansiedade e promover habilidades de enfrentamento adaptativo e resolução de problemas.

Levante poeira

Idades: Pais de crianças de todas as idades.
Módulo: Experimentos e Exposições Comportamentais.
Objetivo: Usar pequenas oportunidades durante o dia para demonstrar, estimular e reforçar respostas adaptativas, de enfrentamento e resolução de problemas por jovens ansiosos.
Justificativa: A incorporação de práticas que provocam menos ansiedade durante o dia ajudará a desenvolver habilidades e confiança nas crianças no manejo das suas emoções diante de estímulos que produzem ansiedade.
Materiais: Papel e recursos para escrever ou uma tarefa ou jogo simples (p. ex., blocos para empilhar).
Tempo necessário previsto: 15 minutos.

"Levante poeira" é uma técnica *expressa* planejada para ensinar aos pais estratégias para criarem intencionalmente e apontarem pequenos problemas durante o dia e depois estimularem seus filhos a se engajarem em estratégias para resolução de problemas e enfrentamento. A criação ou identificação de "problemas" que precisam ser resolvidos durante o dia cria oportunidades para a prática e sucesso no uso de intervenções. Estas situações servem como miniexposições aos estressores e dão às crianças a oportunidade de aplicarem as habilidades recentemente aprendidas a situações cada vez mais desafiadoras. Os pais demonstram, estimulam ou reforçam o enfrentamento e a resolução de problemas durante estes "problemas" menores. Fazer isso muitas vezes ao longo do dia proporciona às crianças mais prática no diálogo interno, reestruturação cognitiva, resolução de problemas e exposições e cria mais oportunidades de sucesso para ajudar no estabelecimento de novos padrões e auxiliar na aprendizagem. Os terapeutas podem demonstrar isso durante as interações com a família, e depois ajudam os pais a identificarem oportunidades potenciais de "levantar poeira" e intencionalmente desafiarem seus filhos em pequenas doses durante o dia em casa. O exemplo de um roteiro a seguir mostra como um terapeuta pode introduzir "Levante poeira" durante uma consulta com uma família.

O que o terapeuta pode dizer

"Vamos anotar uma ou duas preocupações que você teve na semana passada em que possamos trabalhar hoje. Eu tenho aqui uma folha de papel e um lápis. Então, o que seria o número um? [*Tente escrever um 'Eu' e quebre a ponta do lápis.*] Opa, temos um problema, acabei de quebrar o lápis. Como podemos resolver o problema?"

A criança provavelmente vai dizer alguma coisa como: "Você pode usar outro lápis ou pegar uma caneta". Então o terapeuta pode fazer um elogio específico como: "Boa ideia. Ótimo trabalho ao resolver o problema". Se a criança tiver dificuldade para encontrar uma resposta, pode ser necessário um estímulo: "Você vê mais alguma coisa na sala que poderíamos usar?".

Ao nomear isso como um "problema" e depois usando a linguagem "resolver o problema", você está dando início a um roteiro verbal que pode ser repetido quando surgirem problemas maiores e mais desafiadores. Você está desenvolvendo exemplos de resolução de problemas bem-sucedida com questões menores, e posteriormente pais e filhos poderão aplicar estas estratégias a situações mais desafiadoras. Isso é essencialmente exposição gradual para os problemas que mais perturbam a criança.

O que o terapeuta pode fazer

Esta estratégia pode ser aplicada a muitas situações. Por exemplo, para crianças com sintomas de perfeccionismo, você pode "acidentalmente" escrever na mesa com uma caneta enquanto trabalha com a família. Mais uma vez, o estímulo poderia ser algo como: "Opa, acabei de riscar a mesa com a caneta. Como podemos resolver este problema?". O terapeuta deve estimular os pais a usarem isso em casa – por exemplo: "Acabaram os guardanapos. Como podemos resolver este problema?" (p. ex., usar toalhas de papel, ir até o mercado, pedir emprestado de um vizinho). O terapeuta pode trabalhar com as famílias para identificar as muitas oportunidades que podem ocorrer durante o dia e demonstrar isso na consulta.

Por exemplo, Isaac, 9 anos, com transtorno de déficit de atenção/hiperatividade (TDAH), tinha dificuldades com transições devido ao seu perfeccionismo e rigidez. Ele desenhava enquanto sua mãe atualizava o terapeuta sobre o plano de comportamento que eles haviam implantado na semana anterior. Isaac ergueu os olhos para a mãe, perturbado, quando então se descuidou e riscou com o marcador sua mão e a camiseta. O terapeuta aproveita esta oportunidade para estimular Isaac quanto ao uso de autorregulação, enfrentamento e estratégias para a resolução de problemas, enquanto também demonstra para a mãe como usar estas situações espontâneas para promover o enfrentamento adaptativo e habilidades para a resolução de problemas.

Terapeuta: Opa! Temos um problema. Você se descuidou e riscou sua mão e a camiseta. Como podemos resolver o problema?

Isaac: Não sei. Estraguei tudo.

Terapeuta: Hummm, você pensa consigo mesmo: "Estraguei tudo" e parece que fica perturbado. O que ajudaria a resolver o problema quando você risca suas mãos ou a camiseta?

Isaac: Não sei.

Terapeuta: Você já riscou sua mão com marcador ou caneta antes?

Isaac: Siiimmm.

Terapeuta: E como resolveu o problema quando isso aconteceu?

Isaac: O risco saiu um pouco quando lavei as mãos e mais tarde quando tomei banho.

Terapeuta: Então o que aconteceria desta vez?

Isaac: Acho que a mesma coisa, mas e a camiseta?

Terapeuta: Então você descobriu que lavar as mãos e tomar um banho vai resolver o problema de retirar o marcador das suas mãos. Bom trabalho ao fazer isso calmamente! Agora, o que você poderia tentar para retirar o marcador da camiseta?

Isaac: Mãe, isso vai sair da minha camiseta?

Terapeuta: (*Ergue o bloco* Elogio *para estimular a mãe.*)

MÃE: Isaac, essa seria uma ótima maneira de tentar resolver o problema! Está me parecendo que esses são o tipo de marcadores que saem bem se usarmos aquele detergente forte que usamos quando você jogou aquela partida de futebol no barro e suas meias ficaram todas manchadas de grama. Podemos tentar isso quando chegarmos em casa.

TERAPEUTA: Excelente solução para o problema. Agora, e se o marcador não sair com a lavagem?

O bloco de construção *Elogio*, introduzido no Capítulo 3, ensina os pais a incorporarem elogio específico a várias interações com seus filhos para aumentar a frequência dos comportamentos desejados. Depois que a técnica comportamental foi ensinada aos pais, os terapeutas podem usar o bloco como um estímulo não verbal para o pai elogiar o comportamento do seu filho que ele acabou de observar.

Nessa interação, o terapeuta demonstra a abordagem à mãe de Isaac, a estimula a usar a intervenção e depois instiga a família a elevar a resolução de problemas ao próximo nível (p. ex., "e se o marcador não sair com a lavagem?"). Essa interação durou menos de 2 minutos, mas estava repleta de intervenções para Isaac e sua mãe. Especificamente, a família praticou a identificação de um problema, a conexão entre pensamentos e sentimentos, a generalização de soluções previamente bem-sucedidas, a estimulação e reforço parental da resolução do problema e a autorregulação calma. O terapeuta também demonstrou como levar uma miniexposição ao próximo nível, não aceitando apenas uma solução para a camiseta riscada, e instigou a família a prosseguir com uma tarefa mais desafiadora.

O Cartão PR 6.6 fornece aos pais e cuidadores lembretes da técnica "Levante poeira" (p. 140) e ideias para usá-la durante o dia nas interações com seus filhos.

É como andar de bicicleta

Idades: A partir de 4 anos, pais de crianças/adolescentes.

Módulos: Psicoeducação; Experimentos e Exposições Comportamentais.

Objetivo: Fazer os pais se engajarem e comprarem a ideia do trabalho baseado na exposição e reduzir as acomodações e esquiva.

Justificativa: Os pais podem involuntariamente reforçar o ciclo de ansiedade ao salvarem o filho dos desencadeadores de ansiedade, evitando os desencadeadores completamente e, assim, transmitindo a mensagem ao filho de que ele não é capaz de lidar com a situação.

Materiais: Papel e lápis, giz de cera ou marcadores.

Tempo necessário previsto: 15 minutos.

É como andar de bicicleta: quanto mais você pratica, mais fácil fica! Este é um conceito importante para as famílias com quem trabalhamos. Sintomas de ansiedade podem ser desafiadores para crianças, adolescentes e seus cuidadores, e simplesmente pensar no trabalho de exposição já pode ser estressante. O envolvimento da família e o acompanhamento das intervenções aumentarão se você conseguir ajudar as famílias a verem que o que é difícil no começo fica mais fácil com a prática. "É como andar de bicicleta» é uma estratégia *expressa* planejada para ilustrar os benefícios da prática repetida para aumentar o nível de habilidade e reduzir o estresse. Os terapeutas devem escolher exemplos baseados no nível de desenvolvimento da criança. Por exemplo, ilustrar os benefícios de praticar a amarração dos sapatos será eficaz para a maioria das crianças de 9 anos, mas não aplicável às de 4 anos.

O que o terapeuta pode dizer

"Há muitas coisas que você consegue fazer agora que não conseguia fazer quando era menor. Que coisas você consegue pensar que não conseguia fazer antes, mas que agora consegue? [*Ajude a família a identificar algumas coisas como andar de bicicleta, amarrar os sapatos, andar ou escrever o próprio nome.*] É isso mesmo, você não conseguia fazer isso, mas então praticou muito e foi ficando cada vez melhor. Inicialmente quando começou a andar de bicicleta, você acha que fazia isso perfeitamente? Não, você se desequilibrava, caía muito e talvez até tenha usado rodinhas auxiliares. Mas agora você consegue andar na sua bicicleta sem aquelas coisas! Você praticou muito e foi ficando cada vez melhor. O mesmo vale para o manejo das suas preocupações; quanto mais você pratica, mais fácil fica. Esta é uma folha de exercícios para ajudar a listar algumas das coisas que são mais fáceis para você agora que já as praticou, e há alguns quadros em branco onde você pode escrever ou desenhar as coisas que ainda não praticou e ainda são difíceis."

O que o terapeuta pode fazer

O terapeuta então trabalha com a família para escrever e desenhar exemplos de coisas que agora a criança consegue fazer depois de ter praticado, além de algumas coisas relacionadas aos objetivos do tratamento que ela está ansiosa por fazer ou é "incapaz" de fazer neste momento. O Cartão PR 6.7, É como andar de bicicleta (p. 141), traz um exemplo.

O que o terapeuta pode dizer

"Uau, olhe só todas as coisas que você praticou e que agora consegue fazer com mais facilidade. E estou vendo alguma das coisas em que você tem dificuldade agora. O que acha que vai acontecer se você praticar 5 vezes uma destas coisas? 10 vezes? 100 vezes? Vamos tentar uma agora."

A família pode continuar a fazer acréscimos à lista ou criar uma colagem de palavras ou figuras. Os terapeutas devem encorajar os pais a identificarem habilidades com as quais eles se sentiram confortáveis quando permitiram que seu filho as praticasse mesmo que tivesse dificuldades inicialmente (p. ex., andar, vestir-se sozinho, escrever o próprio nome), além de discutirem a importância de também praticar habilidades como controlar as emoções, enfrentar os medos e tolerar novas situações.

Construindo pontes

Idades: A partir de 5 anos.

Módulo: Experimentos e Exposições Comportamentais.

Objetivo: Criar uma representação visual de uma hierarquia e ilustrar os passos para superar um medo específico.

Justificativa: Exposições e hierarquias são um desafio, e pode ser difícil para as crianças entenderem a abordagem sistemática para superar um medo, já que o pensamento do último passo as impede de se engajarem no primeiro passo.

Materiais: Blocos (p. ex., Legos), notas adesivas e recursos para escrever.

Tempo necessário previsto: 15 minutos.

"Construindo pontes" ajuda as crianças a entenderem o conceito de exposição gradual de maneira divertida e envolvente. Muitas vezes, quando a exposição é introduzida, se a criança não entender a abordagem gradual, ela pode ficar excessivamente ansiosa, se fechar ou se recusar a realizar as tarefas. "Construindo pontes" é uma técnica de exposição *expressa* apropriada para quando os terapeutas precisam ir além de uma simples exposição e abordar mais detalhadamente como funcionam as exposições graduais. Construindo pontes começa com uma ilustração visual da abordagem para engajar a criança e mostrar o caminho desde os medos atuais até onde a criança deseja estar.

O que o terapeuta pode dizer

"Enfrentar seus medos pode ser difícil, mas a boa notícia é que você não tem que fazer tudo de uma só vez. Vamos dar um passo de cada vez, começando por onde você está agora e construindo uma ponte até onde você quer estar. É parecido com a construção de uma ponte de um ponto até o outro. Começamos pelo que você pode fazer agora com bastante facilidade, e cada bloco é um passo mais próximo do seu objetivo. Cada vez que você completar uma etapa e superar uma parte do seu medo, vamos acrescentar um bloco como este. Podemos nomear cada bloco com a coisa que você fez. Também podemos acrescentar escoras, que são coisas que podem ajudá-lo a ter sucesso, como o apoio dos seus pais e seus professores."

O que o terapeuta pode fazer

Os terapeutas devem demonstrar, a cada exposição, como outro bloco é acrescentado à ponte. Você pode nomear o lado de onde parte a ponte e o lado da "chegada" como o objetivo final (p. ex., ir a um acampamento noturno). Como com qualquer hierarquia, você vai começar com passos fáceis e trabalhar até os mais difíceis. Em contraste com a terapia de mais longo prazo, com a *TCC expressa* você pode ter apenas um curto período de tempo para ensinar e dar início a este conceito. Assim, os primeiros "blocos" devem ser completados rápida e facilmente na sessão *expressa*. Se você não tiver blocos disponíveis, pode cortar pedaços de papel e arrumá-los sobre a mesa na forma de uma ponte.

"Construindo pontes" foi usado com Kayli, 5 anos, e sua mãe. A mãe de Kayli relatou que a filha tem dificuldades de se separar dela, mesmo que por curtos períodos de tempo (p. ex., quando a mãe vai pegar a correspondência). Se Kayli está em outro cômodo longe da mãe, ela a chama com frequência: "Onde você está?" com um tom de pânico na voz. A mãe retardou a época de mandar Kayli para o jardim de infância, pois acha que ela não consegue lidar com a separação. Ocorrem poucas separações durante a semana dentro do cronograma atual. Estas questões são levantadas pela família durante uma visita de atenção primária quando discutem a entrada de Kayli na escola. A família identifica barreiras para se engajar em psicoterapia ambulatorial constante, incluindo o transporte e não ter com quem deixar os outros filhos. É combinado um plano para tentar uma intervenção *expressa* na clínica, e é introduzida a intervenção "Construindo pontes".

São usados blocos de Lego para ilustrar a abordagem, primeiramente com descrição verbal e depois acompanhada pelas exposições reais. Um exemplo comum de construção de habilidades é usado para ilustrar como a abordagem funciona. O diálogo a seguir ilustra como, após a introdução inicial, a intervenção *expressa* "Construindo pontes" pode ser rapidamente explicada e iniciada.

Terapeuta: *(depois da introdução acima)* Deixe-me mostrar como isso pode funcionar. Pense em quando Kayli aprendeu a andar. Ela não começou a simplesmente andar pela sala em um determinado dia. Como foi quando ela aprendeu a andar?

Mãe: Primeiro ela começou a se erguer apoiando-se na mobília, então depois que fez isso muitas vezes ela começou a dar pequenos passos enquanto se segurava na mobília.

Terapeuta: OK, esse é um bom exemplo. Esses seriam os dois primeiros blocos na ponte entre engatinhar e andar. *(Une os dois blocos.)* E a seguir?

Mãe: Ela começou a dar uns passos se segurando com apenas uma mão em vez de duas, e depois pegou um brinquedo de empurrar e andava se segurando nele. Então ela o largou e ficou parada por um minuto.

Terapeuta: Excelente descrição! Esses são os três blocos seguintes. *(Acrescenta os blocos à ponte.)* E depois?

Mãe: Ela começou a dar um ou dois passos por vez, e então caía e engatinhava. Depois deu cinco ou seis passos, e continuou se desenvolvendo a partir disso.

Terapeuta: *(Acrescenta os outros blocos à ponte.)* Então você vê como cada "passo" construiu a habilidade de Kayli para andar. Nós queremos abordar a separação de vocês da mesma forma. Isso faz sentido?

Mãe: Sim. Entendo o que você quer dizer. Começar com pequenas separações.

Terapeuta: Hoje podemos começar com algumas aqui na clínica. O que lhe parece?

Mãe: Pode ser.

Este exemplo de menos de 2 minutos vai preparar o terreno para as exposições. O terapeuta pode então trabalhar com a família com os blocos iniciais para a separação. Por exemplo, o primeiro bloco poderia ser Kayli e sua mãe ficando de costas uma para a outra, e então a mãe se "esconderia" atrás da cortina na sala. A seguir, a mãe ou Kayli poderia sair da sala brevemente e então retornar, o que seria seguido por separações mais longas, tanto em relação ao tempo quanto à distância. Na sequência, apresentamos um exemplo de como essa discussão e prática poderiam acontecer com Kayli e sua mãe.

Terapeuta: OK, então vamos construir uma ponte a partir do ponto em que Kayli não tolera nem mesmo pequenas separações de você até ser capaz de lidar com separações periódicas. Kayli, com qual cor de bloco você quer começar?

Kayli: Vermelho.

Terapeuta: Eu também gosto de vermelho. Este bloco é para ser capaz de virar de costas para a parede para que não consiga ver sua mãe sentada aqui nesta cadeira. Você acha que isso seria difícil?

Kayli: Não é difícil. Está vendo?! *(Vira de costas.)*

Terapeuta: Uau! Você ficou tão calma e não conseguia ver sua mãe, mas tudo ficou bem. *(Em uma voz mais baixa para a mãe e mostrando o bloco* Elogio *introduzido no Capítulo 3)* Podemos usar um elogio específico a cada passo para reforçar os esforços e o sucesso de Kayli. Agora vamos construir a próxima parte da ponte. Kayli, de que cor deve ser o bloco que vamos usar a seguir?

Kayli: Azul!

Terapeuta: Ele vai ficar bonito com o vermelho. Para esta parte da nossa ponte, você acha que seria difícil se abríssemos a porta da sala, sua mãe saísse com a porta permanecendo aberta, e então ela voltasse em seguida?

Kayli: (*mais hesitante*) Meio difícil.

Terapeuta: Seria um passo mais difícil. Você se saiu tão bem se mantendo calma quando virou de costas para sua mãe. Aposto que você consegue ficar calma durante este passo também. Podemos tentar e ver se tudo fica bem, como foi quando você virou de costas?

Kayli: Acho que sim.

Terapeuta: (*Faz contato visual com a mãe e toca o bloco de construção parental* Elogio.)

Mãe: Kayli, você é tão corajosa por tentar isto! Vou estar de volta à sala antes mesmo que você consiga piscar! (*Sai da sala e volta.*) Olhe só para isso, Kayli, você ficou calma e tudo ficou bem.

Terapeuta: Uau! Já temos duas etapas concluídas na sua ponte para o sucesso! Para o próximo passo, vamos fazer a mãe sair da sala e contar até três.

Kayli: OK, agora deve ser o Lego amarelo.

Terapeuta: Parece bom.

Mãe: (*Sai da sala, conta até três e retorna.*) Uau, Kayli, você está incrível fazendo isso – você ficou calma mais uma vez, mesmo que tenha sido por um tempo mais longo desta vez.

Terapeuta: Vocês estão realmente pegando o jeito. O que você acha de continuar estas práticas em casa?

Estas exposições são concluídas em aproximadamente 2 a 3 minutos e preparam a família para as exposições em casa. O terapeuta então discute com a família quando e onde eles podem praticar, tomando cuidado para destacar expectativas realistas e como identificar passos menores se o seguinte parecer muito grande para Kayli.

CONCLUSÃO

Ansiedade é uma emoção comum que pode com frequência tomar conta de uma criança e rapidamente se tornar o foco de uma consulta terapêutica, consulta de atenção primária ou sessão de orientação escolar. A reação natural das crianças e seus pais é evitar as situações que provocam ansiedade. Entretanto, a esquiva rapidamente origina um padrão de reforço involuntário dos sintomas de ansiedade. Assim, é importante que os profissionais identifiquem esses padrões rapidamente e estejam equipados com intervenções *expressas* para reduzir o ciclo de ansiedade independentemente do ambiente. As intervenções *expressas* neste capítulo oferecem aos profissionais intervenções rápidas e fáceis de explicar que podem ser utilizadas em vários contextos e ser facilmente generalizadas para outros contextos. O uso destas intervenções *expressas* pode evitar a piora dos sintomas de ansiedade e possibilitar às famílias oportunidades de combater a ansiedade.

Cartão PR 6.1
Não afunde o barco

Escreva suas preocupações nas pedras e depois as jogue ao mar!

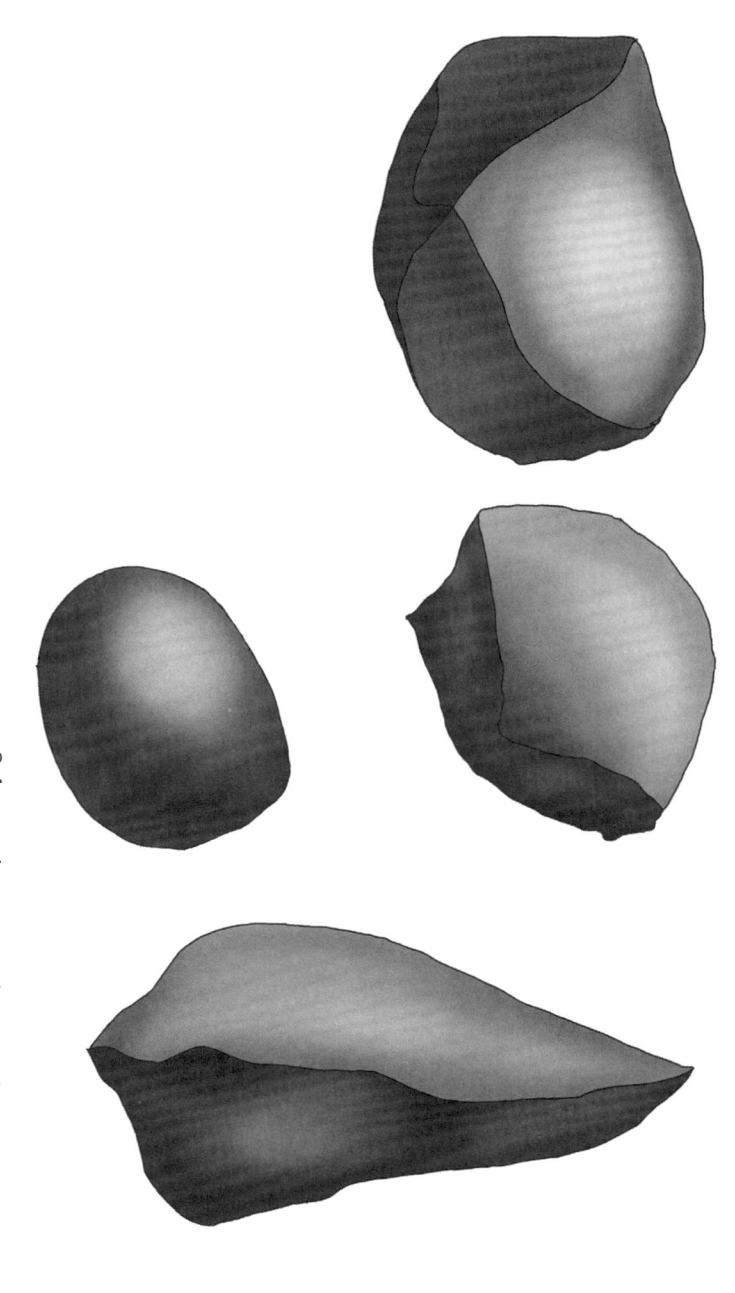

TCC expressa 133

Cartão PR 6.2
Pelo rio e cruzando o bosque

Novo caminho

Caminho da preocupação

De *TCC expressa*. McClure, Friedberg, Thordarson e Keller. Copyright © 2019 The Guilford Press. É permitido aos leitores deste livro copiar este Cartão PR para uso pessoal ou para uso com os clientes (ver página de direitos autorais para detalhes). Os leitores têm permissão para fazer *download* de cópias adicionais deste Cartão PR (ver quadro no final do Sumário deste livro).

Cartão PR 6.3a

Minha árvore de preocupações: exemplo

- Vou me machucar e parecer idiota na frente do time
- As outras crianças vão me achar chato.
- O futebol é assustador!
- A escola é assustadora!
- As outras crianças vão rir de mim.
- O mundo é um lugar perigoso e não consigo lidar com grandes problemas...

De *TCC expressa*. McClure, Friedberg, Thordarson e Keller. Copyright © 2019 The Guilford Press. É permitido aos leitores deste livro copiar este Cartão PR para uso pessoal ou para uso com os clientes (ver página de direitos autorais para detalhes). Os leitores têm permissão para fazer *download* de cópias adicionais deste Cartão PR (ver quadro no final do Sumário deste livro).

Cartão PR 6.3b

Minha árvore de preocupações

De *TCC expressa*. McClure, Friedberg, Thordarson e Keller. Copyright © 2019 The Guilford Press. É permitido aos leitores deste livro copiar este Cartão PR para uso pessoal ou para uso com os clientes (ver página de direitos autorais para detalhes). Os leitores têm permissão para fazer *download* de cópias adicionais deste Cartão PR (ver quadro no final do Sumário deste livro).

TCC expressa **135**

Minha árvore de preocupações (*página 2 de 2*)

De *TCC expressa*. McClure, Friedberg, Thordarson e Keller. Copyright © 2019 The Guilford Press. É permitido aos leitores deste livro copiar este Cartão PR para uso pessoal ou para uso com os clientes (ver página de direitos autorais para detalhes). Os leitores têm permissão para fazer *download* de cópias adicionais deste Cartão PR (ver quadro no final do Sumário deste livro).

Cartão PR 6.4a

Descongele seus medos: exemplo

Descongele (mude) seus pensamentos para derreter suas preocupações e se lembrar de formas de enfrentar ou resolver os problemas.

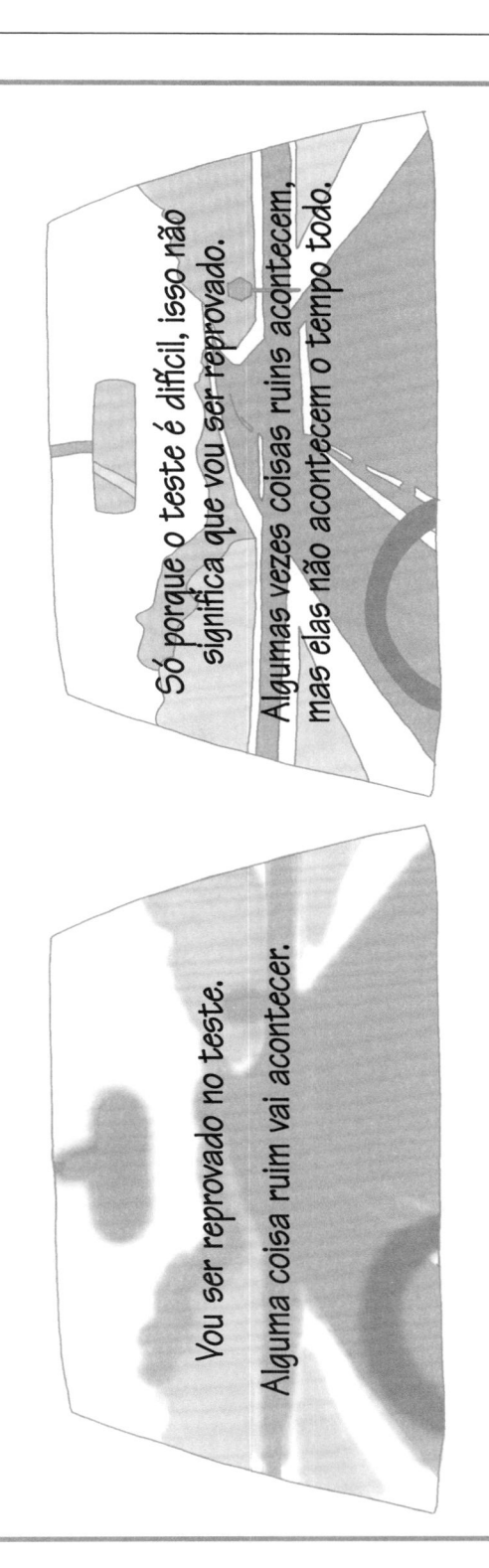

Vou ser reprovado no teste.

Alguma coisa ruim vai acontecer.

Só porque o teste é difícil, isso não significa que vou ser reprovado.

Algumas vezes coisas ruins acontecem, mas elas não acontecem o tempo todo.

De *TCC expressa*. McClure, Friedberg, Thordarson e Keller. Copyright © 2019 The Guilford Press. É permitido aos leitores deste livro copiar este Cartão PR para uso pessoal ou para uso com os clientes (ver página de direitos autorais para detalhes). Os leitores têm permissão para fazer *download* de cópias adicionais deste Cartão PR (ver quadro no final do Sumário deste livro).

Cartão PR 6.4b

Descongele seus medos

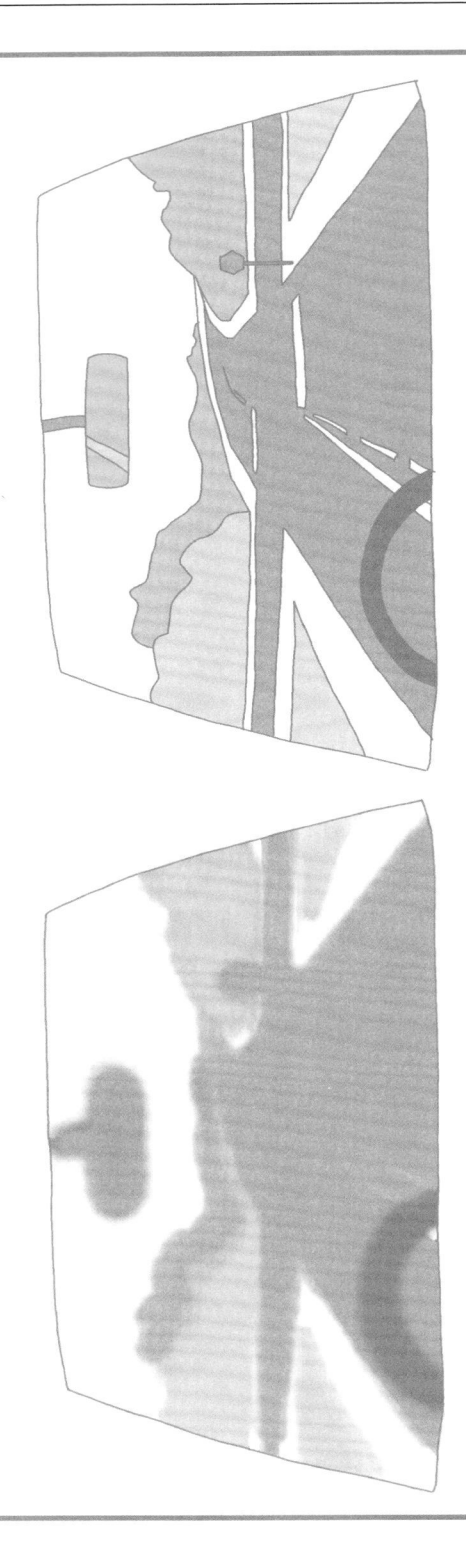

De TCC expressa. McClure, Friedberg, Thordarson e Keller. Copyright © 2019 The Guilford Press. É permitido aos leitores deste livro copiar este Cartão PR para uso pessoal ou para uso com os clientes (ver página de direitos autorais para detalhes). Os leitores têm permissão para fazer *download* de cópias adicionais deste Cartão PR (ver quadro no final do Sumário deste livro).

Cartão PR 6.5

Exposição, exposição, exposição

As exposições são extremamente poderosas na redução da ansiedade. Em cada quadro, identifique e escreva um pequeno passo em direção ao objetivo. Pratique cada passo em ordem, do menor ao maior. Se um passo for muito desafiador, crie um quadro intermediário que seja mais fácil de ser executado.

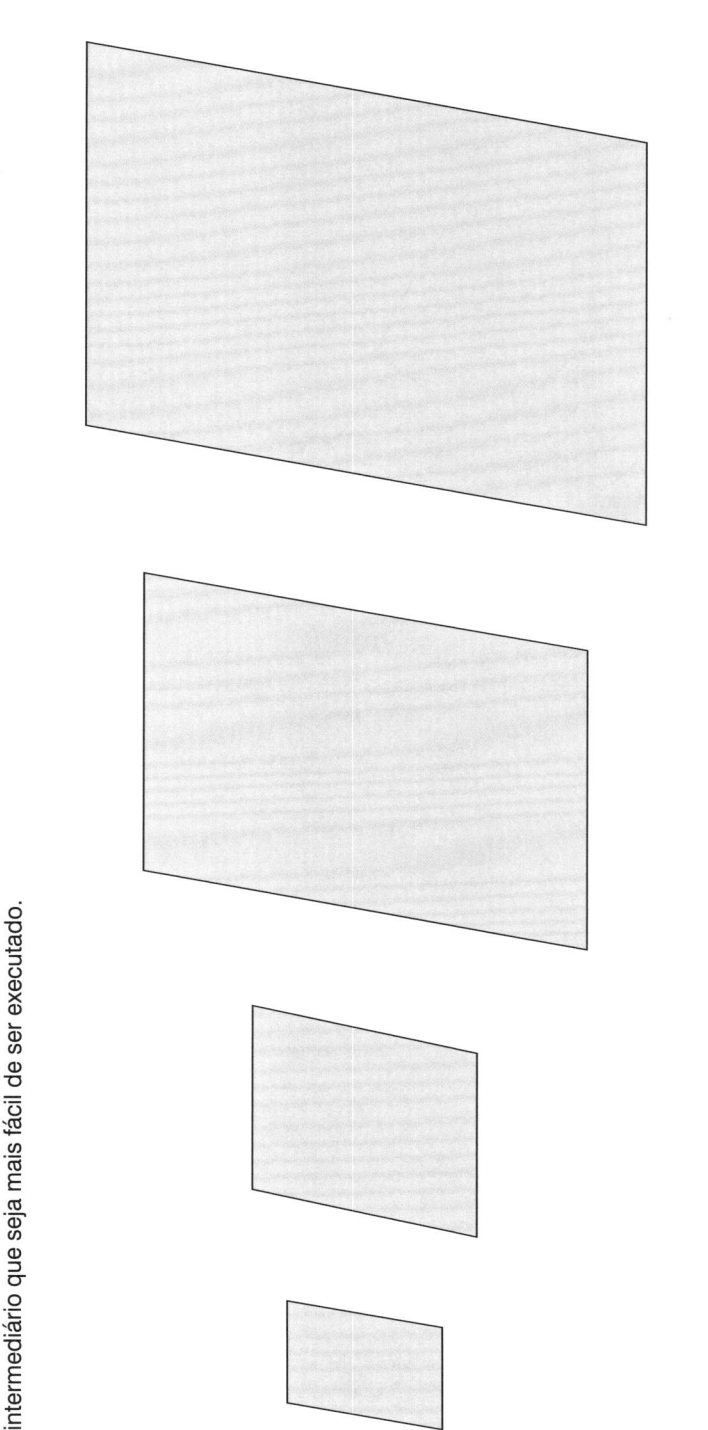

De *TCC expressa*. McClure, Friedberg, Thordarson e Keller. Copyright © 2019 The Guilford Press. É permitido aos leitores deste livro copiar este Cartão PR para uso pessoal ou para uso com os clientes (ver página de direitos autorais para detalhes). Os leitores têm permissão para fazer *download* de cópias adicionais deste Cartão PR (ver quadro no final do Sumário deste livro).

Cartão PR 6.6
Levante poeira

Use pequenas oportunidades durante o dia para demonstrar, estimular e reforçar o enfrentamento e a resolução de problemas. A seguir estão alguns exemplos. Acrescente ideias que você tiver para usar isto em casa.

- ✓ Não consegue encontrar uma caneta rapidamente para fazer uma anotação.
- ✓ Sua roupa favorita não está limpa.
- ✓ Acabou sua comida ou bebida preferida.
- ✓ O clima interfere nos seus planos.
- ✓ Alguma coisa respinga enquanto você está preparando uma refeição.
- ✓ Você comete um erro de ortografia ao fazer uma anotação.
- ✓ _____
- ✓ _____
- ✓ _____
- ✓ _____

De *TCC expressa*. McClure, Friedberg, Thordarson e Keller. Copyright © 2019 The Guilford Press. É permitido aos leitores deste livro copiar este Cartão PR para uso pessoal ou para uso com os clientes (ver página de direitos autorais para detalhes). Os leitores têm permissão para fazer *download* de cópias adicionais deste Cartão PR (ver quadro no final do Sumário deste livro).

Cartão PR 6.7
É como andar de bicicleta

Circule as coisas que você já praticou e agora sabe fazer. Desenhe ou escreva coisas em que você gostaria de melhorar com mais prática.

Caminhar	Ficar longe da minha mãe durante a noite.
Conversar	Ir para a cama sem minha mãe.
Escrever meu nome	
Andar de bicicleta	
Escovar meus dentes	
Ler	

De *TCC expressa*. McClure, Friedberg, Thordarson e Keller. Copyright © 2019 The Guilford Press. É permitido aos leitores deste livro copiar este Cartão PR para uso pessoal ou para uso com os clientes (ver página de direitos autorais para detalhes). Os leitores têm permissão para fazer *download* de cópias adicionais deste Cartão PR (ver quadro no final do Sumário deste livro).

7

Tristeza e depressão

> "Ela não quer fazer nada, a não ser ficar sentada no quarto dela assistindo a vídeos no telefone."
>
> "Ele está de mau humor o tempo todo. Um perfeito rabugento. É como se achasse que o mundo inteiro está contra ele."
>
> "Qualquer mínima coisa o abala."
>
> "Ela é muito mal-humorada. Qualquer coisa pode ativá-la e ela chora por quase nada."

A tristeza é um sentimento normal que todos nós experimentamos. Quando a frequência e intensidade da tristeza aumentam a ponto de interferir no funcionamento cotidiano típico de crianças e adolescentes, são necessárias intervenções. Os pais ou jovens algumas vezes identificam os sintomas depressivos, ou um profissional pode detectar os sintomas durante o curso de uma consulta normal. Como alternativa, medidas de rastreio estão se tornando mais comuns em práticas de atenção primária pediátrica, incluindo o relato dos pais ou medidas de autorrelato dos jovens de um distúrbio do humor. Neste capítulo, descrevemos intervenções de *TCC expressa* para sintomas depressivos que podem ser rapidamente implementadas em ambientes escolares, de cuidados primários ou no contexto de outros tratamentos depois que os sintomas depressivos foram identificados.

BREVE EXPOSIÇÃO SOBRE TRATAMENTOS BASEADOS EM EVIDÊNCIAS

A tristeza, inércia, irritabilidade, afastamento e negatividade que em geral sinalizam depressão são abordados diretamente com o uso de estratégias cognitivo-comportamentais. A depressão costuma ser mantida por uma falta de reforço na vida de uma criança, associada a um repertório de enfrentamento limitado (Spirito, Esposito-Smythers, Wolff, & Uhl, 2011). Quanto mais avançada a depressão, mais isolado o jovem se torna, perdendo as conexões como os apoios sociais, *hobbies* e habilidades até que o jovem é levado a acreditar que não há nada positivo na vida. Assim sendo, as ferramentas da terapia cognitivo-comportamental (TCC) procuram restabelecer uma relação significativa do jovem com seu mundo.

As intervenções comportamentais envolvem o aumento nas interações sociais, geração de oportunidades para ter sucesso e fazer a criança se erguer e se livrar das teias de aranha depositadas pela depressão (McCauley, Schloredt, Gudmundsen, Martell, & Dimidjian, 2011). Para abordar pensamentos rígidos e pessimistas, as estratégias cognitivas neutralizam crenças negativas, ensinam a resolução de problemas e encorajam o raciocínio flexível e equilibrado (Spirito et al., 2011). Estudos mostraram que a realização da tarefa de casa para generalizar habilidades é um aspecto essencial no tratamento de depressão em jovens (Simons et al., 2012). É a habilidade de não só adquirir, mas também aplicar novas ferramentas em situações na vida real o que gera o verdadeiro progresso.

A TCC demonstra inúmeros resultados benéficos quando usada para tratar sintomas de depressão. A TCC melhora efetivamente o humor, aumenta o funcionamento, reduz os custos de utilização da atenção à saúde e reduz problemas de comportamento externalizante (Arnberg & Ost, 2014; Curry & Wells, 2005; Melvin et al., 2006; March et al., 2004; Weersing et al., 2017). Jovens com depressão que são tratados com TCC tomam menos medicação psicotrópica e em doses mais baixas (Clarke et al., 2005). Sobretudo, a TCC reduz ideação suicida e abranda a desesperança em jovens com depressão (Cox et al., 2012; Melvin et al., 2006; March et al., 2004). As melhoras são mantidas por, no mínimo, um ano após a conclusão do tratamento (Clarke et al., 2005; Kennard, Hughes, & Foxwell, 2016), e sessões intermitentes de reforço prolongam ainda mais os efeitos (Kennard et al., 2008). A TCC trata com eficácia apresentações clínicas e subclínicas de depressão em pacientes jovens, e estes ganhos são observados em vários ambientes e populações.

A TCC é um modelo de tratamento flexível eficaz para uma ampla gama de pacientes jovens. Pesquisas mostram que as estratégias da TCC funcionam bem independentemente de serem realizadas em formato individual, familiar ou grupal (David-Ferdon & Kaslow, 2008), e são potentes tanto em pacotes breves quanto de longa duração (Stice, Rohde, Seeley, Gau, 2008; Weersing, Jeffreys, Do, Schwartz, & Bolano, 2017). As variáveis demográficas não afetam o sucesso do tratamento (Roselló, Bernal, & Rivera-Medina, 2008; Sandil, 2006; Weersing et al., 2017). Pacientes jovens variam amplamente quanto a fatores como contexto social, puberdade e funcionamento executivo (fatores que podem desempenhar um papel na depressão). Em consequência, a sensibilidade desenvolvimental no planejamento do tratamento é um aspecto particularmente importante da terapia (David-Ferdon & Kaslow, 2008; McCauley et al., 2011; Rudolph & Troop-Gordon, 2010). As intervenções de *TCC expressa* incluídas neste capítulo permitem que os profissionais levem em consideração a variação individual do paciente e as diferenças nos contextos de tratamento, ao mesmo tempo preservando os elementos essenciais necessários para o bom atendimento.

PREOCUPAÇÕES E SINTOMAS PRESENTES

Transtornos e sintomas depressivos são preocupantes para as famílias e, se não forem tratados, podem piorar e originar comportamentos de risco. Crianças com depressão podem apresentar uma gama de sintomas, como tristeza, choro, raiva, queixas somáticas, distúrbios do sono, alterações no peso, problemas escolares e abuso de substância. Considerando-se as variações na apresentação, os sintomas de depressão podem ser ignorados ou passar despercebidos pelos cuidadores e profissionais e podem ser subdeclarados por crianças e adolescentes. Além disso, famílias com outras demandas de tempo e atenção têm menos probabilidade de buscar tratamento. Os cuidadores podem subestimar a gravidade dos sintomas, atribuindo-os às alterações de humor normais na adolescência. Além do mais, os adolescentes podem se sentir sem esperança quanto ao potencial da terapia para ajudar a mudar como se eles sentem. Devido à própria natureza da depressão, as cognições refletem uma falta de esperança de que as coisas melhorem no futuro. Mostrar rapidamente a eficácia da TCC em uma intervenção *expressa* pode não só ajudar com os sintomas no momento, como também proporcionar maior compreensão pelas famílias dos benefícios potenciais da TCC. Essa maior compreensão pode levar ao cumprimento mais consistente de futuras recomendações de intervenções de tratamento ou serviços.

INTERVENÇÕES

Crianças que experimentam tristeza ou depressão estão perdendo as alegrias da infância. Elas já não acham divertidas atividades que antes eram prazerosas e, portanto, se afastam socialmente. Com frequência estas crianças demonstram irritabilidade, e os pais observam que elas têm um temperamento irritadiço e mal-humorado. As intervenções de *TCC expressa* não são planejadas para amenizar todos os sintomas depressivos. Em vez disso, elas mostram às famílias que mudanças nos pensamentos e sentimentos são possíveis. Estas intervenções são planejadas para instilar esperança e lançar dúvida quanto à permanência dos pensamentos que as crianças e adolescentes podem estar experimentando. Se as famílias percebem mudanças durante ou após essas intervenções *expressas*, maiores serão as chances de que se engajem em outras intervenções de TCC em casa ou em um tratamento futuro, focando assim em melhorar os sintomas do humor.

Frequentemente o diálogo interno negativo de uma criança ou adolescente é o que os pais notam e relatam aos profissionais em contextos pediátricos, escolas, clínicas de especialidades ou consultas terapêuticas tradicionais. Os pais podem relatar que os adolescentes são "muito duros com eles mesmos" ou que observaram que o jovem faz comentários negativos sobre sua aparência, habilidades, relações ou seu futuro. Os adolescentes também podem compartilhar ou endossar esses pensamentos quando conversam com os profissionais, o que prepara o terreno para que os profissionais aproveitem estas oportunidades para introduzir intervenções de *TCC expressa*. As seguintes intervenções *expressas* focam em cognições negativas e declarações de diálogo interno, mostrando o impacto de tais pensamentos e rapidamente treinando as famílias no uso de estratégias alternativas. Ensinar diálogo interno/autoinstrução aos pais de crianças pequenas fornece aos pais uma forma de responder às declarações negativas dos seus filhos e prepara o terreno para que os pais demonstrem, estimulem e reforcem uma autoavaliação mais balanceada. Ativação comportamental, avaliação do humor e técnicas breves de teste dos pensamentos podem ser abordadas com as seguintes intervenções *expressas* para se somarem ao conjunto de ferramentas da família de estratégias para abordar os sintomas depressivos.

Escolha um cartão... qualquer cartão

Idades: A partir de 6 anos.

Módulo: Tarefas Comportamentais Básicas.

Objetivo: Aumentar a compreensão da criança sobre a conexão entre ações e sentimentos e melhorar o humor por meio do engajamento em atividades divertidas.

Justificativa: Crianças e adolescentes tristes/deprimidos fazem previsões negativas sobre o quanto de diversão terão nas atividades e frequentemente evitam essas atividades. A estruturação de atividades breves e divertidas com avaliações dos sentimentos antes, durante e depois das atividades ilustra o impacto da ativação comportamental, melhora o humor e motiva futuro engajamento nessas atividades.

Materiais: Fichas com atividades curtas listadas em cada cartão; Cartão PR 7.1, Escolha um cartão... qualquer cartão (p. 157)

Tempo necessário previsto: 15 minutos.

Quando as crianças se sentem tristes ou deprimidas, coisas que costumavam ser divertidas perdem o atrativo que anteriormente tinham para elas. Jovens deprimidos não se sentem interessados ou motivados para participar em atividades ou eventos típicos da infância e subestimam o quanto se divertiriam caso se engajassem nas atividades. Eles se afastam mais, se engajam menos, tornam-se mais solitários e isolados, reforçando, assim, suas crenças e tristezas. A ativação comportamental é uma forma efetiva de melhorar o estado de humor de crianças e adolescentes por meio da estruturação de atividades de que eles costumavam desfrutar e, depois disso, da avaliação de seus estados de humor antes, durante e depois das atividades. "Escolha um cartão... qualquer cartão" ajuda a ilustrar a conexão entre ações e sentimentos, e pode motivar a criança a retomar atividades típicas da infância.

Um desafio pode ser que estas crianças tenham dificuldade para identificar o que "querem" fazer, frequentemente dizendo "não" a tudo ou prevendo que as coisas serão "chatas". A intervenção "Escolha um cartão... qualquer cartão" fornece estrutura para essa tomada de decisão a partir do planejamento do evento e permite rápidas demonstrações em um ambiente de clínica, escola ou consultório para promover a generalização em casa.

O que o terapeuta pode dizer

"Parece que você tem passado muito tempo sozinho e não está fazendo as coisas que costumavam ser divertidas para você. Você tem se sentido triste e mais sozinho, e sua mãe nota que você tem chorado com mais frequência. Eu tenho uma pilha de cartões aqui com diferentes atividades em cada um deles. O que você acha de tentar uma experiência? Você 'Escolhe um cartão... Qualquer cartão' da pilha, avalia como está se sentindo e então vamos fazer a atividade e avaliar de novo seus sentimentos e ver se alguma coisa muda."

O que o terapeuta pode fazer

Os terapeutas podem ter cartões preparados antecipadamente com atividades simples e itens bobos que podem ser rapidamente concluídos em uma intervenção *expressa*. A seguir, cartões em branco são preenchidos colaborativamente com a família com atividades que sejam realistas para a família fazer em casa ou na vizinhança. É importante estar atento para manter as atividades realistas considerando horários, restrições financeiras ou costumes e valores culturais da família. Recomenda-se pesquisar e ter em mãos uma lista com as atividades gratuitas disponíveis na comunidade. O Cartão PR 7.1 oferece ideias para atividades breves de ativação comportamental que podem ser escritas nos cartões.

O exemplo a seguir ilustra como um clínico usa "Escolha um cartão... qualquer cartão" com Kristine, 11 anos, cuja mãe acabou de explicar que Kristine havia ficado mais retraída e menos envolvida com a escola, os amigos e a família desde que sua melhor amiga se mudou para outro estado.

TERAPEUTA: Parece que você tem passado mais tempo sozinha e não está fazendo as coisas que costumavam ser divertidas para você. Você tem se sentido triste desde que a sua melhor amiga se mudou. Eu tenho aqui uma pilha de cartões com diferentes atividades em cada um deles. O que você acha de tentarmos uma experiência? Você "Escolhe um cartão... qualquer cartão" da pilha, avalia como está se sentindo e depois faremos a atividade e avaliaremos de novo os seus sentimentos para ver se alguma coisa muda.

Kristine: (*Encolhe os ombros.*) Pode ser.

Terapeuta: É ótimo que você esteja disposta a tentar. Aqui estão os cartões, apenas escolha um.

Kristine: (*Escolhe um cartão da pilha e lê para si, depois dá um sorriso forçado.*)

Terapeuta: Você está sorrindo. O que o cartão diz?

Kristine: "Brinque de 'Mestre mandou' com seu pai ou mãe". Acho que minha mãe vai dizer que não.

Mãe: Eu vou brincar!

Terapeuta: OK, Kristine – você é o Mestre. Mas antes de começarmos, de 0 a 10, como você está se sentindo neste momento, com 10 sendo o mais feliz possível e 0 sendo nenhuma felicidade e totalmente triste ou deprimida?

Kristine: Eu estou tipo um 2, acho. Eu me sinto mal, mas não é um zero como o fim do mundo ou outra coisa.

Terapeuta: OK, Mestre, comece quando estiver pronto!

Kristine: Mestre mandou bater palmas. Mestre mandou colocar a mão na cabeça. Mestre mandou ficar de pé.

Mãe: (*fazendo tudo o que é dito*) Uau, você está indo rápido, mas eu estou acompanhando!

Kristine: Sente-se.

Mãe: Não, você não vai me enganar!

Kristine: OK, ótimo. Mestre mandou equilibrar-se em um pé só.

Mãe: (*equilibrando-se por um minuto e depois começando a oscilar*) – Kristine!

Kristine: Mestre mandou continuar se equilibrando! (*sorrindo*)

Mãe: Ohhhhh, aahhhh. (*Perde o equilíbrio e cai sentada na cadeira rindo.*) Você me pegou! Meu equilíbrio é péssimo.

Kristine: (*Ri.*) Tudo bem, mãe, você tentou.

Terapeuta: Eu vejo que você está rindo e sorrindo. Como será que está a sua classificação agora?

Kristine: Hummm, acho que está mais para um 4 ou 5 agora. Foi bem engraçado ver minha mãe tentar fazer isso.

Terapeuta: Então era um 2 antes do jogo e depois saltou para 4 ou 5 em mais ou menos 2 minutos! Isso é incrível, você realmente usou "Escolha um cartão" para mudar suas ações e então mudou seu humor! Imagina o que vai acontecer se você jogar jogos como este em casa várias vezes por semana. Agora vamos conversar sobre que coisas poderiam impedir que você faça isso em casa para que esteja pronta para o que pode surgir quando jogar "Escolha um cartão" em casa.

O terapeuta usou elogio para o engajamento de Kristine na atividade, deu uma quantidade apropriada de direção e instrução, e depois se sentou e deixou que mãe e filha praticassem juntas. Depois do jogo, o terapeuta ajuda Kristine a reavaliar seus sentimentos e então associa os resultados do jogo ao futuro, mostrando o controle que Kristine tem para mudar seus sentimentos. Então o terapeuta rapidamente faz a transição para implantar as práticas em casa a fim de garantir que o sucesso será construído. Toda a interação durou menos de 10 minutos e sobra bastante tempo para definir a tarefa de casa e discutir como criar cartões adicionais para usar em casa.

Eco... eco... eco...

Idades: A partir de 6 anos; pais de crianças de todas as idades.

Módulo: Reestruturação Cognitiva.

Objetivo: Ensinar às famílias o impacto do diálogo interno negativo e como modificar rapidamente declarações de diálogo interno para reduzir o reforço de pensamentos negativos sobre si mesmo, sobre os outros e sobre o futuro.

Justificativa: Aumentar a compreensão da conexão entre pensamentos e sentimentos pode ajudar crianças e adolescentes a terem mais consciência do que estão dizendo a si mesmos. Aumentar a consciência parental desta conexão pode criar oportunidades para os pais demonstrarem, estimularem e reforçarem o diálogo interno mais equilibrado para seus filhos.

Materiais: Cartão PR 7.2, Eco... eco... eco... (p. 158), e recursos para escrever.

Tempo necessário previsto: 10 minutos.

As crianças se deparam com estressores diários em casa e na escola. Conflito familiar, instabilidade financeira, problemas de saúde mental parental, além das demandas do trabalho escolar, *bullying* na escola ou conflito com os colegas podem ser interpretados por uma criança ou adolescente como estressores insuperáveis e permanentes. "Eco... eco... eco..." demonstra o impacto do diálogo interno negativo quando elas se deparam com esses estressores e prepara o terreno para a modificação dos pensamentos. O que é dito pelo jovem (em voz alta ou na sua cabeça) retorna como um eco repetindo a afirmação e reforçando o pensamento negativo. O conceito de eco é usado para explicar às famílias que se a criança (e/ou genitor) reduz os pensamentos negativos e aumenta os pensamentos "eco" mais equilibrados, as emoções podem ser impactadas de forma positiva. Esta estratégia planta a semente para a reestruturação cognitiva futura ao fornecer estratégias rápidas para mudar os pensamentos de negativos para pensamentos mais úteis. A utilização do termo "mais útil" em vez de "positivo" ou "verdadeiro" ao descrever os novos pensamentos também evita um longo debate sobre a precisão dos pensamentos "eco" originais. Os profissionais não devem discutir com a criança se seus pensamentos são verdadeiros ou não, mas em vez disso precisam ajudá-la a focar em se os pensamentos atuais são *úteis* na melhora do seu estado de humor. Caso seja determinado que os pensamentos *não* são úteis, então o foco pode ser mudado para pensamentos/declarações mais úteis.

O que o terapeuta pode dizer

"Quando você grita dentro de uma caverna ou em um cânion, vai ecoar o som ou palavra que você gritou. O mesmo acontece com coisas que você diz a si mesmo. Se você diz a si mesmo que é idiota, feio, não é amado... [*insira exemplos que a família compartilhou sobre o que a criança diz a si mesma*], seu cérebro basicamente ecoa isso dentro de você. Quanto mais você diz isso, mais ecoa, e mais você se sente deprimido. Nós queremos parar o eco e ajudá-lo a assumir o controle da mudança das coisas de que você não gosta. Se você 'gritar' afirmações mais úteis, então os ecos também serão mais úteis. Ecos mais úteis podem melhorar a forma como você se sente e ajudá-lo a voltar a fazer as coisas que costumava curtir, como passar um tempo com os amigos."

O que o terapeuta pode fazer

O terapeuta pode usar o Cartão PR 7.2 para ilustrar este conceito com a família e ajudá-la a começar a identificar afirmações do diálogo interno para substituição. Também é útil lembrar a família do bloco de construção *Elogio*.

Os pais podem elogiar o engajamento do filho na intervenção e também o uso da técnica "Eco" em casa. A técnica deve ser praticada com a família durante a consulta, e depois uma breve discussão sobre o seu uso em casa pode ajudar a continuar com a prática fora da consulta.

Gravado na pedra

Idades: A partir de 8 anos e pais.

Módulo: Reestruturação Cognitiva.

Objetivo: Ensinar as famílias que sentimentos e pensamentos são transitórios e podem e vão mudar no futuro.

Justificativa: Quando as crianças estão deprimidas, acreditam que vão se sentir assim para sempre e que as coisas não vão mudar. Esta intervenção ilustra que pensamentos e sentimentos podem e vão mudar e que muito poucas coisas estão "gravadas na pedra".

Materiais: Cartões PR 7.3a e 7.3b, Gravado na pedra, cartões com exemplo e em branco (p. 159-160) e recursos para escrever.

Tempo necessário previsto: 10 minutos.

"Gravado na pedra" é uma intervenção *expressa* que pode rapidamente demonstrar que pensamentos e sentimentos mudam e que reconhecer isso pode ajudar as crianças a lidarem com a intensidade do momento quando se sentirem deprimidas. Esta estratégia lança luz sobre o vasto número de coisas que são mutáveis, como pensamentos e sentimentos, e como poucas coisas nunca mudam (p. ex., elas são fixas ou gravadas na pedra). O Roteiro do terapeuta (O que o terapeuta pode dizer) e o diálogo a seguir ilustram a aplicação desta intervenção *expressa* com Kyle e sua mãe.

O que o terapeuta pode dizer

"Você já ouviu a expressão 'gravado na pedra'? As pessoas em geral usam isso para descrever alguma coisa que não vai mudar. Algumas vezes elas usam essa expressão para enfatizar que alguma coisa *vai* mudar, mas dizendo especificamente que ela 'não está gravada na pedra'. Quando alguém está se sentindo triste ou deprimido, essa pessoa frequentemente vê os pensamentos e sentimentos como se estivessem 'gravados na pedra', o que pode acrescentar ao sentimento de desesperança a ideia de que as coisas jamais vão mudar. Mas, de fato, bem poucas coisas são imutáveis ou estão gravadas na pedra. Vamos experimentar algo que mostra quais coisas estão e quais não estão 'gravadas na pedra'. O mais rápido possível, eu gostaria que você e sua mãe usassem esta folha de exercícios para listar coisas sobre você que mudaram desde que você nasceu – por exemplo, seu peso ou o quanto você dorme. Estas coisas não estão gravadas na pedra – elas mudam. OK, ótimo, é uma lista grande. Agora, que coisas não mudaram? Parece que é muito difícil para você listar coisas que não mudaram. O que você acha que isso significa?"

Terapeuta: Já falamos sobre como você tem se sentido triste e desanimada, Kyle.

Kyle: É, acho que sim.

Terapeuta: Agora eu gostaria de tentar uma coisa chamada "Gravado na pedra" e ver se isso faz diferença em como você se sente.

Kyle: Pode ser.

Terapeuta: Você disse agora há pouco que as coisas são uma droga e que você sabe que sempre vão ser uma droga. Parece então que não vão mudar. O que eu quero que você faça agora é focar nas coisas que já mudaram para você no passado.

Kyle: OK.

Terapeuta: O mais rápido que puder, eu gostaria que você e sua mãe usassem esta folha de exercícios para listar coisas que mudaram desde que você nasceu – por exemplo, sua altura e o quanto você dorme.

(*Kyle e sua mãe trabalham na lista por 2 minutos, gerando muitos exemplos.*)

Terapeuta: OK, ótimo, é uma lista grande. Agora, que coisas não mudaram?

(*Kyle e sua mãe não conseguem identificar muitos itens.*)

Terapeuta: Parece que é muito mais difícil para vocês listarem coisas que não mudaram. O que você acha que isso significa?

Kyle: Mais coisas na vida mudam do que as que não mudam, eu acho.

Terapeuta: Agora vamos circular as coisas que são consideradas sentimentos.

Kyle: (Circula "o quanto sinto frio", "o quanto estou cansada", "o quanto fiquei triste quando meu cachorro morreu", "o quanto fiquei chateada com a minha nota em matemática.")

Terapeuta: Todos esses são tipos de sentimentos, ótimo trabalho. Agora, em qual das listas você colocou todos esses itens?

Kyle: Todos eles estão no lado da mudança. Todos eles mudaram com o passar do tempo.

Terapeuta: Exatamente, você está vendo o padrão. Os sentimentos na verdade mudam. E há alguns sentimentos na lista das coisas que "não mudam"?

Kyle: Não, só consegui descobrir umas poucas coisas para essa lista. As impressões digitais já estavam ali, e isso me fez pensar no DNA, que estudamos em biologia e por isso eu acrescentei aqui. E também coloquei "quem é minha mãe" porque ela sempre será minha mãe, mesmo quando eu crescer.

Terapeuta: Você percebeu o quanto foi mais difícil encontrar coisas que "não mudam", ao passo que com a lista da "mudança" nós paramos enquanto você ainda estava escrevendo, portanto provavelmente você teria encontrado ainda mais coisas. Como é que o fato de perceber isso ajudaria você quando estiver se sentindo como se "as coisas são uma droga e sempre vão ser uma droga"?

Kyle: Acho que eu poderia me lembrar de que isso é um sentimento e que vai mudar em algum momento, mesmo que pareça que não.

Terapeuta: Essa é uma ótima afirmação de diálogo interno. Também podemos tentar algumas outras estratégias para abordar esses sentimentos "horríveis" (se der tempo, o terapeuta pode então introduzir "Escolha um cartão... qualquer cartão" nesta consulta ou em uma consulta futura, dependendo do contexto e do tempo de que dispõe com a família).

O que o terapeuta pode fazer

Se a família tiver dificuldade para identificar itens para as listas, o terapeuta pode citar coisas e pedir que a criança ou adolescente diga se elas mudaram no passado ou se vão mudar no futuro. Por exemplo, o terapeuta pode dizer: "seu filme favorito" ou "quanta fome você tem" e a criança responde "muda" ou "não muda" e acrescenta à lista. O terapeuta pode então dizer algo como: "e quanto à sua altura? Já mudou ou continuou a mesma?". Depois disso o terapeuta pode trabalhar com a família para registrar os itens no Cartão PR 7.3. O exemplo de Kyle (Cartão PR 7.3a) demonstra como o terapeuta e a família de Kyle preencheram este cartão durante a consulta.

Derrotando o ogro dos pensamentos negativos

Idades: 8-12 anos.

Módulo: Reestruturação Cognitiva.

Objetivo: Substituir os pensamentos autocondenatórios irritantes por um discurso privado mais preciso.

Justificativa: Jovens deprimidos experimentam pensamentos autocríticos e algumas vezes de autorrepúdio que reduzem seu senso de autoeficácia, valor, atratividade e competência.

Materiais: Cartões PR 7.4a e 7.4b, Derrotando o ogro dos pensamentos negativos, cartões com exemplo e em branco (p. 161-162) e recursos para escrever.

Tempo necessário previsto: 10 minutos.

Ogros são criaturas repugnantes e irritantes que estão longe da vista e vivem em lugares escuros como as cavernas ou embaixo de pontes. Mais recentemente, os ogros (*trolls*)[1] são vistos como indivíduos que postam mensagens negativas, questionadoras, incômodas em plataformas de mídias sociais. Os pensamentos negativos são semelhantes a esses ogros. Eles emergem da escuridão para incomodar os jovens pacientes com suas mensagens irritantes, condenatórias e frequentemente repugnantes.

"Derrotando o ogro dos pensamentos negativos" é um método autoinstrucional que facilita a reestruturação cognitiva. Ele ensina os jovens pacientes a darem uma resposta a esta intimidação privada. A tarefa é muito simples. No Passo 1, o terapeuta ensina o paciente sobre ogros. O Passo 2 envolve anotar o pensamento ogro. No Passo 3, o paciente cria um pensamento de enfrentamento que acalma o ogro. Esses passos simples e diretos podem ser concluídos em 10 minutos durante uma consulta clínica, com um orientador escolar durante um período livre ou no contexto de uma consulta terapêutica tradicional.

---

[1] N. do T.: a palavra em inglês "*troll*" deu origem à gíria na internet trolar ou trollar.

O que o terapeuta pode dizer

Roteiro do Terapeuta — TCC Expressa

TERAPEUTA: Brandon, você sabe o que é um ogro?

BRANDON: Hummm... acho que sim... Eles são como uns monstros... Eles são feios.

TERAPEUTA: E eles incomodam muito as pessoas, certo?

BRANDON: Acho que sim.

TERAPEUTA: Então, nesse aspecto, eles são como as coisas feias que você diz a si mesmo quando está se sentindo deprimido. Os pensamentos são como ogros. Isso faz sentido?

BRANDON: Acho que sim.

TERAPEUTA: Eu tenho esta folha de exercícios que quero compartilhar com você. (*Pega o Cartão PR 7.4a.*) Neste lado, onde você vê o ogro, é onde ficam os pensamentos negativos. Olhe aqui. Quais são as coisas que estão escritas?

BRANDON: "Eu sou feio", "Eu sou idiota", "Ninguém quer ser meu amigo".

TERAPEUTA: O quanto essas coisas se aproximam do que passa pela sua cabeça?

BRANDON: São bem próximas.

TERAPEUTA: Na outra coluna, temos que encontrar uma forma de derrotar este ogro irritante. Na folha de exercícios, há alguns exemplos. O que foi respondido ao ogro?

BRANDON: Hummm, para Eu sou idiota, "Esqueça, ogro! Você não me conhece. Eu me conheço. Idiota é apenas um xingamento. Eu sou mais do que isso" e para Eu sou feio, "Volte para a sua toca, ogro, você só sai quando eu estou triste".

TERAPEUTA: Então o que você pensa sobre esses revides?

BRANDON: Pode ser que funcionem.

TERAPEUTA: Ótimo. Você poderia torná-los mais fortes de alguma forma?

BRANDON: Não, acho que eles estão OK assim.

TERAPEUTA: Olhe, este aqui é um que não tem revide. Vamos ver se você consegue imaginar algum.

BRANDON: Hummm. QUE SE EXPLODA, OGRO! Você nem sabe quem é meu amigo. Você não pode dizer isso!

TERAPEUTA: Bons revides. Então, como tarefa de casa, você está disposto a anotar seus próprios pensamentos ogros e os revides para derrotá-los nesta folha de exercícios?

Em menos de 10 minutos, o terapeuta ensinou Brandon a derrotar o ogro do pensamento negativo. Além disso, o terapeuta deu a Brandon oportunidades de praticar a estratégia com sucesso durante a interação. O terapeuta então conclui envolvendo-o no planejamento da realização da tarefa de casa da terapia para aumentar as chances de Brandon usar esta estratégia em casa e na escola.

Deixe pra lá

Idades: 8-14 anos.

Módulo: Reestruturação Cognitiva.

Objetivo: Substituir o discurso privado gerador de depressão por alternativas mais produtivas.

Justificativa: Jovens deprimidos são desafiados por visões negativas de si mesmos, dos outros, de suas experiências e do futuro. "Deixe pra lá" oferece oportunidades de combater estes pensamentos debilitantes com respostas de enfrentamento.

Materiais: Música "Shake it Off", notas adesivas, Cartão PR 7.5, Deixe pra lá (p. 163), e recursos para escrever.

Tempo necessário previsto: 10-15 minutos.

"Deixe pra lá" é uma maneira muito rápida e divertida de conduzir autoinstrução com jovens. O procedimento faz uso da popular música de Taylor Swift "Shake It Off" (Deixe pra lá) e técnicas básicas de autoinstrução. O método começa com os jovens pacientes escrevendo nas notas adesivas. O terapeuta também escreve alguns pensamentos negativos nas notas adesivas. Depois que os pensamentos estão registrados, cada um cola as notas em seus braços e mãos. A seguir, o terapeuta explica: "Você conhece a música de Taylor Swift, 'Shake it Off'? Bem, ela vai nos ajudar a nos livrarmos dos seus pensamentos negativos e substituí-los por pensamentos de enfrentamento; vamos ver como nos saímos".

A música é tocada e quando a criança ouve o refrão (p. ex., *"Os invejosos vão odiar, odiar, odiar. Amor, eu só vou deixar, deixar, deixar pra lá"*), ela é instruída a sacudir os braços para se livrar dos pensamentos negativos. Depois que os pacientes se libertaram dos pensamentos negativos, as notas adesivas são recolhidas e novos pensamentos de enfrentamento que combatem os pensamentos estressantes são desenvolvidos. Os pacientes então colam os novos pensamentos na parte de trás dos antigos e criam cartões de enfrentamento. O diálogo a seguir ilustra como Kelly usou "Deixe pra lá" com seu terapeuta.

O que o terapeuta pode dizer

TERAPEUTA: OK, Kelly, eu lembrei que você é uma grande fã de Taylor Swift. Bem, vamos usar uma das músicas dela para nos livrarmos de alguns dos seus pensamentos negativos. O que lhe parece?

KELLY: Eu sou muito fã dela!

TERAPEUTA: Maravilha! Primeiramente, pegue estas notas adesivas e escreva as coisas que passam pela sua cabeça quando você está se sentindo triste ou preocupada. Eu vou escrever algumas também. (*Os dois escrevem os pensamentos.*)

Agora vamos colá-las em nossas mãos e braços. Depois disso, vamos ouvir a música e quando Taylor cantar "deixe pra lá", nós vamos sacudir e nos livrar dos pensamentos (demonstra pulando e sacudindo os braços). Você acha que consegue fazer isso?

KELLY: Claro.

(*A música é tocada.*)

TERAPEUTA: Isso foi divertido! Agora vamos juntar do chão os pensamentos e ver se conseguimos mudá-los para que não façam você se sentir triste ou preocupada. Vamos escrevê-los e colá-los costas-com-costas para que, sempre que pensar em coisas como "Não consigo fazer nada direito", você tenha alguma coisa para acalmá-los.

O que o terapeuta pode fazer

Este é um exercício muito ativo, portanto recomendamos que os terapeutas sejam animados e entusiasmados. Dar pulinhos e sacudir vigorosamente as notas adesivas é fortemente encorajado. O exercício pode ser repetido várias vezes. Também é importante que os pensamentos descartados sejam substituídos por pensamentos alternativos. Esses pensamentos alternativos devem incluir um componente de enfrentamento ativo. O Cartão PR 7.5 pode ser usado para gerar ideias para as notas adesivas.

A fala da raposa

Idades: 8-14 anos.

Módulo: Reestruturação Cognitiva.

Objetivo: Desenvolver uma maneira de traduzir ou transformar mensagens internas imprecisas em avaliações mais acuradas.

Justificativa: Jovens deprimidos têm propensão a várias distorções que enviesam suas interpretações dos eventos externos e internos.

Materiais: Música, vídeo ou versão em livro de "What Does the Fox Say?" (O Que a Raposa Diz?), Cartões PR 7.6a e 7.6b, Traduzindo a fala da raposa, cartões com exemplo e em branco (p. 164-165) e recursos para escrever.

Tempo necessário previsto: 10-15 minutos.

Semelhante a "Deixe pra lá"/"A fala da raposa" é uma tarefa autoinstrucional que faz uso da cultura popular. A canção popular de alguns anos atrás, "What Does the Fox Say?", criada por Ylvis, propicia o ponto de partida para este exercício em ritmo acelerado. A fala da raposa ensina as crianças que muitos pensamentos automáticos negativos são ilógicos, distorcidos e imprecisos. Por exemplo, a letra da música começa com "O cachorro faz au, o gato faz miau, o pássaro faz piu e o rato faz squic. A vaca faz mu, o sapo faz croac e o elefante faz fuu". No entanto, quando se trata da raposa, a raposa diz: "ring-ding-ding-ding, dinger-ringed-ding". Embora todas as descrições dos animais sejam precisas até este ponto, "ring-ding-ding-ding, dinger-ringed-ding" é claramente impreciso e ilógico. Portanto, a próxima tarefa é corrigir a fala da raposa.

O que o terapeuta pode dizer

TERAPEUTA: Matilda, você conhece a música "What Does the Fox Say?"

MATILDA: Não escuto essa música há muito tempo.

TERAPEUTA: Tudo bem para você se assistirmos ao vídeo? (*Reproduz o vídeo.*)

MATILDA: É meio bobo.

TERAPEUTA: Sim, nós temos que traduzir ou mudar a fala da raposa para coisas que façam sentido. Sabemos que o "cachorro faz au, o gato faz miau, o pássaro faz piu e o rato faz squic. A vaca faz mu, o sapo faz croac e o elefante faz fuu". E a raposa na verdade não diz "ring-ding-ding-ding, dinger-ringed-ding". A fala da raposa é uma tagarelice ou algo que simplesmente não faz sentido. Nossa tarefa é mudar o que não é verdade para alguma coisa que esteja mais de acordo com os fatos. O que lhe parece?

MATILDA: Não sei. O que eu tenho que fazer?

TERAPEUTA: Dê uma olhada na folha de exercícios "A fala da raposa" [Cartão PR 7.6a]. Neste lado, temos a tagarelice da raposa. Você pode ler os pensamentos ali?

MATILDA: "Nunca vou conseguir tirar notas boas" e "Todos me odeiam".

TERAPEUTA: Matty, você *alguma vez* já teve pensamentos como esse?

MATILDA: Tive.

Terapeuta: OK, então o que temos que fazer é transformar a tagarelice em alguma coisa mais compreensível. É mais ou menos como o que você faz quando traduz para seus *abuelos*. A forma como traduzimos a fala da raposa é com estas dicas, substituindo palavras como *sempre, nunca, todos, ninguém, tudo, nada, deve, vai* e *deveria* por *às vezes, alguns, provavelmente, de vez em quando, talvez, poderia*, etc. O que lhe parece?

Matilda: Acho que consigo.

Terapeuta: OK. Vamos tentar um. Como você pode usar estas dicas para traduzir a "A fala da raposa" que diz "Nunca vou conseguir tirar notas boas"?

Matilda: Hummm... Talvez "Provavelmente vou tirar notas boas em geral, mas pode ser que eu tire uma nota ruim se o trabalho for muito difícil".

Terapeuta: Esse é um bom começo. Agora vamos tentar uma das suas próprias mensagens em "A fala da raposa".

O que o terapeuta pode fazer

O terapeuta inicia o exercício reproduzindo o vídeo ou a gravação em áudio de "What Does the Fox Say?". Recomendamos que os terapeutas enfatizem e/ou amplifiquem a infantilidade inerente à música. Os terapeutas também podem acrescentar alguns gestos engraçados. Quando a folha de exercícios com exemplo for apresentada, certifique-se de personalizá-la e individualizá-la. Esta intervenção *expressa* ativa e envolvente será marcante para a criança, e em casa ela poderá ser facilmente estimulada pelos pais a continuar trabalhando na autoinstrução.

Guardiões da sua mente

Idades: 8-14 anos.

Módulo: Reestruturação Cognitiva.

Objetivo: Construir um processo autoprotetor que resguarde os jovens pacientes de autorrecriminações dolorosas.

Justificativa: "Guardiões da sua mente" ajuda a proteger os jovens pacientes das autorrecriminações intrusivas e previsões pessimistas que invadem seu discurso privado.

Materiais: Cartão PR 7.7, Guardiões da sua mente (p. 166), e recursos para escrever.

Tempo necessário previsto: 10-15 minutos.

"Guardiões da sua mente" é uma técnica de autoinstrução que afasta os pensamentos negativos que atacam jovens pacientes. Os pensamentos negativos são vistos como invasores que estão se engajando em um controle hostil da vida interior dos jovens pacientes. O Guardião protege a mente contra o invasor oferecendo uma variedade de estratégias. Com base na resposta às perguntas estratégicas, é criado um plano de luta.

No Passo 1, paciente e terapeuta registram seu "invasor mental" ("Sou tão fraco"; "Ninguém quer ser meu amigo"). Em seguida, a atenção dos pacientes é direcionada para as seis estratégias do Guardião. Eles então selecionam e anotam as estratégias que os protegem deste pensamento predatório. O último passo está baseado na estratégia que eles selecionaram. Essa estratégia é usada pelos pacientes para construir um plano de luta para se defenderem contra crenças perniciosas.

O que o terapeuta pode dizer

TARIK: Meus pensamentos são muito dolorosos. É como se a minha mente estivesse me atravessando com espadas.

TERAPEUTA: Aposto que parece que você está sob ataque. Você precisa de um guardião da sua mente para evitar que os pensamentos o apunhalem.

TARIK: É! Onde você encontra algo assim?

TERAPEUTA: (*Sorri.*) Engraçado você ter perguntado. Eu tenho esta folha de exercícios bem aqui chamada de "Guardiões da sua mente" [Cartão PR 7.7]. Dê uma olhada.

TARIK: Gosto do garoto na frente. Como posso usá-la?

TERAPEUTA: Vou lhe mostrar. Primeiro, vamos escrever o pensamento doloroso que estava lhe atacando.

TARIK: Nunca vou me sair tão bem na escola quanto minha irmã. Sou uma causa perdida. Minha cabeça está cheia de lixo fedorento.

TERAPEUTA: Uau! Esse pensamento é realmente exasperante. Vamos experimentar algumas estratégias guardiãs, OK? Leia estas dicas e veja se há alguma coisa ali que possa protegê-lo.

TARIK: Hummm. Aquela que diz "Este pensamento é prejudicial ou útil pra mim?". E "O pensamento invasor está me fazendo ver só o pior em mim mesmo?".

TERAPEUTA: Ótimo! Vamos escrevê-los na coluna abaixo. Agora, como podemos montar um plano de luta baseado nas respostas à pergunta "Isto é útil para você?".

TARIK: Não! Isso só faz com que eu me sinta mal.

TERAPEUTA: OK. Vamos escrever isso. Este pensamento invasor da mente só faz com que eu me sinta mal. Agora a segunda pergunta: "O pensamento só está fazendo você ver o pior em si mesmo?".

TARIK: Sim!

TERAPEUTA: OK. Então o invasor da mente só está tentando fazer você ver o pior em si mesmo e nada mais. Então você deveria acreditar em um pensamento que só faz você ver o pior em si mesmo e faz com que se sinta mal?

TARIK: Não, acho que não.

TERAPEUTA: Agora leia este plano de luta que acabamos de escrever juntos.

TARIK: O invasor da minha mente só faz com que eu me sinta mal e está tentando me fazer ver o pior em mim mesmo e nada mais. Não tenho que acreditar em um pensamento como esse.

TERAPEUTA: Você acha que seria útil escrever isso em um cartão de fichário e ler sempre que você tiver um ataque à sua mente como esse de você ser um lixo fedorento e uma causa perdida?

O que o terapeuta pode fazer

A utilização do Cartão PR 7.7 ou de um cartão de fichário durante a intervenção *expressa* fornece à criança deprimida uma intervenção rápida e eficaz para começar a mudar os pensamentos no momento, ao mesmo tempo também fornecendo uma pista (cartão de fichário) para estimular a reestruturação cognitiva posteriormente. Com o uso da metáfora, o terapeuta ajuda a aumentar as chances da criança se lembrar da estratégia mais tarde. Esta abordagem também pode aumentar o engajamento e a disposição da criança para falar sobre pensamentos e sentimentos durante e após da intervenção.

CONCLUSÃO

Os sintomas depressivos são uma apresentação clínica desafiadora para muitos profissionais, e existem inúmeras barreiras para que crianças deprimidas recebam TCC tradicional continuada para depressão. Ao implantar uma ou mais destas intervenções *expressas* no ponto de identificação dos sintomas, os profissionais podem engajar a família, demonstrar a eficácia da abordagem de TCC e aumentar as chances de seguirem recomendações futuras. Como as intervenções são executadas rapidamente em menos de 15 minutos, elas podem ser facilmente introduzidas e realizadas em uma clínica de atenção primária, na sala do orientador escolar ou em outros ambientes onde os profissionais estão interagindo com as crianças. Demonstrar fisicamente e praticar as técnicas com a família são condições necessárias para a máxima eficácia. Ao usar os 10-15 minutos para realmente engajar a família nas técnicas *expressas*, o profissional está impactando diretamente os sintomas depressivos em tempo real e preparando o terreno para melhora futura.

Cartão PR 7.1

Escolha um cartão... qualquer cartão

Em um dos lados do cartão, escreva atividades que possam ser realizadas rapidamente durante a sessão expressa. Depois de demonstrar a intervenção com a família, peça-lhes que criem cartões adicionais com coisas que possam ser realizadas facilmente em casa ou na sua comunidade. A criança pode fazer desenhos nos cartões para deixá-los mais coloridos.

Possíveis itens para a escolha de um cartão:

1. Brinque de "Mestre mandou" (isso aumenta a frequência cardíaca e as crianças podem achar bobo, particularmente se os pais e profissionais jogarem com elas).
2. Assista a um filme engraçado no YouTube (os profissionais devem ter disponíveis vídeos apropriados ao desenvolvimento).
3. Conte uma piada boba.
4. Demonstre um truque de mágica ou mostre um vídeo de um truque de mágica.

De *TCC expressa*. McClure, Friedberg, Thordarson e Keller. Copyright © 2019 The Guilford Press. É permitido aos leitores deste livro copiar este Cartão PR para uso pessoal ou para uso com os clientes (ver página de direitos autorais para detalhes). Os leitores têm permissão para fazer *download* de cópias adicionais deste Cartão PR (ver quadro no final do Sumário deste livro).

Cartão PR 7.2

Eco... eco... eco...

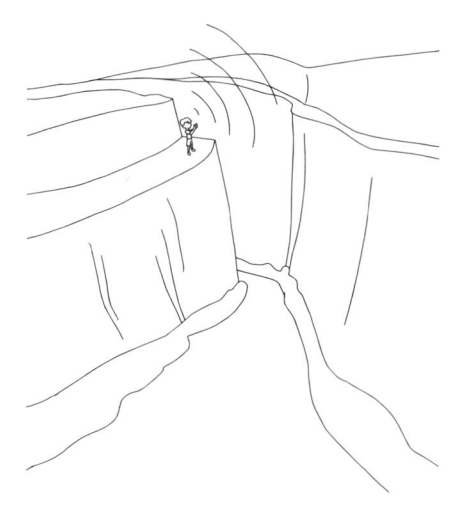

Que pensamentos você está atualmente gritando para si mesmo que estão ecoando para você?

_____
_____
_____
_____
_____
_____

Que novos pensamentos você pode tentar ecoar?

_____
_____
_____
_____
_____
_____

De *TCC expressa*. McClure, Friedberg, Thordarson e Keller. Copyright © 2019 The Guilford Press. É permitido aos leitores deste livro copiar este Cartão PR para uso pessoal ou para uso com os clientes (ver página de direitos autorais para detalhes). Os leitores têm permissão para fazer *download* de cópias adicionais deste Cartão PR (ver quadro no final do Sumário deste livro).

Cartão PR 7.3a
Gravado na pedra: exemplo

Algumas coisas não mudam, mas a maioria das coisas muda. Quando confundimos coisas mutáveis (como sentimentos) com coisas que não podem ser mudadas, podemos nos sentir mais tristes, chateados ou deprimidos. Tratamos nossos pensamentos ou sentimentos negativos como se eles estivessem *gravados na pedra* e nunca fossem mudar. Veja se você consegue listar coisas nas categorias "mudam" ou "não mudam". Impressões digitais e sentimentos já foram escritos para você. Acrescente o maior número de coisas que conseguir em 2 minutos.

MUDAM

Sentimentos
Quanto frio estou sentindo
O quanto fiquei triste quando meu cachorro morreu
O comprimento do meu cabelo
A minha altura
Onde moramos
O quanto estou cansado
O quanto fiquei chateado com minha nota em matemática no primeiro trimestre
Quem é meu melhor amigo
Minha comida favorita
Minha música preferida
O quanto eu durmo
O tamanho das roupas que eu uso
O clima
Quem são meus professores

NÃO MUDAM

Impressões digitais
DNA
Quem é minha mãe

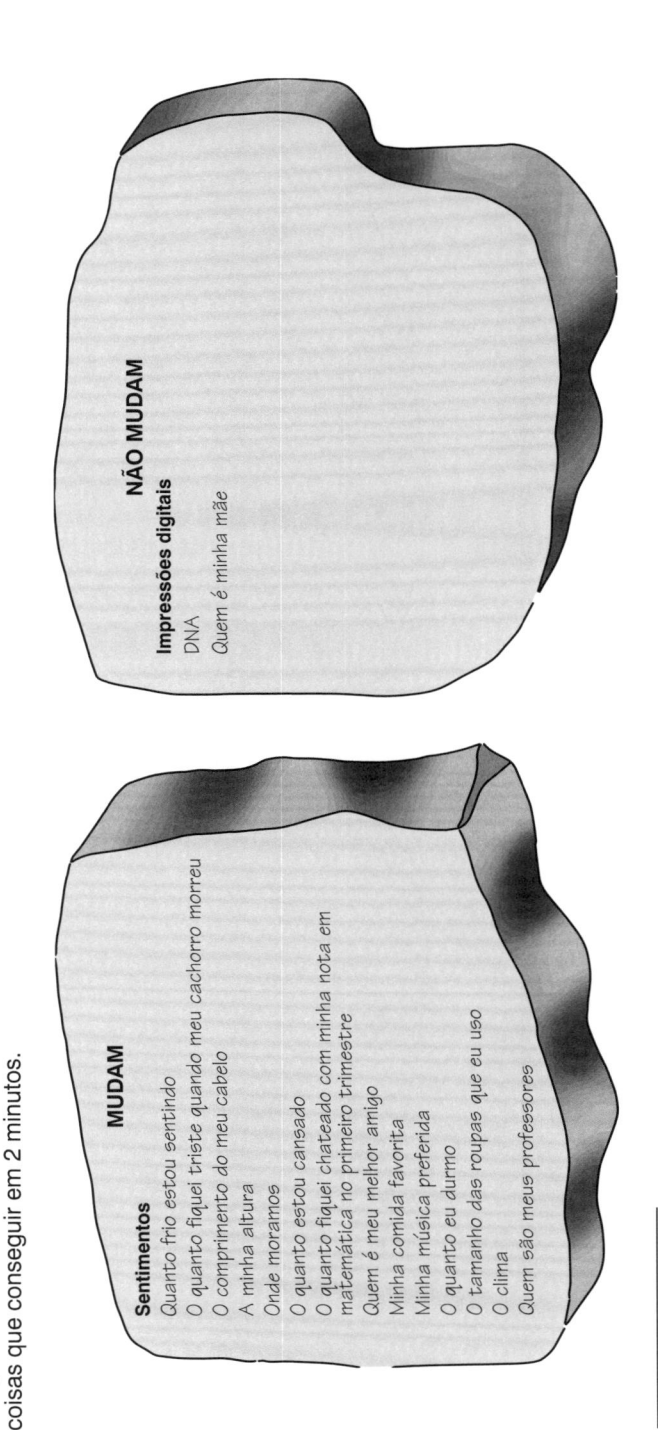

De *TCC expressa*. McClure, Friedberg, Thordarson e Keller. Copyright © 2019 The Guilford Press. É permitido aos leitores deste livro copiar este Cartão PR para uso pessoal ou para uso com os clientes (ver página de direitos autorais para detalhes). Os leitores têm permissão para fazer *download* de cópias adicionais deste Cartão PR (ver quadro no final do Sumário deste livro).

Cartão PR 7.3b
Gravado na pedra

Algumas coisas não mudam, mas a maioria das coisas muda. Quando confundimos coisas mutáveis (como sentimentos) com coisas que não podem ser mudadas, podemos nos sentir mais tristes, chateados ou deprimidos. Tratamos nossos pensamentos ou sentimentos negativos como se eles estivessem *gravados na pedra* e nunca fossem mudar. Veja se você consegue listar coisas nas categorias "mudam" ou "não mudam". Impressões digitais e sentimentos já foram escritos para você. Acrescente o maior número de coisas que conseguir em 2 minutos.

NÃO MUDAM
Impressões digitais

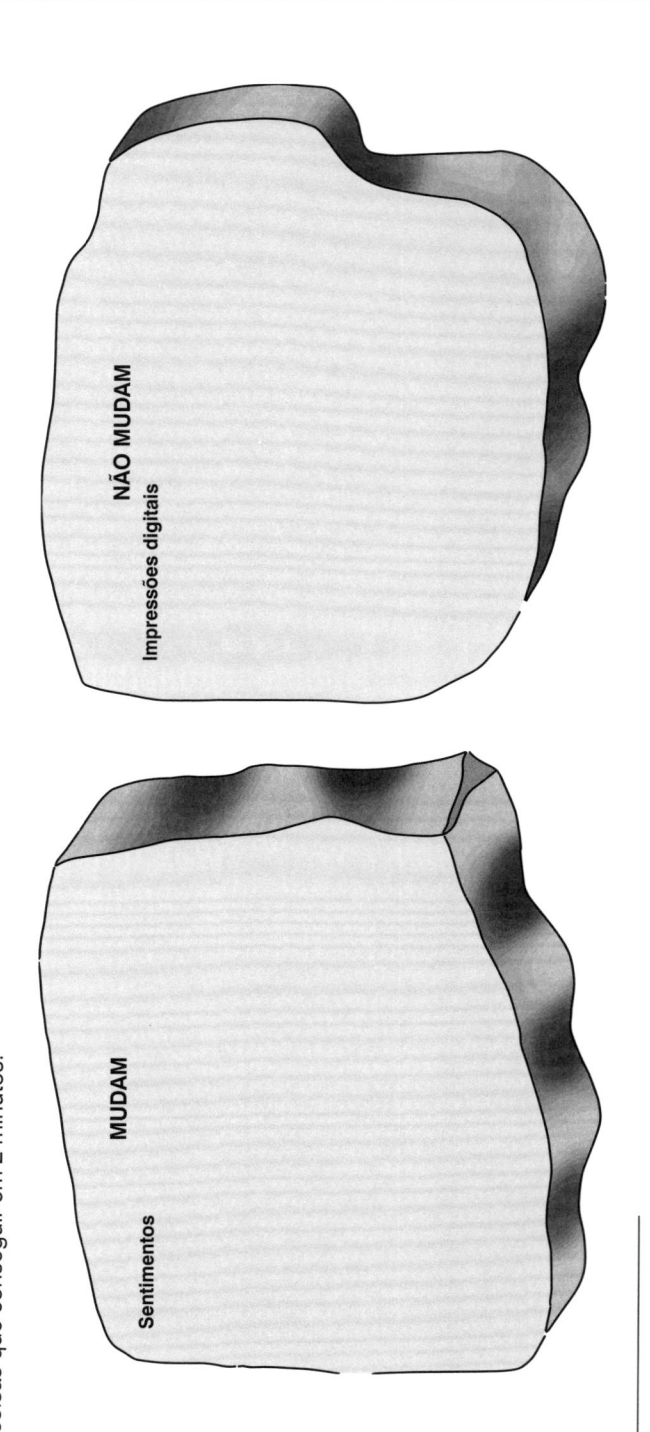

MUDAM
Sentimentos

De *TCC expressa*. McClure, Friedberg, Thordarson e Keller. Copyright © 2019 The Guilford Press. É permitido aos leitores deste livro copiar este Cartão PR para uso pessoal ou para uso com os clientes (ver página de direitos autorais para detalhes). Os leitores têm permissão para fazer *download* de cópias adicionais deste Cartão PR (ver quadro no final do Sumário deste livro).

Cartão PR 7.4a
Derrotando o ogro dos pensamentos negativos: exemplo

O que seu ogro diz	O que eu digo para derrotar o ogro
	 POW! BAM! SPLAT
Eu sou feio.	 POW! = Volte para a sua toca, ogro. Você só sai quando eu estou triste.
Eu sou um idiota.	 BAM! = Esqueça, ogro. Você não me conhece. Eu me conheço. Idiota é apenas um xingamento. Eu sou mais do que isso!
Ninguém quer ser meu amigo.	 SPLAT = Que se exploda, ogro! Você nem sabe quem é meu amigo. Você não pode dizer isso!

De *TCC expressa*. McClure, Friedberg, Thordarson e Keller. Copyright © 2019 The Guilford Press. É permitido aos leitores deste livro copiar este Cartão PR para uso pessoal ou para uso com os clientes (ver página de direitos autorais para detalhes). Os leitores têm permissão para fazer *download* de cópias adicionais deste Cartão PR (ver quadro no final do Sumário deste livro).

Cartão PR 7.4b
Derrotando o ogro dos pensamentos negativos

O que seu ogro diz	O que eu digo para derrotar o ogro
	POW! BAM! SPLAT
	POW! = BAM! = SPLAT =

De *TCC expressa*. McClure, Friedberg, Thordarson e Keller. Copyright © 2019 The Guilford Press. É permitido aos leitores deste livro copiar este Cartão PR para uso pessoal ou para uso com os clientes (ver página de direitos autorais para detalhes). Os leitores têm permissão para fazer *download* de cópias adicionais deste Cartão PR (ver quadro no final do Sumário deste livro).

Cartão PR 7.5
Deixe pra lá

Pratique a elaboração de pensamentos "Deixe pra lá" para responder aos pensamentos negativos que estão passando pela sua mente.

Pensamento para a nota adesiva → Pensamento Deixe pra lá

Pensamento para a nota adesiva	Pensamento Deixe pra lá

De *TCC expressa*. McClure, Friedberg, Thordarson e Keller. Copyright © 2019 The Guilford Press. É permitido aos leitores deste livro copiar este Cartão PR para uso pessoal ou para uso com os clientes (ver página de direitos autorais para detalhes). Os leitores têm permissão para fazer *download* de cópias adicionais deste Cartão PR (ver quadro no final do Sumário deste livro).

Cartão PR 7.6a
Traduzindo a fala da raposa: exemplo

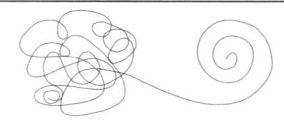

Sua raposa diz:	
	Sua tradução = Dica: Mude palavras como *sempre, nunca, todos, ninguém, tudo, nada, deve, vai* e *deveria* para *às vezes, alguns, provavelmente, de vez em quando, talvez, poderia,* etc.
Nunca vou conseguir tirar notas boas.	Provavelmente vou tirar notas boas em geral, mas pode ser que eu tire uma nota ruim se o trabalho for muito difícil de fazer.
Todos me odeiam.	Algumas crianças não gostam de mim, mas algumas sim.

De *TCC expressa*. McClure, Friedberg, Thordarson e Keller. Copyright © 2019 The Guilford Press. É permitido aos leitores deste livro copiar este Cartão PR para uso pessoal ou para uso com os clientes (ver página de direitos autorais para detalhes). Os leitores têm permissão para fazer *download* de cópias adicionais deste Cartão PR (ver quadro no final do Sumário deste livro).

Cartão PR 7.6b
Traduzindo a fala da raposa

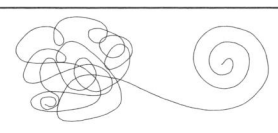

Sua raposa diz:	
	Sua tradução = Dica: Mude palavras como *sempre, nunca, todos, ninguém, tudo, nada, deve, vai* e *deveria* para *às vezes, alguns, provavelmente, de vez em quando, talvez, poderia*, etc.

De *TCC expressa*. McClure, Friedberg, Thordarson e Keller. Copyright © 2019 The Guilford Press. É permitido aos leitores deste livro copiar este Cartão PR para uso pessoal ou para uso com os clientes (ver página de direitos autorais para detalhes). Os leitores têm permissão para fazer *download* de cópias adicionais deste Cartão PR (ver quadro no final do Sumário deste livro).

Cartão PR 7.7
Guardiões da sua mente

Invasores da mente	Estratégias dos guardiões:	Plano de luta da mente
	1. Seja cuidadoso – mesmo que os pensamentos invasores pareçam verdadeiros inicialmente, eles podem ser falsos. 2. Este pensamento é útil ou prejudicial para mim ou para outros? 3. O pensamento invasor está tentando me enganar? 4. O pensamento invasor está tentando me forçar a fazer alguma coisa que vai me animar ou me derrubar? 5. O pensamento invasor está me fazendo ver APENAS o pior em mim mesmo, nos outros ou na situação? 6. Pensamentos intensos estão fazendo estes pensamentos parecerem mais verdadeiros do que eles são?	

De *TCC expressa*. McClure, Friedberg, Thordarson e Keller. Copyright © 2019 The Guilford Press. É permitido aos leitores deste livro copiar este Cartão PR para uso pessoal ou para uso com os clientes (ver página de direitos autorais para detalhes). Os leitores têm permissão para fazer *download* de cópias adicionais deste Cartão PR (ver quadro no final do Sumário deste livro).

8

Não adesão ao tratamento médico

"Ela não consegue engolir os comprimidos."
"É muito difícil conseguir que ele faça isso."
"Nós somos muito ocupados – simplesmente esquecemos."
"Não está dando certo."

Comportamentos de saúde são práticas importantes que nem sempre são levadas em consideração como alvos do tratamento para jovens. Entretanto, as variações na adesão a prescrições médicas produzem um vasto leque de resultados em longo prazo. Crianças e adolescentes que não seguem as orientações médicas usam mais medicação, acessam os serviços de atenção à saúde com maior frequência, visitam atendimentos de urgência e departamentos de emergência mais frequentemente e experimentam consequências muito mais negativas (Christopherson & Mortweet, 2013; Roberts, Aylward, & Wu, 2014). Não há uma definição unificada de não adesão ao tratamento médico. Os regimes médicos são compostos por uma ampla variedade de comportamentos. Isso dificulta o estabelecimento do grau de tal comportamento que merece a designação de não adesão. Para fins deste capítulo, não adesão se refere de um modo geral a uma falha em seguir as recomendações, o que torna o tratamento menos efetivo.

A não adesão pode ser o resultado de inúmeras barreiras à adesão. Pais e crianças podem ser frustrados pelas barreiras psicossociais, podem ter dificuldade de entender as prescrições de tratamento complexas e podem julgar as explicações irrealistas. Os profissionais da área médica algumas vezes percebem as famílias como hesitantes, obstinadas, confusas ou inconsistentes (Roberts et al., 2014). Precisamos ter em mente que as famílias e os médicos compartilham um objetivo comum: tratar o problema médico. A não adesão raramente é deliberada ou intencional e muitas vezes surge em razão de uma falha na comunicação efetiva. As famílias e os médicos abordam os problemas a partir de duas perspectivas distintas: o sistema familiar e o modelo médico. As famílias não entendem todas as peças do problema (p. ex., por que ele surgiu, como pode ser evitado no futuro, como tratá-lo, qual é o prognóstico de longo prazo, como o tratamento pode ajudar e como não pode, que risco a criança terá se o problema não for tratado agora). O médico ou profissional da área médica pode não compreender os vários fatores na vida real que afetam a adesão (p. ex., horário escolar, atividades extracurriculares, vida familiar, fatores culturais, irmãos, trabalho). A saúde comportamental visa preencher a lacuna entre essas perspectivas, preparar o caminho para mitigar as barreiras e melhorar a adesão (Rapoff, 2010).

As intervenções de *TCC expressa* neste capítulo ajudarão os profissionais e famílias a abordarem as barreiras e aumentarem a adesão com um investimento mínimo e um ganho máximo. Os clínicos de saúde mental que atuam em contextos de atenção primária e clínicas multidisciplinares podem usar tais intervenções no contexto mais amplo do tratamento. Pediatras, enfermeiros, gestores e técnicos de atenção à saúde também podem se beneficiar com o uso dessas intervenções para abordar problemas com o cumprimento das recomendações médicas. Psiquiatras, residentes e outros profissionais da área médica que trabalham com famílias em ambientes hospitalares ou ambulatoriais podem incorporá-las à sua prática para melhorar a adesão.

As intervenções de *TCC expressa* a seguir abordam os três problemas de não adesão ao tratamento médico mais prevalentes: dificuldades para ingerir os comprimidos, não adesão à medicação e não adesão ao plano nutricional. No final de cada tópico principal, um guia com o objetivo de resolução de problemas é incluído com o objetivo de instruir os profissionais sobre como modificar as intervenções em face das complicações mais frequentes.

BREVE EXPOSIÇÃO SOBRE TRATAMENTOS BASEADOS EM EVIDÊNCIAS

Pesquisas mostram que a terapia cognitivo-comportamental (TCC) aborda de forma efetiva a não adesão ao tratamento médico (Cortina, Somers, Rohan, & Drotar, 2013; Hankinson & Slifer, 2013). A maioria dos regimes médicos requer intervenção de curto prazo focada no problema a partir de módulos distintos de TCC, em vez de protocolos completos. Para maximizar a adesão, os clínicos precisam assegurar uma real compreensão do que é prescrito pelo profissional médico. Psicoeducação clara e concreta pode ser suficiente para abordar a não adesão (Weersink, Taxis, McGuire, & van Driel, 2015). Dados objetivos reunidos no curso do monitoramento do alvo são necessários para avaliar os resultados e determinar como intervir (Cortina et al., 2013). Na maioria dos casos, a resolução de problemas, planos de contingência e outras intervenções comportamentais levam a melhoras na adesão aos regimes médicos (Luersen et al., 2012; Modi, Guilfoyle, & Rausch, 2013; Wu et al., 2013).

Às vezes, as crenças do pai e do filho interferem na adesão, e assim são necessárias intervenções cognitivas para abordar estas barreiras internas (McGrady, Ryan, Brown, & Cushing, 2015). As exposições criam experiências de aprendizagem fundamentais para as crianças e seus pais, ensinando que a adesão é possível (Meltzer et al., 2006; Schiele et al., 2014). O tratamento da não adesão às prescrições médicas enfatiza a avaliação dos desafios que a família enfrenta, e então envolve a eliminação direta e específica dos obstáculos identificados. De modo geral, evidências em apoio de estratégias cognitivo-comportamentais para tratar a não adesão ao tratamento médico fornecem uma justificativa clara para uso das seguintes intervenções de *TCC expressa*.

No filme *Mary Poppins*, a protagonista cantava: "Em cada trabalho que precisa ser feito, existe um elemento de diversão". No entanto, quando uma colher de açúcar não é inerente à tarefa, o reforço com um doce pode ser indicado. Os regimes médicos costumam ser importantes para o prognóstico de longo prazo. Porém, a maioria das crianças não consegue conceitualizar como realmente será a próxima semana, muito menos daqui a 10 anos. Para conseguir a adesão das crianças, elas precisam estar motivadas. Isso significa planejar recompensas que as afetarão aqui e agora. A adição de um reforço positivo externo faz uma diferença significativa na eficácia das intervenções para não adesão ao tratamento médico (Christopherson & Mortweet, 2013; Luersen et al., 2012). Planos de incentivo devem ser claramente definidos e consistentemente cumpridos. As recompensas devem ser relevantes para os interesses específicos da criança. As recompensas também devem custar pouco ou nenhum dinheiro para que possam ser mantidas. Os Capítulos 2 e 3 fornecem orientações para abordar os componentes comportamentais do tratamento.

INGESTÃO DE COMPRIMIDOS

"Ele não quer tomar os comprimidos."

"Não consigo engolir a medicação."

"Ele se engasga o tempo todo."

Apesar da facilidade para ingerir vários alimentos durante o dia, muitas crianças experimentam dificuldades significativas quando se trata de engolir comprimidos. Somos programados para mastigar nosso alimento, para nos proteger de engasgos, mas nossas práticas com a medicação contradizem diretamente esses instintos (Osmanoglou et al., 2004). Além disso, os comprimidos variam em formato, tamanho e sabor, o que torna ainda mais difícil para as crianças se acostumarem a ingerir a medicação. Não é de admirar que tenha sido criada a expressão "uma pílula difícil de engolir"!

A avaliação deste problema costuma ser simples. Muitos jovens e também seus pais dizem inequivocamente que ingerir comprimidos não dá certo para eles. Algumas crianças se recusam a tomar a medicação por causa do gosto. Outras podem ter uma história de aprendizagem negativa associada a ingerir comprimidos (p. ex., se engasgaram ou vomitaram após tomar uma medicação). Seja qual for a razão específica para os problemas com a ingestão de comprimidos, apresentamos a seguir algumas intervenções efetivas para ajudar os jovens a dominarem o ato de tomar sua medicação. Tais intervenções devem ser realizadas diretamente com a criança, com a participação dos pais. Independentemente da idade da criança, será útil que os pais aprendam as técnicas e pratiquem com o filho durante a visita/sessão. Achamos que eles se beneficiam ao verem a maestria do seu filho em primeira mão, e praticar as estratégias com o pai e o filho juntos identificará quaisquer questões ou barreiras que podem surgir em casa.

Intervenções

Ao abordar a não adesão ao tratamento médico, geralmente começamos com educação simples. Em geral, os profissionais tendem a partir do princípio de que as crianças e seus pais compreendem o que lhes será solicitado. Para a ingestão de comprimidos não é diferente, e começamos com alguns passos simples. Em primeiro lugar, identificamos as diferentes partes móveis que desempenham um papel na deglutição. Instrua as crianças a apontarem para os próprios lábios, bochechas, língua e garganta. Investigue o quanto conhecem sobre a função de cada parte. O diálogo a seguir desenvolve esta educação com Gabby, 7 anos, a quem foi prescrita uma medicação que só poderia ser tomada na forma de comprimido. Use o Cartão PR 8.1, "Aprendendo sobre deglutição" (p. 197), para ilustrar a descrição do mecanismo de deglutição.

O que o terapeuta pode dizer

TERAPEUTA: OK, como você geralmente engole as coisas?

GABBY: Eu coloco um pedaço na boca e então... Eu apenas engulo.

TERAPEUTA: Uau! Você faz isso parecer tão fácil! Você sabia que engolir na verdade é meio complicado?

GABBY: Hummm, não, não é.

TERAPEUTA: Muito bem, por que não começamos dividindo as partes da deglutição?

GABBY: Partes?

TERAPEUTA: Sim, que partes do seu corpo estão envolvidas em engolir? Que tal começarmos com seus lábios?

GABBY: Meus lábios não engolem!

TERAPEUTA: Haha! Você está certa, eles não engolem, mas são quem começa a coisa toda. O que você acha que eles fazem para começar a engolir? (*Mexe com os lábios para enfatizar.*)

GABBY: Quando você faz isso, parece um cavalo mascando capim ou algo parecido. Oh, eu sei, os lábios ajudam a colocar a comida dentro da boca.

TERAPEUTA: Isso está absolutamente correto! Agora, quando você toma sua medicação, aposto que você a coloca direto dentro da boca e joga na língua, hein?

GABBY: É. Eu tento colocar direto para que desça logo, mas isso nunca acontece.

TERAPEUTA: OK, o próximo passo é a língua. Deixe-me ver a sua!

GABBY: (*Estende a língua.*)

TERAPEUTA: Bom, você sabe onde ela fica. Você sabe o que ela faz?

GABBY: Ela lambe o sorvete!

TERAPEUTA: Sim, ela lambe! O que mais ela faz? Como ela a ajuda a engolir?

GABBY: Hummm. Acho que ela meio que empurra a comida pela boca?

TERAPEUTA: Você entendeu. Sua língua empurra a comida pela boca e a leva até o fundo para empurrá-la para dentro da sua garganta. Agora, existem dois tubos na sua garganta. Diga-me o que eles fazem.

GABBY: Eles levam a comida até o meu estômago e me ajudam a respirar.

TERAPEUTA: Certo de novo! Aquele que está ligado ao seu estômago é chamado de esôfago. O outro está ligado aos seus pulmões e leva o ar fresco que entra pela sua boca. Quando você come e bebe, o tubo que se liga aos seus pulmões se fecha no alto para que não entre comida no lugar errado.

GABBY: Ele fecha? Mas então eu não iria parar de respirar?

TERAPEUTA: Não. Vamos testar. Abra a boca assim (*abre a boca*), depois respire fundo pelo nariz.

GABBY: (*Respira fundo.*)

TERAPEUTA: Está vendo? Quando a sua boca está ocupada, seu nariz toma conta da respiração.

GABBY: Legal!

TERAPEUTA: OK, então já falamos sobre os lábios e a língua. Agora estamos no esôfago. Diga-me o que o esôfago faz (*apontando para o esôfago no folheto*).

GABBY: Você já disse. Ele leva a comida para a barriga.

TERAPEUTA: Você está certa, eu já dei a resposta. O esôfago está embrulhado nos músculos que ajudam a garantir que a comida desça até dentro do estômago. Veja! Assim é mais complicado do que você pensou, não é?

GABBY: É, acho que sim.

TERAPEUTA: Agora que já sabemos o que está acontecendo, vamos ter algumas ideias de como fazer com que engolir os comprimidos seja tão fácil quanto engolir um sorvete!

Ao dispensar breves 3 minutos para discutir os diferentes componentes mecânicos da deglutição com Gabby, o terapeuta prepara o terreno para começar com as intervenções. Neste diálogo, o terapeuta equilibra uma linguagem adequada à criança (p. ex., *barriga*) com a terminologia formal (p. ex., *esôfago*). Isso cria uma interação atrativa e acessível para a paciente, mantém a credibilidade com os pais e apresenta a paciente ao vocabulário que ela provavelmente vai ouvir outra vez do seu pediatra.

O que o terapeuta pode fazer

Em vez de dar uma aula para o paciente, o terapeuta torna a experiência de aprendizagem interativa ao fazer perguntas e responder animadamente. Gabby não teve chance de se desligar do terapeuta porque ela contribuiu tanto quanto o terapeuta. Informações transmitidas desta maneira evitam a necessidade de construir *rapport* separadamente da intervenção e maximizam a eficiência de cada minuto da sessão.

Comece simples: como engolir

Idades: 4-18 anos.

Módulo: Psicoeducação.

Objetivo: Ensinar os passos para tornar mais fácil a ingestão de comprimidos.

Justificativa: A comunicação clara sobre as várias maneiras de ingerir comprimidos efetivamente oferece às famílias ideias criativas para modificar as práticas de deglutição para melhor se adequar aos problemas e preferências específicas de cada criança.

Materiais: Cartão PR 8.2, Leve para casa: dicas para deglutição (p. 198), e recursos para escrever; um copo d'água.

Tempo necessário previsto: 5 minutos.

Frequentemente, as dificuldades com a ingestão de comprimidos surgem por causa de práticas falhas de deglutição. Estas são algumas dicas para ajudar os profissionais a potencializarem o sucesso. Demonstre e pratique cada um destes passos na sessão para explicar o exato posicionamento e tamanho do gole.

1. **Posição do comprimido:** *Coloque o comprimido no meio da língua.*
   - Comprimidos colocados muito ao fundo da língua vão desencadear o reflexo do vômito.
   - Comprimidos colocados na ponta da língua podem se mover pela boca e ficar presos nas bochechas.
2. **Ingestão de líquido:** *Garanta que as crianças estejam tomando apenas uma pequena quantidade de líquido para engolir sua medicação.*

- Tentar engolir grandes goles de água com os comprimidos misturados é uma ótima receita para engasgar/vomitar. Crianças com uma história de engasgo ou vômito podem tentar resolver o problema tomando goles cada vez maiores de água, inadvertidamente piorando o problema.
- Para o tamanho certo do gole, tente pedir que a criança abra a boca depois de ter tomado um gole. Goles muito grandes vão transbordar. O melhor tamanho é um gole que se encaixe dentro da boca da criança sem vazar quando a boca está aberta.
- Uma forma de garantir goles de bom tamanho é usar um canudo.
- Como alternativa, uma colher cheia de um alimento mole e pastoso funciona tão bem quanto o líquido. Considere a possibilidade de fazer a criança tentar tomar comprimidos com um pouco de iogurte, molho de maçã, purê de batatas, pudim ou sorvete. Coloque uma colher pequena do alimento no centro da língua da criança e coloque o comprimido em cima.

3. **Posição da cabeça:** *O ângulo em que está inclinada a cabeça da criança afeta a facilidade para deglutir.*
   - Crianças que se queixam de que a medicação fica trancada na boca devem ser ensinadas a inclinar a cabeça para trás suavemente, facilitando que a língua empurre o comprimido diretamente para o esôfago.
   - Inclinar a cabeça muito para trás na verdade tornará a entrada no esôfago mais difícil (tente olhar para o teto e engolir um bocado de saliva – não é uma experiência muito confortável!).
   - Para crianças que vomitam a medicação ou que se queixam de que ela fica "trancada", uma inclinação suave para frente ajudará a relaxar o esôfago e facilitar a descida da medicação até o estômago.

O Cartão PR 8.2 fornece às famílias ideias para aplicação das estratégias em casa. Esta também é uma boa maneira de fazer uma dupla checagem se as famílias entendem as dicas que você está compartilhando. Esta folha de exercícios deve ser preenchida durante a visita para que você possa checar as respostas e responder eventuais perguntas antes que a família vá embora. Esta folha de exercícios servirá como um lembrete visual em casa das dicas para ingerir comprimidos que foram praticadas durante a visita.

Ajustando o tamanho!: prática gradual

Idades: 4-18 anos.

Módulo: Experimentos e Exposições Comportamentais.

Objetivo: Ensinar exposição gradual para ingestão de itens inteiros.

Justificativa: A realização de exposições graduais permite que as crianças aprendam em primeira mão que são capazes de ingerir itens sem engasgar.

Materiais: Cartões PR 8.3a e 8.3b, Cartão de escores, cartões com exemplo e em branco (p. 199-200) e recursos para escrever, bebida preferida, itens para prática (doces, frutas, etc.).

Tempo necessário previsto: 15 minutos.

Desenvolver boas técnicas de deglutição é apenas o começo. As crianças precisam ficar confortáveis ao engolir alguma coisa sólida sem mastigar. O principal é começar por itens comestíveis menores que garantam o sucesso. Isso proporciona às crianças um ponto de partida de sucesso para motivá-las a continuar tentando. A **Figura 8.1** traz algumas ideias de itens para praticar. Certifique-se de escolher coisas que a criança *queira* engolir. Achamos que uma desculpa para comer doce no meio do dia ajuda a motivar muitas crianças!

Tenha o cuidado de prestar atenção a alergias caso forneça os itens em seu consultório; e lembre-se, alguns dos itens representam risco de engasgamento.

O que o terapeuta pode dizer

"Você gosta de doce? Quais são seus doces favoritos? Você gostaria de fazer uma prática que envolve engolir alguns pedaços bem pequenos de doce e cuja recompensa seria ainda mais doce? Não, você não está sonhando. Sei que você tem tido problemas para aprender a engolir seus comprimidos. Então eu pensei que poderíamos deixar isso mais divertido e mais fácil se praticarmos com doce. Deixe-me mostrar o que eu quero dizer."

O que o terapeuta pode fazer

Escolha um item alimentar em cada nível para planejar as práticas. Idealmente, as práticas serão feitas na sessão. Uma boa ideia para os profissionais é criar um *kit* de prática para ter à disposição no consultório. Se a sua clínica proíbe o fornecimento de comida aos pacientes, descubra com a família os itens recomendados para a prática e peça que tragam na sua próxima consulta. A criança deve escolher suas opções favoritas para maximizar o interesse e o engajamento.

Bem pequeninho	Confeitos de bolo (pequenos, redondos ou ovais) Pastilhas Grãos de arroz
Pequeninho	Confeitos de bolo (esféricos)
Pequeno	Mini M&M's Tic Tacs Pedacinhos de frutas macias (morango, banana, manga, etc.) Um grão de ervilha ou milho cozido
Médio	M&M's original Bala de hortelã Pedaços de frutas macias
Grande	M&M's de amendoim Balas de goma Jujubas Mirtilo inteiro
Crédito extra	Bombom, framboesa, amora inteira Bolinhas de melão

FIGURA 8.1 Ajustando o tamanho!: ideias para prática.

Agora começa a ação! O terapeuta e a criança (e idealmente, o cuidador) farão todos os exercícios juntos. A prática mútua estimula a boa vontade do jovem para abordar uma tarefa temida. Comece com o item menor. Planeje ingerir com sucesso cada item por três vezes (isto é, alguns confeitos por três vezes) antes de prosseguir. Se a criança ficar travada no tamanho seguinte, recue e pratique o tamanho anterior novamente. Tente escolher outro item para prática dentro do mesmo nível. Por exemplo, se uma criança ingeriu com sucesso três mini M&M's, mas não consegue engolir um M&M de tamanho regular, refaça as práticas com o mini M&M e depois tente a ingestão de alguns Tic Tacs. Esta não é uma situação em que queremos "impor". Fracassos repetidos reforçarão a aprendizagem prévia de que ingerir os comprimidos é perigoso, desconfortável ou impossível. Dê um passo atrás, some mais vitórias à experiência da criança e amplie a zona de conforto de outras maneiras (textura, forma) antes de retornar a um item maior.

Não deixe de comemorar as vitórias. Cada vez que a criança ingerir um item com sucesso, faça um elogio específico e entusiasmado. Cada sucesso pode ser registrado no "Cartão de escores" (Cartão PR 8.3b) fornecido para levar para casa, o que pode servir como um lembrete visual dos sucessos e também como um estímulo para práticas adicionais, se necessário. Os terapeutas podem usar o bloco parental *Elogio* introduzido no Capítulo 3 para estimular os pais a elogiarem os esforços do filho.

Algumas crianças precisam passar pelos exercícios apenas uma vez antes de se sentirem prontas para tentar ingerir sua medicação. Outras podem precisar de prática repetida. Depois que a criança dominar consistentemente a ingestão de itens alimentares do mesmo tamanho que o comprimido necessário, ela estará pronta para usar a medicação.

Jovens com condições de saúde crônicas cuja expectativa é tomar uma medicação que pode mudar com o tempo podem se beneficiar da "sobreaprendizagem". Nestes casos, o jovem continua a praticar com itens maiores do que a sua medicação atual. Gostamos de chamar isto de crédito extra (ver Figura 8.1). Ao vencer a prática de itens que excedem o tamanho dos comprimidos, as crianças reforçam a confiança na sua habilidade de engolir coisas inteiras. Estes alimentos maiores devem ser usados com cautela, e o terapeuta deve levar em consideração a idade da criança, o tamanho das medicações tomadas e a resposta da criança a intervenções anteriores. A maioria das crianças não se engajará neste nível de prática.

O que o terapeuta pode dizer

Na transcrição a seguir, veja como o terapeuta prepara este exercício com Luz, uma menina de 10 anos que está tendo problemas para ingerir sua medicação, e sua mãe. No Cartão PR 8.3a, você encontrará seu "Cartão de escores" preenchido.

TERAPEUTA: Hoje vamos começar a prática de engolir juntos.

Luz: Não estou pronta! Você sabe que eu não consigo engolir os comprimidos!!

TERAPEUTA: Eu sei que você *não conseguiu* engolir os comprimidos no passado! Nós não vamos começar engolindo comprimidos. Temos que começar pequeno. Quando começou a tocar violino, você já começou tocando músicas?

Luz: Não. Mas isso não é o violino.

TERAPEUTA: Você está certa, mas a forma como aprendemos qualquer coisa nova geralmente é parecida. Começamos pequeno!! Vamos escolher coisas bem pequenas para a nossa prática de engolir. Depois, vamos praticar com coisas um pouquinho maiores, até que você seja uma especialista em engolir. Tenho aqui uma caixa cheia de muitas coisas pequeninhas que eu uso para ajudar as crianças nesta prática de engolir. Você tem que dar uma olhada em todas as opções e escolher uma de cada nível. Depois você, eu e sua mãe juntos iremos praticar como engoli-las.

Luz: Eu não quero.

Terapeuta: OK, e que tal se começarmos apenas escolhendo coisas da caixa que você estaria disposta a engolir? Depois podemos decidir quando realmente começar a engolir.

Luz: Parece bom.

Terapeuta: (*Apresenta o kit de prática para a ingestão de comprimidos e dá a Luz seu "Cartão de escores".*) Temos aqui um monte de coisas para você escolher. Vamos examinar todas as opções para cada tamanho e você tem que dizer uma ou duas que estaria disposta a testar. Que tamanho você quer escolher primeiro?

Luz: Vamos começar com este – bem pequeninho. Espere, estes são muito pequenos.

Terapeuta: São mesmo! Temos que começar com as coisas menores que pudermos encontrar, você sabe por quê?

Luz: Isso é ridículo. É claro que eu consigo engolir um confeito.

Terapeuta: Tem certeza?

Luz: Sim. Qualquer um consegue.

Terapeuta: Ótimo! Então os primeiros vão ser muito fáceis para você. Isso significa que você ganha três pontos fáceis!

Luz: Eu ganho pontos? Pra quê?

Mãe: Eu estava pensando que poderíamos parar e tomar um sorvete a caminho de casa se você conseguir pontos suficientes.

Luz: Quanto é suficiente?

Terapeuta: Estou pensando em 10 pontos. Você ganha um ponto para cada vez que engolir, e vamos começar com os confeitos. Portanto, são três pontos sem nem mesmo tentar, certo? O que você acha disso?

Luz: 10 vai ser fácil. Posso usar só 10 confeitos?

Terapeuta: Oh, não acho que isso seria muito útil. Não me parece que você precise de ajuda para aprender a engolir confeitos! Estamos praticando isso porque vai ajudá-la quando estiver na hora de engolir seu remédio.

Luz: Tudo bem.

Terapeuta: Parece que você quer usar os confeitos para seu nível bem pequeninho. Você quer o de chocolate ou o arco-íris colorido?

Luz: Arco-íris!!

Terapeuta: OK, escolha suas cores. Lembre-se, você precisa de três.

Mãe: Você pode escolher três cores para mim também?

Luz: OK! ...estas são as minhas favoritas! Mãe, posso comer esta agora?

Mãe: Bem, primeiro você tem que engoli-las. Talvez você possa ganhar mais duas para ter algumas para mastigar também.

Terapeuta: Essa é uma boa ideia! Que tal se fizermos assim: para cada nível que você terminar no seu Cartão de escores, você poderá comer três confeitos?

Luz: Ainda vou poder ganhar o sorvete depois?

Mãe: Se ganhar 10 pontos, você pode.

Luz: É claro que eu posso.

Terapeuta: OK, mas antes de começarmos a prática, você tem que escolher alguma coisa para cada nível. Vamos continuar para podermos chegar à parte boa!

O terapeuta descreve o exercício, apresenta expectativas claras para Luz e colabora com ela e sua mãe para identificar os incentivos. Os benefícios da medicação não são mencionados nenhuma vez; em vez disso, o terapeuta e a mãe dão ênfase às recompensas que Luz deseja e que poderá ganhar imediatamente. Note que o terapeuta não argumenta com Luz ou fica preso à sua hesitação inicial para se engajar no exercício. Em vez disso, ele foca no que Luz se mostra aberta a experimentar, deixando que ela tome suas próprias decisões se irá ou não realizar o exercício, dando a ela algum controle e a mantendo engajada. Uma clara introdução com grande ênfase nas recompensas resulta em forte participação nas exposições graduais. Neste exemplo, sorvete é a recompensa, mas itens não alimentares e atividades também podem ser usados. Os terapeutas devem trabalhar com os cuidadores para identificar recompensas/atividades realistas.

Resolução de problemas

"Mas o gosto é muito ruim!"

Há vezes em que a criança está tendo dificuldade para ingerir a medicação porque o sabor é simplesmente horrível. Não importa o quanto você seja hábil para ensinar técnicas de deglutição e depois pratique com doces saborosos, as crianças podem continuar se engasgando com uma medicação com gosto desagradável.

1. Use com as famílias o Cartão PR 8.4, "Superando os obstáculos" (p. 201), para ajudá-las a experimentarem novas ideias para ultrapassar este ponto nevrálgico.
2. Considere conversar com o médico ou farmacêutico sobre as opções de sabor.
3. Se a mudança do sabor não for uma opção, considere praticar com doces com gosto menos atraente (jujubas aromatizadas são ótimas para este tipo de prática, já que têm forma semelhante a comprimidos e são apresentadas em incontáveis sabores).

"NÃO!"

Para uma recusa terminante, resistência obstinada ou outras reações de não adesão aos exercícios, consulte o Capítulo 3 sobre intervenções para não adesão a fim de combinar estratégias de *TCC expressa* para um estímulo potente! Use esses procedimentos para intensificar a motivação e aumentar a adesão, e então retorne às estratégias para os problemas com a ingestão de comprimidos.

"Eu vou me engasgar! Sempre me engasgo!"

Crianças com uma história de aprendizagem significativa de asfixia, engasgo ou vômitos quando tentam ingerir medicações podem se mostrar muito desconfiadas ou temerosas de realizar exercícios de deglutição. Isso não significa que não possam aprender. Elas simplesmente demandam um pouco de atenção extra para que estejam prontas para prosseguir com as práticas.

1. Peça que a criança escreva uma lista de todas as coisas com as quais ela se engasgou. A seguir, peça que ela faça uma lista de todas as coisas que consegue engolir sem se engasgar.
2. Aumente o valor e/ou frequência das recompensas a receber. Por exemplo, em vez de receber um prêmio por passar de nível no "Cartão de escores", a criança pode ganhar um prêmio para cada ingestão.

O Cartão PR 8.4 irá ajudá-lo a guiar as famílias na resolução de problemas para resolver as barreiras que elas encontraram.

ADESÃO A UM REGIME MEDICAMENTOSO

"Nós esquecemos."

"Nós decidimos que não queríamos ir por esse caminho."

"Detesto como isso faz eu me sentir."

"Não estava dando certo, então nós paramos."

Adesão a um regime medicamentoso é definida neste capítulo como o consumo da medicação na dose e frequência prescritas pelo profissional. A maior parte da nossa discussão abordará a subutilização da medicação, a questão mais comum para encaminhamento. O uso excessivo de medicação costuma ser indicativo de abuso de substância, o que está fora do escopo deste capítulo. Para terapeutas que trabalham na atenção primária ou em ambientes multidisciplinares, fazer encontros da equipe com aqueles que fazem a prescrição ao focar no regime medicamentoso permite a integração harmoniosa das informações médicas acuradas e as intervenções de saúde comportamental.

Os indícios de não adesão a um regime medicamentoso podem incluir queixas abertas por parte dos pais ou confusão sobre a medicação, ausência ou pedidos infrequentes de reposição do medicamento e resultados laboratoriais que mostram níveis insignificantes da medicação no organismo. Sinais mais sutis podem incluir queixas por parte das famílias de efeitos colaterais persistentes. Para muitas medicações, os efeitos colaterais aparecem no começo, mas diminuem com o tempo. Se uma criança está tomando a medicação de forma inconsistente, seu corpo não tem a oportunidade de se adaptar e os efeitos colaterais podem perdurar. (Nota: Isso também pode ser um sinal de que o paciente está tomando mais do que a dose prescrita, embora também possa ser um efeito colateral ocorrendo no contexto de adesão ao regime medicamentoso. Estes efeitos colaterais devem sempre ser discutidos com o médico.) Igualmente, as famílias podem negar alívio dos sintomas apesar das expectativas do médico que prescreveu a medicação (Wu et al., 2013).

Intervenções

Independentemente de existir um problema claro, sempre é uma boa ideia avaliar a compreensão da família e como ela está executando o regime. O Cartão PR 8.5, "Fatos rápidos para minhas medicações", pode ser preenchido antes da consulta enquanto a família se encontra na sala de espera, ou preenchido com a família no início da consulta. O Cartão PR 8.5 reúne informações sobre a compreensão básica, bem como a real aplicação do regime e destaca áreas para intervenção. Além disso, o Cartão PR "Fatos rápidos" pode ser usado com as famílias para fornecer psicoeducação introdutória quando são dadas novas prescrições para ajudar a montar estratégias para o sucesso no cumprimento do regime.

Fatos rápidos

Idades: 0-18 anos (preenchido pelos cuidadores no caso de crianças com menos de 8 anos).

Módulo: Psicoeducação.

Objetivo: Reunir informações sobre a compreensão que a família tem do regime prescrito.

Justificativa: Os dados que a família fornece no Cartão PR proporcionam um enquadramento claro para os alvos do tratamento, sejam eles o mal-entendido fundamental sobre o regime medicamentoso ou as barreiras à execução do regime.

Materiais: Cartões PR 8.5a e 8.5b, Fatos rápidos para minhas medicações, cartões com exemplo e em branco (p. 202-203) e recursos para escrever.

Tempo necessário previsto: 15 minutos.

O Cartão PR 8.5b pode ser dado à família para ser preenchido na sala de espera ou pode ser preenchido junto com o terapeuta. Com base nas informações fornecidas no Cartão PR 8.5b, você pode identificar rapidamente em que áreas a família está carecendo de informações importantes. A psicoeducação breve e direcionada aborda facilmente estes entraves.

O que o terapeuta pode dizer

"Sei que há muitos detalhes que precisam ser monitorados no tratamento do seu filho. Esta folha de exercícios inclui algumas áreas que muitas famílias nos contam que podem ser difíceis de ser lembradas em relação ao regime medicamentoso do seu filho. Pensei que poderíamos dar uma olhada nela juntos e ver se existem áreas onde eu possa ajudar a simplificar ou que possa esclarecer com vocês."

O que o terapeuta pode fazer

Revise o horário necessário para as doses da medicação e forneça exemplos concretos. Em vez de apenas dizer "pela manhã", use detalhes como "antes de você sair para a escola" ou "com o café da manhã". Também esclareça como a criança deve tomar a medicação. É importante se a criança come imediatamente antes ou depois de tomar a medicação? A família pode cortar ou esmagar o comprimido para facilitar o consumo? Abordar estas questões desde o início pode ajudar a evitar interferência involuntária na eficácia da medicação.

Preveja as barreiras que a família poderá encontrar e resolva o problema preventivamente. Especifique o quanto de comida é necessário com cada dose (p. ex., alguns pedaços de banana, uma refeição completa). Forneça uma "janela de oportunidade". Se uma medicação deve ser tomada pela manhã e é esquecida, até que hora do dia a dose pode ser tomada? Discuta o que fazer se a família ficar sem a medicação antes da sua reposição. As intervenções para minimizar tais problemas são descritas na próxima seção. Equipar as famílias com estas informações esclarece as expectativas e reforça a adesão. Certifique-se de acrescentar esses detalhes ao Cartão PR.

Aborde a motivação explicitamente quando falar sobre medicação com as famílias. Enquanto os pais precisam entender os resultados de curto e longo prazo esperados com a adesão e não adesão, os filhos lidam com o concreto e o imediato. Explicações de como esta medicação vai beneficiá-los no futuro parecem soar como um suave ruído de fundo. Conecte diretamente a adesão aos objetivos pessoais: "Se você não tomar esta medicação, não poderá tirar a sua carteira de habilitação". Se a medicação não impactar as atividades preferidas da criança, implemente um plano de incentivos (ver introdução deste capítulo).

Para sintetizar: Depois que você abordou os alvos identificados no Cartão PR 8.5, dê à família um novo Cartão PR e peça-lhes que o preencham usando as informações discutidas na consulta. Isso fornece à família um guia concreto (e correto) que ela pode levar para casa, além de lhe proporcionar outra oportunidade de avaliar o quanto eles compreenderam. Algumas famílias podem achar útil levar em seu telefone uma foto da folha de exercícios preenchida para que tenham um resumo acessível do seu plano medicamentoso. O Cartão PR 8.5a é um exemplo preenchido pela família de Alex, 12 anos.

Junte as peças

Idades: 0-18 anos (preenchido pelos cuidadores no caso de crianças com menos de 8 anos).

Módulos: Monitoramento do Alvo; Tarefas Comportamentais Básicas.

Objetivo: Identificar formas de ajudar a família a cumprir o regime medicamentoso.

Justificativa: Criar uma rotina clara para as doses da medicação elimina confusão e reforça a adesão, especialmente quando complementado com lembretes úteis.

Materiais: Cartão PR 8.6, Junte as peças (p. 204), e recursos para escrever; telefone celular (opcional).

Tempo necessário previsto: 5 minutos para a folha de exercícios unicamente, 15 minutos quando programar alarmes, baixar aplicativos e praticar.

Para as famílias que demonstram uma clara compreensão da função da medicação e do regime prescrito, mas têm dificuldades para lembrar-se de tomar as doses, use o Cartão PR 8.6 para discutir ideias sobre formas de facilitar o controle da rotina medicamentosa.

O que o terapeuta pode dizer

"Como para muitas famílias, seus horários são bem atribulados. Vocês têm responsabilidades com o trabalho, aulas *on-line*, precisam ajudar as crianças com o dever de casa e dar conta das tarefas domésticas, que parecem intermináveis. Não causa surpresa que a medicação algumas vezes seja esquecida em meio a essa correria. Acho que seria útil se pensássemos juntos algumas estratégias que possam ajudar sua família a controlar os horários da medicação. Eu também poderia compartilhar algumas ideias que outras famílias como a sua acharam úteis."

O que o terapeuta pode fazer

Os terapeutas podem usar as estratégias a seguir para elaborar as intervenções mais úteis para cada paciente específico. Trocar ideias e discutir as opções com a família ajuda a garantir que o plano seja realista e aumenta as chances de adesão ao plano.

Estocagem

Mantenha a medicação facilmente acessível para os horários de administração. Guarde as medicações onde elas são tomadas (p. ex., as doses matinais podem ser guardadas na cozinha) e onde podem ser necessárias (p. ex., o inalador guardado na bolsa da mãe). (Observação: Consulte o médico que fez a prescrição para determinar qual a quantidade segura de medicação que pode ser guardada com acesso menos restrito.)

Supervisão

Atribua papéis para quem irá retirar a medicação e supervisionar a administração. Frequentemente as famílias têm uma abordagem de atribuir a "quem estiver por perto" o monitoramento da medicação. Tal prática pode levar a situações do tipo "Eu achei que você tinha feito". A identificação da parte responsável deixa claras as expectativas e torna menos prováveis esquecimentos de doses.

Monitoramento

Mantenha registros. Isso possibilita um *feedback* imediato para as famílias quanto à sua adesão. Forneça uma folha de exercícios simples, como o Cartão PR 8.7, "Meu monitor da medicação" (p. 205), que os pacientes podem usar para acompanhar quando tomam as medicações. Ofereça às crianças pequenas folhas com adesivos para marcarem as doses tomadas. Ser criativo ajuda a engajar os jovens no regime! Depois disso, peça às famílias que tragam seus registros às consultas para facilmente mostrarem aos profissionais a sua adesão. Quando os jovens chegam às consultas com formulários de registro, faça elogios com entusiasmo pelas suas conquistas! A Seção "Tire vantagem da tecnologia" traz ideias para monitoramento eletrônico.

Lembretes

Famílias ocupadas precisam de estímulos extras para lembrar. Trabalhe com as famílias para criar lembretes e indague onde podem afixar os sinais em sua casa para ajudá-los. Nossos locais favoritos são perto de portas, ao lado dos interruptores de luz e nos espelhos.

Tire vantagem da tecnologia

Aproveite os dispositivos móveis que já estão integrados à vida cotidiana da família. Tire proveito das funções de alarme nos telefones celulares, *tablets*, relógios de pulso e monitores *fitness* (p. ex., Fitbit). Configure alarmes nos aparelhos durante a sessão. Divirtam-se escolhendo os toques e dando nome aos alarmes! Isso assegura que a família ajuste o alarme efetivamente para notificar as pessoas que serão responsáveis pelos horários das doses da medicação no horário certo e nos dias corretos. Se um cuidador trabalha à noite, ajustar os alarmes no telefone dele provavelmente não irá aumentar a adesão para uma medicação noturna. Para as situações em que apenas um dos pais compareça à consulta, mas o outro estará encarregado da medicação, faça com que o genitor que estiver presente ajuste um alarme para a próxima vez em que os dois estarão juntos, de modo que se lembrem de coordenar os alarmes e outros lembretes em seus telefones conforme previsto no plano.

Também existem inúmeros aplicativos para dispositivos móveis que as famílias podem baixar em *smartphones* ou *tablets* para ajudar a monitorar a adesão (ver Seção "Recursos" na p. 187). Baixe e configure os aplicativos durante a sessão. Pratiquem o registro de uma dose e a programação dos lembretes. Garanta que todos os membros da família entendam como usar o aplicativo e como revisar os dados registrados. Isso proporciona às famílias outra oportunidade de mostrar aos profissionais a sua compreensão do regime medicamentoso.

Ajudando ou prejudicando?

Idades: Um dos pais/cuidador.

Módulos: Monitoramento do Alvo; Reestruturação Cognitiva.

Objetivo: Identificar pensamentos sobre a medicação que interferem na adesão ao regime.

Justificativa: Conhecer os temores, dúvidas ou expectativas irracionais da família prepara o terreno para criar percepções mais equilibradas e razoáveis e pode aumentar a adesão.

Materiais: Cartões PR 8.8a e 8.8b, Ajudando ou prejudicando?, cartões com exemplo e em branco (p. 206-207) e recursos para escrever.

Tempo necessário previsto: 5 minutos.

Alguns pais são ambivalentes em relação à medicação, o que costuma se traduzir em adesão intermitente. Determine se estão presentes cognições distorcidas pedindo aos pais que compartilhem o que pensam sobre a medicação. Os pais podem se mostrar hesitantes em expressar as preocupações e simplesmente acenam com a cabeça em sinal de concordância quando o médico se refere às prescrições. Solicite explicitamente a opinião dos pais sobre a medicação, incluindo as expectativas, preocupações e dúvidas.

O que o terapeuta pode dizer

"Algumas vezes, os pais têm dúvidas ou preocupações sobre a medicação do seu filho e hesitam em verbalizá-las, pois só querem fazer o certo para seu filho. Quais são as perguntas ou preocupações que passam pela sua cabeça quando vocês pensam no diagnóstico e nas medicações para o seu filho?"

O que o terapeuta pode fazer

Quando os cuidadores têm pensamentos negativos não identificados ou não expressados sobre uma medicação ou uma doença que requer medicação, eles terão menos probabilidade de aderir ao regime. Ao incluir os pais ou outros cuidadores em seu trabalho na adesão ao tratamento médico, você poderá ajudar a identificar pensamentos e crenças relacionados à doença e ao tratamento, e depois trabalhar com as famílias as distorções ou interpretações equivocadas que podem estar se colocando no caminho.

O diálogo a seguir ilustra como um terapeuta usou esta técnica para desvendar o desconforto da mãe com o emoliente fecal que foi receitado ao seu filho Ben, de 5 anos, para tratar constipação. O diálogo ocorre enquanto o terapeuta está revisando o Cartão PR 8.8 com a mãe de Ben.

Terapeuta: Estou vendo que você não fez muitos sombreados aqui.

Mãe: Na verdade, não.

Terapeuta: E depois você colocou um grande zero abaixo do melhor resultado possível e "diarreia e acidentes" entre os piores resultados possíveis.

Mãe: Sim.

Terapeuta: Conte-me o que está atrapalhando.

Mãe: O que acontece é que eu sei que o médico disse que a medicação vai ajudá-lo, mas já tomei uma medicação parecida no passado e tive muitos problemas com ela. Tive muitos gases e corria para o banheiro o tempo todo. Não vejo como isso pode ser muito melhor do que estar constipado.

Terapeuta: Faz sentido. Parece que você acha que esta medicação tem uma boa chance de causar mais problemas do que os que já existem.

Mãe: Aham.

Terapeuta: Não é de admirar que você esteja tendo dificuldades para lhe dar a medicação na forma como o médico prescreveu! Você acha que o pediatra teria preenchido este formulário de forma diferente do que você fez?

Mãe: Sim, quero dizer, se nós o preenchêssemos baseados em como a medicação foi explicada para nós, acho que o melhor resultado possível diria "não mais constipação".

Terapeuta: E se a medicação funcionar como o pediatra disse que funcionaria, haveria outros benefícios também?

Mãe: Bem, se ele não ficar constipado, não teremos acidentes com tanta frequência, e não iria machucar quando ele vai ao banheiro.

Terapeuta: Isso parece estar de acordo com o que o pediatra disse. Vocês já testaram a medicação inteiramente?

Mãe: Na verdade, não. Eu lhe dei por uma ou duas semanas depois da nossa consulta no mês passado e não fiz mais nada. É por isso que deixei uma parte grande do item dos comprimidos sem sombreado nesta folha. Como não pareceu ajudar, eu não quis lhe dar demais e piorar as coisas. Sei que a dose desta medicação é diferente da que eu estava tomando, portanto na verdade não acho que vai ser ruim para ele. O que acontece é que simplesmente não parece estar dando nenhum resultado, então por que continuar tomando?

Terapeuta: Entendi. Então, sobretudo você não acha que esta medicação vai fazer muita coisa por Ben, mas caso ela tenha algum efeito, as chances são de que não seria útil.

Usando o Cartão PR 8.8 como uma plataforma para discussão, o terapeuta identificou as dúvidas da mãe de Ben sobre a eficácia da medicação, além das suas preocupações com a medicação. Agora que o terapeuta tem uma compreensão clara das crenças que estão interferindo na execução bem-sucedida do regime medicamentoso, o terapeuta pode intervir na falsa percepção usando uma das intervenções a seguir.

Faça o teste!

Idades: Crianças entre 12 e 18 anos e pais/cuidadores.

Módulo: Reestruturação Cognitiva.

Objetivo: Testar crenças distorcidas sobre a medicação.

Justificativa: Coletar evidências sobre as crenças, assim como os detetives seguem as pistas, ajuda os pacientes a "resolverem o caso" relacionado às suas percepções da medicação.

Materiais: Cartão PR 8.9, Faça o teste! (p.208), e recursos para escrever.

Tempo necessário previsto: 10 minutos.

Depois de identificada a percepção distorcida, trabalhe com a família para coletar evidências que apoiem ou refutem essa conclusão. Usando os pensamentos da mãe de Ben no exemplo anterior, ela disse que "nada mudou" quando administrou a medicação. A seguir, o terapeuta trabalha com a mãe neste pensamento.

O que o terapeuta pode dizer

TERAPEUTA: OK, então refletindo sobre essas duas semanas quando você fez o teste da medicação – Ben a tomou todos os dias?

MÃE: Sim, eu lhe dei um comprimido uma hora antes de dormir, como o doutor sugeriu.

TERAPEUTA: Ótimo! Agora, na última vez em que você esteve aqui, Ben estava tendo movimentos intestinais uma ou duas vezes por semana, com acidentes acontecendo diariamente.

MÃE: Sim, e ele estava tendo dores de barriga o tempo todo também. Assim como ele está agora.

TERAPEUTA: Dores de barriga, acidentes e defecação infrequente, entendi. Quando ele estava tomando a medicação, com que frequência teve acidentes?

MÃE: Não tenho certeza.

BEN: Eu ganhei um prêmio! Na escola!

TERAPEUTA: Um prêmio?

MÃE: Oh, isso mesmo. A professora dele lhe dá recompensas pelos dias em que não ocorrem acidentes. Ele ganhou um prêmio por ter ficado três dias sem acidentes.

BEN: E então eu fui almoçar com a Srta. Appel!

TERAPEUTA: Isso parece tão divertido! Isso foi por não ter nenhum acidente?

MÃE: Sim, ele ganhou dois prêmios seguidos, eu acho, então ela quis fazer alguma coisa extra especial.

TERAPEUTA: Uau! Que bom para você, Ben! Parece que nessa época em que vocês começaram a medicação houve pelo menos alguns dias sem acidentes.

MÃE: É verdade. Ele também estava indo muito ao banheiro.

TERAPEUTA: Você quer dizer muitas vezes por dia?

MÃE: Não, ele estava fazendo mais cocô. Quase todos os dias. Eu me lembro porque ele ficava pedindo ajuda para se limpar.

BEN: Eu não queria ficar todo sujo.

MÃE: Eu tinha me esquecido da máquina de cocô que você foi naquela semana!

TERAPEUTA: OK, então parece que a medicação pode ter funcionado um pouco, afinal de contas.

MÃE: Sim, mas ele ainda estava tendo acidentes em casa.

Terapeuta: Eles estavam acontecendo todos os dias?

Mãe: Não. Aconteceram alguns durante o fim de semana. A irmã dele teve um torneio de futebol naquele fim de semana. Tivemos que mudar as calças por duas vezes nos dois dias.

Terapeuta: Oh, isso parece mesmo ser uma situação difícil. Você lembra se ele estava tendo acidentes em outros dias?

Mãe: Na verdade, não. Só me recordo que, depois daquele fim de semana, eu fiquei muito irritada com os acidentes, a medicação parecia que não estava ajudando ou estava piorando a diarreia, e então parei. Acho que ele ficou bem por um dia ou dois, mas então quase imediatamente voltou aos acidentes diários.

Terapeuta: Parece que no início a medicação pode ter começado a colocar Ben dentro um cronograma mais regular de idas ao banheiro.

Mãe: Sim, ele até ganhou prêmios na escola. Eu me esqueci disso. Talvez estivesse começando a ajudar.

Terapeuta: Houve alguma outra coisa que pode ter contribuído para os acidentes no campo de futebol?

Mãe: Bem, nós tínhamos que caminhar muito até os banheiros. Ele nos disse que precisava ir. Não conseguimos chegar a tempo.

Terapeuta: Se ele tivesse acesso rápido ao banheiro, você acha que isso teria feito diferença?

Mãe: Acho que é possível. Mas eu lhe dei a medicação por vários outros dias depois disso e sem dúvida não fez diferença. Além dessas duas semanas, os acidentes têm sido os mesmos.

Terapeuta: Você tentou de novo, dando a medicação todas as noites?

Mãe: Não, só quando eu pensava sobre isso ou quando estava muito frustrada por limpar mais um acidente.

Terapeuta: OK. Então temos algumas boas evidências de que tomar a medicação apenas algumas vezes não parece funcionar. E também parece que temos algumas boas evidências de que tomar todas as noites na mesma hora estava começando a melhorar as coisas. O que você acha de tentar diariamente mais uma vez para ver se os benefícios aumentam com o tempo?

Fazendo perguntas sobre a frequência dos movimentos intestinais e dos acidentes, o terapeuta ajudou a mãe de Ben a avaliar suas crenças em relação à ineficácia da medicação. Nas primeiras semanas quando Ben estava tomando a medicação conforme prescrito, ele e sua mãe identificaram evidências de que a medicação estava ajudando. Quando surgiram circunstâncias que apresentaram desafios para a família, foi fácil tirar a conclusão de que a medicação era ineficaz. Ben parou de tomar a medicação regularmente e os acidentes diários voltaram a acontecer.

O que o terapeuta pode fazer

No Cartão PR 8.9, o terapeuta trabalha com a mãe de Ben para preencher as evidências a favor e contra a eficácia da medicação. Estas informações podem então ser usadas para identificar como e quando a medicação tem os efeitos mais fortes, além das coisas que interferem na eficácia do regime medicamentoso. O passo final é fazer o genitor decidir se está disposto a experimentar a medicação.

Este exercício também pode ser realizado com pacientes adolescentes, testando suas crenças sobre as medicações prescritas. Em vez de reunir e depois testar os pensamentos do cuidador conforme feito antes com a mãe de Ben, o procedimento é realizado diretamente com o paciente. Adolescentes mais velhos em geral preferem administrar a própria medicação. A asserção de independência é desenvolvimentalmente típica dos adolescentes, porém muitos destes jovens precisam de apoio para manter a adesão. Dê opções aos adolescentes para reconhecer a tomada de decisão autônoma, ao mesmo tempo também fornecendo estrutura. Defina claramente as consequências da não adesão continuada.

O que o terapeuta pode dizer

Nesta interação, o terapeuta trabalha com Raylon, 14 anos, para elaborar um plano que melhore sua adesão ao seu regime medicamentoso.

TERAPEUTA: Precisamos descobrir de que forma seria mais fácil para você se lembrar de tomar sua medicação.

RAYLON: Não preciso de ajuda. Vou fazer isso agora. Eu entendo que é importante.

TERAPEUTA: Eu sei que você entende. Não é que eu ache que você vai estragar tudo, mas tem muita coisa acontecendo neste momento. Eu quero trabalhar junto com você para descobrirmos como podemos facilitar ao máximo essa situação, de modo que ela não seja mais outra coisa com a qual você tem que se preocupar. Temos que escalar algumas pessoas para jogarem no nosso time. Não se consegue vencer um jogo de bola sozinho.

RAYLON: Bem, se a minha mãe me diz para tomar a medicação, isso me deixa irritada porque ela está me tratando como um bebê, então algumas vezes eu não tomo só para ela parar de me irritar.

TERAPEUTA: Há mais alguém além da sua mãe que poderia nos ajudar para que vocês duas não tenham que brigar mais por causa da medicação?

RAYLON: Na verdade, não. Quero dizer, minha irmã está por perto às vezes, mas ela é muito irritante, agindo como se fosse minha segunda mãe ou algo parecido.

TERAPEUTA: OK, então você está aberta a construir um time para ajudar, mas todos aqueles que poderiam estar no nosso time não estão autorizados?

RAYLON: Haha, acho que sim. Veja, é por isso que eu vou fazer por minha conta.

TERAPEUTA: E que tal se encontrarmos uma maneira de sua mãe ajudar a fazer a dupla checagem sem ser irritante?

RAYLON: Como o quê?

TERAPEUTA: Hummm – será que existe alguma outra maneira de sua mãe fazer a dupla checagem sem que você fique irritada?

RAYLON: Ela não vai fazer. Não importa o que eu lhe diga, ela sempre vem até mim dizendo algo como: "Você se esqueceu de tomar a sua medicação?!". Ela já presume que eu estou fazendo algo errado.

TERAPEUTA: Então qual seria uma melhor forma de perguntar? Uma forma que não parecesse que ela está lhe acusando?

RAYLON: Eu não poderia dizer a ela a cada vez que tomasse? Ou mandar uma mensagem. Por mensagem seria a melhor maneira.

TERAPEUTA: Acho que você está encontrando uma maneira. Mandar uma mensagem de texto realmente poderia evitar a discussão. Então o que acontece se você tomar a medicação, mas se esquecer de lhe mandar a mensagem? Precisamos de uma forma que ela possa verificar, para que você tenha um lembrete de segurança.

RAYLON: Certo, muito bem. Que tal se ela mandar por texto o *emoji* da medicação?

TERAPEUTA: Isso parece razoável. Qual seria o melhor horário, que lhe desse tempo suficiente de se lembrar sozinha, para sua mãe lhe enviar o lembrete?

RAYLON: Hummm... Eu tenho que tomar à noite, então acho que às 10 seria bom. Isso mesmo, quando eu estou pronta para ir para a cama geralmente.

TERAPEUTA: E como sua mãe vai saber se você tomou a medicação?

RAYLON: Eu mando uma mensagem de volta com o *emoji* com o polegar para cima.

TERAPEUTA: Ótimo. E quantas falhas você acha que deveria ter antes que déssemos à sua mãe uma promoção, tornando-a chefe supremo da medicação?

RAYLON: Arrgggh. Quero dizer, acho que três infrações, certo? Essa costuma ser a regra.

TERAPEUTA: OK, então para que fique claro – você fica responsável pela sua medicação. Depois que tomá-la, você manda uma mensagem para sua mãe para que ela saiba que você tomou. Se você não mandar mensagem até às 10h da noite, ela vai lhe mandar uma mensagem com o *emoji* da medicação para lembrá-la. Se você esquecer um *total* de três doses antes da nossa próxima consulta, sua mãe ficará responsável pela sua medicação todos os dias.

O terapeuta e Raylon trabalham juntos para delinear parâmetros razoáveis que apoiem a adesão de formas apropriadas ao desenvolvimento. Enquanto o terapeuta trabalha com Raylon para identificar formas de aumentar o apoio, ela continua a apontar todas as razões por que não precisa de ajuda e por que consegue lidar com a medicação sozinha. Em vez de discutir com ela ou apontar suas falhas passadas com a medicação, o terapeuta dá sugestões de como Raylon pode seguir em frente. Sem exigir que ela siga diretrizes rígidas, o terapeuta define expectativas claras para Raylon e sua mãe e estimula Raylon a estabelecer seus próprios limites. Respeitando seu impulso para a autonomia, o terapeuta engaja Raylon na formulação de planos, provavelmente estimulando sua disposição para segui-los.

Resolução de problemas

"Não vou conseguir me lembrar da reposição até que tenha acabado."

Além de monitorar a administração diária da medicação, os pais precisam ficar de olho na reposição. Para resolver o problema de como evitar ficar sem a medicação:

1. Coloque no calendário lembretes para a reposição 5 dias antes de vencer a prescrição atual.
2. Faça uma assinatura para reposição automática, caso seja oferecida pela farmácia ou pelo seguro de saúde.
3. Contate a seguradora para se inscrever em prescrições entregues pelo correio.

"Esta medicação é cara."

Para algumas famílias, o custo de certas medicações pode ser proibitivo. Embora esta seja uma barreira importante à não adesão, muitas famílias hesitam em trazer a questão aos profissionais.

1. Pergunte como o custo da medicação está afetando a família.
2. Investigue se existem cupons ou cartões de desconto que a família possa usar.
3. Consulte o profissional que fez a prescrição sobre alternativas que sejam menos onerosas (e assim mais fáceis de manter).

"É muito difícil tomar a medicação desta maneira."

Quando famílias com um bom plano continuam a ter dificuldades com a adesão, elas podem estar falhando especificamente no consumo da medicação.

1. Para problemas com a ingestão dos comprimidos, veja intervenções de *TCC expressa* no começo deste capítulo.
2. Para administração parenteral, ou não oral, consulte o profissional que fez a prescrição quanto a alternativas. Identifique dificuldades particulares associadas à via de administração e ajude os pais a resolverem o problema de como superar a barreira.

"Não – não está tomando."

Se uma criança não está interessada em aderir à prescrição medicamentosa, a adesão se torna impossível.

1. Revise o plano de incentivos que a família está usando. Verifique se as recompensas são motivadoras para o paciente e se estão sendo dadas consistentemente.
2. Veja o Capítulo 3 sobre não adesão para mais ideias de como abordar comportamentos desafiadores.

Se as crenças negativas de um dos pais sobre a medicação prescrita forem inflexíveis, pode estar na hora de explorar as alternativas.

1. Colabore com o médico que fez a prescrição para determinar se existe outra classe de medicação que os pais possam estar mais dispostos a experimentar.
2. Investigue outros tratamentos baseados em evidências. Para muitas condições, a medicação pode ser o tratamento mais efetivo, mas pode haver outras opções úteis menos potentes. Por exemplo, medicação estimulante apresenta o melhor efeito no transtorno de déficit de atenção/hiperatividade (TDAH), mas existem várias opções não estimulantes que demonstram um efeito (embora menor).

Recursos

Calendários para imprimir gratuitos: *www.calendarlabs.com*

Aplicativos que podem ser usados para monitorar as atividades diárias (p. ex., doses da medicação): HabitBull, Productive, GoalTracker

Aplicativos específicos para medicação, especialmente úteis para regimes medicamentosos complexos: Mango Health, Medisafe Medication Reminder, CareZone

ADESÃO A UM PLANO NUTRICIONAL

"Não consigo fazê-lo parar de comer batatas fritas."
"Ela não gosta de vegetais."
"Ela está sempre beliscando alguma coisa."
"Esta comida é nojenta!"
"A comida nunca parece ser suficiente."
"Mas todo o mundo bebe refrigerante!"

Os planos nutricionais são prescritos por uma variedade de razões: obesidade, transtorno alimentar, alergias, condições médicas crônicas (p. ex., diabetes), retardo no desenvolvimento e mais. A não adesão ao plano nutricional fica evidente pela falha em ganhar/perder peso, resultados negativos persistentes relacionados a condições médicas crônicas e visitas repetidas ao atendimento de urgência/emergência.

Os planos nutricionais requerem mudanças importantes em casa, alterando a forma como as famílias compram, armazenam, cozinham e servem a comida. A carga adicional de transformar os hábitos alimentares pode parecer impossível para famílias com pais que trabalham, muitos filhos e/ou um filho com uma condição médica crônica. Assim como com os regimes medicamentosos, os pais precisam entender como um plano nutricional vai ajudar seu filho. É importante que os pais compreendam as consequências da não adesão no curto e longo prazo.

Intervenções

A adesão a um plano nutricional frequentemente requer esforços substanciais com pouca recompensa imediata (p. ex., um plano nutricional para perda de peso pode demorar várias semanas até surtir algum efeito). As famílias são gratas pelas orientações claras referentes às expectativas. Ajude a orientá-las a encontrarem sinais de progresso em vez de esperarem por resultados importantes.

Pinte suas escolhas alimentares: verde, amarelo, vermelho!

Idades: 5-18 anos.

Módulo: Psicoeducação.

Objetivo: Forneça uma ampla descrição do plano nutricional para ajudar a família a entender quais alimentos podem ser ingeridos regularmente, quais devem ser ingeridos em pequena quantidade e quais restringir ou remover da dieta da criança.

Justificativa: Dar à família um enquadramento dentro do qual entender os princípios orientadores do plano nutricional aumentará a adesão ao plano.

Materiais: Cartão PR 8.10, Verde, amarelo, vermelho (p. 209), e recursos para escrever.

Tempo necessário previsto: 5 minutos.

O que o terapeuta pode dizer

"Você mencionou que era difícil saber o que pode comer e que parece que não há mais alimentos 'bons' permitidos. Eu tenho este papel aqui que pode ajudá-lo a identificar rapidamente quais alimentos estão 'no verde', significando que eles são bons para você comer. Também podemos conversar sobre quais alimentos estão no vermelho e devem ser evitados, mas podem ser bons como guloseima uma vez por semana se você comer os verdes nas outras vezes. Você prefere escrever os nomes dos alimentos na folha de exercícios ou desenhar ou recortar imagens de comidas?"

O que o terapeuta pode fazer

Use o Cartão PR 8.10 para esclarecer o plano nutricional. Especifique os alimentos que são recomendados e quais devem ser evitados. "Verde, amarelo, vermelho" estabelece as diretrizes para o plano nutricional. Por exemplo, alimentos "verdes" para uma criança que apresenta problemas de obesidade podem ser "vegetais verdes", enquanto alimentos "vermelhos" podem incluir "refrigerante" ou "batata frita". Depois que a família expressa compreensão do enquadramento, colaborem na atividade "Minha lista de compras", gerando exemplos específicos de alimentos que a família está disposta a comprar e à qual tem acesso (p. ex., abobrinha e vagem) e itens específicos que a criança historicamente tem comido, mas agora precisa trabalhar para evitar deliberadamente (refrigerante e batata frita). As famílias podem completar este exercício anotando ideias, desenhando imagens ou colando figuras nas colunas. Revise os tamanhos das porções com exemplos concretos; por exemplo, uma porção de vegetais deve ser aproximadamente do tamanho do seu punho.

Minha lista de compras

Idades: 5-18 anos.

Módulo: Psicoeducação.

Objetivo: Identificar alimentos específicos para comer em mais quantidade e alimentos a evitar.

Justificativa: Criar uma lista clara e específica fornece à família um guia concreto para usar quando fizerem compras no mercado.

Materiais: Cartão PR 8.11, Minha lista de compras (p. 210), recursos para desenhar/escrever, câmera (opcional, pode ser no telefone celular), imagens impressas ou digitais de alimentos recomendados *versus* evitados (opcional).

Tempo necessário previsto: 5 minutos.

Depois que as famílias compreendem de quais alimentos devem se manter afastadas e a quais alimentos aumentar o acesso, elas podem desenvolver uma lista de compras para levar ao mercado. O Cartão PR 8.11 e a intervenção "Minha lista de compras" podem ser iniciados durante uma breve interação com a família. Então esta intervenção de *TCC expressa* pode ser levada para casa para continuarem a desenvolver um plano claro para o sucesso das compras de alimentos e planejamento das refeições.

O que o terapeuta pode fazer

Peça que a família comece a preencher o Cartão PR 8.11 durante a consulta e dê *feedback* sobre suas escolhas de alimentos. Facilite a comunicação e a resolução de problemas da família. Encoraje as famílias a escolherem alguma "coisa gostosa" para comprar a cada ida ao mercado para que tenham algum acesso aos itens favoritos. Fazer isso pode reduzir as chances de comer compulsivamente e melhora a adesão ao plano nutricional como um todo.

A melhor maneira de aumentar a adesão de uma criança ao plano nutricional prescrito é eliminar de dentro de casa os alimentos indesejados. Dependendo da severidade do plano, isso pode não ser possível. Nesses casos, trabalhe com os pais para elaborar um plano de armazenamento onde os alimentos "ruins" sejam difíceis de encontrar e os "bons" estejam facilmente disponíveis. Mantenha os alimentos não recomendados em prateleiras altas, em armários trancados ou em outros lugares difíceis de acessar (p. ex., no quarto dos pais, na garagem ou no porta-malas do carro). Crie uma cesta com lanchinhos que fique no armário da cozinha ou na geladeira contendo várias opções que sejam adequadas ao plano nutricional.

O que o terapeuta pode dizer

"A maioria das crianças gosta de comer 'porcarias' porque são saborosas e já vêm prontas. Não podemos alterar o quanto batatinhas fritas são deliciosas, mas podemos tornar muito mais fácil o acesso a uma fruta ou um iogurte para um lanche, mantendo-os claramente identificados e em local de fácil acesso. Que alimentos do plano nutricional você acha que seriam mais atraentes para seu filho?"

Caça ao tesouro

Idades: 3-18 anos.

Módulo: Tarefas Comportamentais Básicas.

Objetivo: Localizar onde encontrar os alimentos recomendados e para onde mover (ou remover) os alimentos não recomendados.

Justificativa: Especificar as localizações encoraja a família a imaginar como o plano nutricional se adapta à sua casa, trazendo o plano do nível teórico para o realista.

Materiais: Cartão PR 8.12, Caça ao tesouro (p. 211), (ou papel em branco), recursos para desenhar/escrever.

Tempo necessário previsto: 10 minutos.

O Cartão PR 8.12 é projetado para ajudar as famílias a descobrirem como irão reestruturar suas casas para facilitar a adesão ao plano nutricional. Esta é uma maneira divertida e envolvente de fazer com que as famílias pensem sobre onde a comida está ou deve ser mantida para obter os melhores resultados do plano. Também oferece oportunidades de personalizar o plano para a família.

O que o terapeuta pode fazer

Usando o Cartão PR 8.12, peça que a criança dê ideias para lanches e liste onde os lanchinhos podem ser encontrados na cozinha da sua casa. Ou então a criança pode optar por desenhar a configuração específica da cozinha da sua casa e depois adicionar as localizações dos lanches aprovados.

Uma alternativa é criar uma lista visual de opções para as refeições e lanchinhos. As listas podem ser feitas com figuras, desenhos, rótulos recortados ou palavras, dependendo das preferências da família. As famílias podem optar por criar seu próprio cardápio ou preencher o Cartão PR 8.13, "Cardápio da família".

Mário estava com dificuldades para fazer escolhas saudáveis para o café da manhã quando ele e seu pai foram vistos para uma consulta de acompanhamento. O terapeuta introduziu o Cartão PR 8.13 e Mário e seu pai trabalharam juntos para implantar um plano visual que também permitia ao filho alguma independência na escolha dos lanches. Mário tinha a prescrição de uma dieta sem glúten. Seu médico anteriormente havia identificado opções para o café da manhã para substituir sua busca por doces e massas. Mário escolheu três favoritos da lista e depois usou o telefone do pai para tirar fotos das suas escolhas. Seu pai imprimiu as fotos e as fixou na geladeira para que Mário pudesse escolher do seu cardápio todas as manhãs em vez de discutir com ele sobre o que estava disponível.

Cardápio da família

Idades: 4-18 anos.

Módulo: Tarefas Comportamentais Básicas.

Objetivo: Dar à família um guia específico para as refeições que satisfaça as condições do plano nutricional.

Justificativa: Em vez de apenas oferecer exemplos de alimentos, um cardápio ilustra para a família que a adesão ao plano nutricional é possível, simultaneamente criando um lembrete visual de como seguir o plano.

Materiais: Cartão PR 8.13, Cardápio da família (p. 212), recursos para desenhar/escrever, câmera/fotos (opcional).

Tempo necessário previsto: 10 minutos.

Algumas famílias se beneficiam ou até mesmo pedem orientações mais específicas para as refeições. Para tais famílias, ajudá-las a criar um cardápio da família pode reduzir o estresse e as discussões sobre as refeições, facilita as decisões noturnas sobre o que fazer para o jantar e evita as brigas entre irmãos se estiverem disponíveis alimentos diferentes para eles. Este foi o caso com Gracie, cuja mãe queria seguir as recomendações médicas, mas estava sobrecarregada com o monitoramento constante e as decisões em relação à comida.

O que o terapeuta pode dizer

"Você mencionou que o planejamento da refeição noturna está lhe deixando esgotada, e você se preocupa que Gracie não esteja comendo o que deveria em termos nutricionais. Parece que isso realmente está lhe estressando. Algumas famílias acham mais fácil montar um cardápio para uma semana por vez. Isso reduz as decisões diárias sobre a comida e na verdade ajuda a planejar as idas ao mercado. Também pode ajudar a evitar as discussões entre Gracie e seu irmão, já que ela fica com ciúmes se ele está comendo alguma coisa que ela não pode comer."

O que o terapeuta pode fazer

Encoraje as famílias a fazerem as refeições juntas. Os cuidadores podem monitorar as porções e controlar diretamente as escolhas alimentares. Sempre que possível, inclua pelo menos um prato por refeição que toda a família possa comer. As crianças provavelmente se sentem menos estigmatizadas pelo seu plano nutricional quando compartilham comida com a família.

Garanta que as refeições sejam divertidas. Discutam jogos a serem jogados durante as refeições para manter divertido o tempo à mesa. Muitas famílias gostam de O Melhor e o Pior, onde cada membro compartilha a melhor e a pior parte do seu dia. No Jogo do Alfabeto, por exemplo, cada membro da família se reveza para escolher um tópico e então começa a andar em torno da mesa dizendo o nome de alguma coisa que se enquadre no tema e que comece com cada letra do alfabeto (p. ex., Frutas – Abacaxi, Banana, Cereja). As refeições em família também são prazerosas para as crianças, pois apresentam oportunidades prazerosas de receber atenção dos pais. Para pais com horários de trabalho alternativos, divida as refeições em "refeição das crianças" e "refeição dos pais" e encoraje um dos pais a se sentar com as crianças enquanto elas comem para manter a supervisão e também para o reforço positivo.

Pode ser mais difícil aderir a um plano nutricional quando os pais compartilham os mesmos problemas de saúde. Por exemplo, jovens com pais obesos têm até 12 vezes mais probabilidade de se tornarem obesos (Fuemmeler, Lovelady, Zucker, & Ostbyte, 2013). Os pais podem não estar interessados ou prontos para fazer mudanças em seus próprios padrões de comportamento.

Considerações culturais

A comida está intrinsecamente interligada com os valores culturais. Ouvir os médicos explicarem que comidas culturais preferidas ou habituais estão agora fora de questão devido a suas implicações para a saúde em geral parece insensível ou irrealista para as famílias. Em algumas culturas, a comida é representativa da capacidade fundamental dos pais de cuidarem do seu filho; assim sendo, orientar as famílias a limitarem a quantidade das porções durante as refeições é o mesmo que instruí-las a falharem como pais. O tamanho e a forma corporal ideal também variam entre as culturas, tornando as discussões sobre peso repletas de mal-entendidos.

O componente fundamental para lidar com as discrepâncias entre as normas culturais e as prescrições do plano nutricional é a compreensão. Reserve um tempo adicional para saber mais sobre os pratos tradicionais e o significado da comida para a família. Certifique-se de explicar muito claramente a justificativa para o plano nutricional, fundamentando a discussão com sintomas concretos relacionados à saúde que o plano pretende visar. Enfatize em suas discussões que o problema não são os fatores culturais, mas o _____ (descontrole do açúcar no sangue, os problemas gastrintestinais ou a obesidade que limita a participação da criança nas aulas de educação física, etc.). Prepare-se para se envolver em discussões transparentes, não defensivas e validantes com os pais, os quais muito provavelmente experimentam discriminação habitualmente. Engaje a família na discussão de ideias para alimentos alternativos que estejam em consonância com o plano nutricional *e também* com a cultura familiar.

O que o terapeuta pode dizer

Roteiro do Terapeuta TCC Expressa

No exemplo a seguir, o terapeuta está trabalhando com uma família mexicana cujo filho de 6 anos, César, recebeu a prescrição de um plano nutricional devido a sintomas pré-diabéticos.

Pai: Nós sabemos que o César está um pouco acima do peso, mas ele é um menino esfomeado. Ele está em crescimento. Você não pode esperar que deixemos de alimentá-lo. E o médico nos disse que não podemos mais comer *tortillas* ou arroz. Isso não está certo. Nós temos tradições e você não pode esperar que simplesmente abandonemos nossa cultura só porque nos mudamos para os Estados Unidos.

Terapeuta: Você está absolutamente certo, não esperamos que vocês virem as costas para a sua herança cultural para ajudar César a ficar saudável.

Pai: O que você quer dizer com "saudável"? Ele não está doente. Não há nada de errado com ele. Só porque ele não se parece com as outras crianças, isso não quer dizer que estamos fazendo alguma coisa errada.

Terapeuta: Concordo plenamente. E não acho que vocês estejam fazendo alguma coisa errada. O pediatra de César nos explicou que ele está apresentando alguns sintomas dentro do seu corpo que são preocupantes. O pediatra não está preocupado com a aparência de César, mas com a saúde dele.

Pai: Então por que o pediatra falou sobre o peso dele?

Terapeuta: O pediatra está tentando ajudar o corpo de César a ficar mais saudável. Uma maneira muito importante de fazer isso é reduzir seu peso.

Pai: Mas olhe para nós, somos uma família de pessoas grandes. A mãe dele e eu estamos acima do peso, mas não temos nenhum problema.

Terapeuta: É muito bom que vocês dois estejam saudáveis. Mas neste momento César está apresentando alguns sinais sérios no sangue de que ele pode desenvolver diabetes em seguida se não trabalharmos juntos para ajudá-lo. O diabetes é uma doença para a vida toda que deixará a vida de César muito difícil se não fizermos algumas alterações para ele.

Pai: E como é que abandonarmos nossas tradições vai ajudá-lo?

Terapeuta: Vamos procurar maneiras de fazer pequenas alterações em como César está comendo para ajudar seu corpo. Podemos observar dois aspectos – o que ele está comendo e o quanto ele está comendo. Queremos que este plano seja realista para que vocês possam executá-lo em casa.

Durante esta interação, o terapeuta mantém o foco na saúde de César conforme indicado pelos sintomas que ele está apresentando em vez de discutir com a família se os valores culturais estão sendo atacados.

Famílias com recursos limitados frequentemente fazem a observação de que não têm tempo nem dinheiro para comprar e preparar uma comida que se enquadre no plano das refeições. Alimentos prontos para consumo são rápidos e em geral baratos. Para abordar este problema, é importante fornecer às famílias informações sobre como elas podem aderir logisticamente ao plano das refeições. Receitas rápidas e saudáveis são fáceis de encontrar na internet. Escolha algumas receitas que pareçam se adequar às necessidades das famílias com quem você está trabalhando e imprima. Também é uma ótima ideia afixar listas sazonais de frutas e vegetais no seu consultório ou na sala de espera para dar às famílias ideias sobre os produtos que no momento estão disponíveis a um preço mais baixo. Além disso, entregue às famílias o Cartão PR 8.14, "Dicas para economizar dinheiro para uma alimentação saudável" (p. 213), quando examinarem o plano nutricional. No entanto, tenha em mente as necessidades e recursos específicos da família e modifique a lista conforme o caso.

Folha Mantendo o equilíbrio

Idades: 8-18 anos e pais.

Módulo: Reestruturação Cognitiva.

Objetivo: Gerar uma perspectiva equilibrada que inclua as vantagens e desvantagens da adesão ao plano nutricional.

Justificativa: Encorajar os pacientes e suas famílias a considerarem todos os aspectos do plano nutricional ajuda a desfazer percepções ineficazes ou ressentidas e promover a disposição para experimentar novos padrões de comportamento.

Materiais: Cartões PR 8.15a, 8.15b e 8.15c, Vantagens e desvantagens, cartões com exemplo e em branco (p. 214-216) e recursos para escrever.

Tempo necessário previsto: 10 minutos.

Os pais, assim como os filhos, frequentemente se sentem ressentidos com a necessidade de modificar seus hábitos alimentares. As crianças recusam a determinação de abandonar as comidas preferidas e seguir regras diferentes das dos seus irmãos ou colegas. Os pais se opõem à ideia de fazer mudanças em suas próprias dietas quando não é a sua condição médica que precisa ser tratada. O trabalho com as crianças e os pais para fazerem sua lista das "Vantagens e desvantagens" muda as perspectivas e torna as recompensas mais evidentes.

O que o terapeuta pode fazer

Comece o exercício pedindo que o paciente e seu genitor marquem na linha superior seu nível de interesse em fazer as mudanças recomendadas pelo plano de refeições. A seguir, peça que o paciente e o(s) pai(s) escrevam dois a três benefícios e duas a três desvantagens de seguir o plano nutricional. Os Cartões PR 8.15a e 8.15b mostram as listas e avaliações feitas por Jaimie e sua mãe.

Embora seja útil você indicar as vantagens que observa, se a criança ou o genitor não concordar, acrescentar as suas ideias à lista não vai ajudar a mudar a forma de pensar da família. Por exemplo, no Cartão PR 8.15a, encorajar Jaimie a acrescentar "experimentar coisas novas" à sua lista de vantagens provavelmente não vai ajudá-la porque ela *não quer* ter que experimentar novos alimentos.

Depois que a lista está feita, trabalhe com a família para ajustar as generalizações exageradas e as conclusões catastróficas. Seja equilibrado na sua revisão das listas. As desvantagens associadas a um plano nutricional realmente são difíceis para as famílias. Ao enfatizar com a família as desvantagens, você ganha a credibilidade necessária para examinar as vantagens. Depois de discutidos os dois lados da lista, peça que a família reavalie seu interesse em fazer mudanças.

Resolução de problemas

"Não importa o que eu prepare para o almoço; ele sempre vai comer pizza na cantina."

Quanto mais velha for a criança, mais difícil será controlar suas escolhas alimentares. Os pais podem se sentir sem esperança de influenciar a ingestão alimentar do filho.

1. Ajude os pais a flexibilizarem o pensamento do tipo "tudo ou nada". Tente pedir que a família escreva tudo o que a criança comeu no dia anterior e depois aponte as oportunidades que os pais tiveram de causar algum impacto.
2. Planeje pausas: Uma dieta rígida pode criar um sentimento de desesperança ou fadiga nos pais ou na criança. Reserve para a criança uma ou duas guloseimas por semana para dar algum espaço para indulgência. (Confirme com o nutricionista ou médico se seria seguro recomendar uma guloseima, ou peça orientação quanto às guloseimas apropriadas a oferecer.)

"Eu quero* nuggets*, não vou comer isso."

Independentemente da idade da criança, os pais aprendem rapidamente que os filhos não podem ser forçados a comer.

1. Para crianças que são desafiadoras nas horas das refeições e se recusam a comer, instrua os pais a oferecerem opções: "Você pode comer esta refeição ou não. Esta comida ficará guardada para você quando estiver com fome".
2. Ajude os pais a decidirem como estabelecer os limites quanto a isso. Existe um prazo para que a comida deva ser ingerida ou a criança pode decidir comer na hora de dormir?
3. É essencial que os pais entendam que permitir que os filhos comam alimentos alternativos reforça que eles recusem as refeições, e assim eles terão muito menos chance de algum dia aderir ao regime alimentar. Sejamos honestos, quantas crianças estão realmente dispostas a cortar seus alimentos favoritos?
4. Recusar comida produz rápidas consequências naturais que são difíceis de ignorar. Mesmo uma criança com a maior força de vontade só irá para a cama com fome algumas noites antes de perceber que só há uma maneira de se alimentar. (Nota: Esta intervenção não é apropriada para jovens com prescrição de um plano nutricional para ganhar peso.)

"Eca!!!"

Algumas crianças ficam desconfiadas quando têm que experimentar novos alimentos. Isso pode interferir significativamente nos planos nutricionais para crianças que precisam fazer mudanças substanciais nos hábitos alimentares.

1. Introduza novos alimentos com uma regra de "três faltas". As crianças precisam dar três mordidas em um novo alimento antes de darem um veredito.
2. Os jovens com paladares altamente restritivos podem precisar de uma abordagem mais gradual. Nestas situações, comece colocando o novo alimento no prato por três vezes e depois tocando ou lambendo esse novo alimento por três vezes antes de dar as três mordidas.

Recursos

2015 Healthy Lunchtime Challenge Cookbook: *https://whatscooking.fns.usda.gov/2015-healthy-lunchtime-challenge-cookbook*

Folhas de exercícios, atividades, receitas e dicas de alimentação saudável: *www.choosemyplate.gov*

Aplicativos com jogos relacionados a alimentação saudável: Awesome Eats, Healthy Food Monsters

CONCLUSÃO

Ter como alvo comportamentos de saúde e a adesão a regimes médicos proporciona muitos benefícios para as crianças e suas famílias. Além de melhorar a saúde física da criança, fornecer intervenções de saúde comportamental em torno destas áreas pode reduzir o conflito familiar e diminuir os custos médicos. Profissionais que trabalham em vários contextos podem utilizar as intervenções *expressas* apresentadas neste capítulo com as crianças e as famílias com quem trabalham. Essas intervenções ajudarão a equipar os profissionais com estratégias para rapidamente abordar a compreensão que as famílias têm dos regimes médicos, identificar e remover as barreiras à adesão e aumentar a adesão em geral aos planos, desse modo resultando em melhores resultados de saúde para as crianças.

Cartão PR 8.1
Aprendendo sobre deglutição

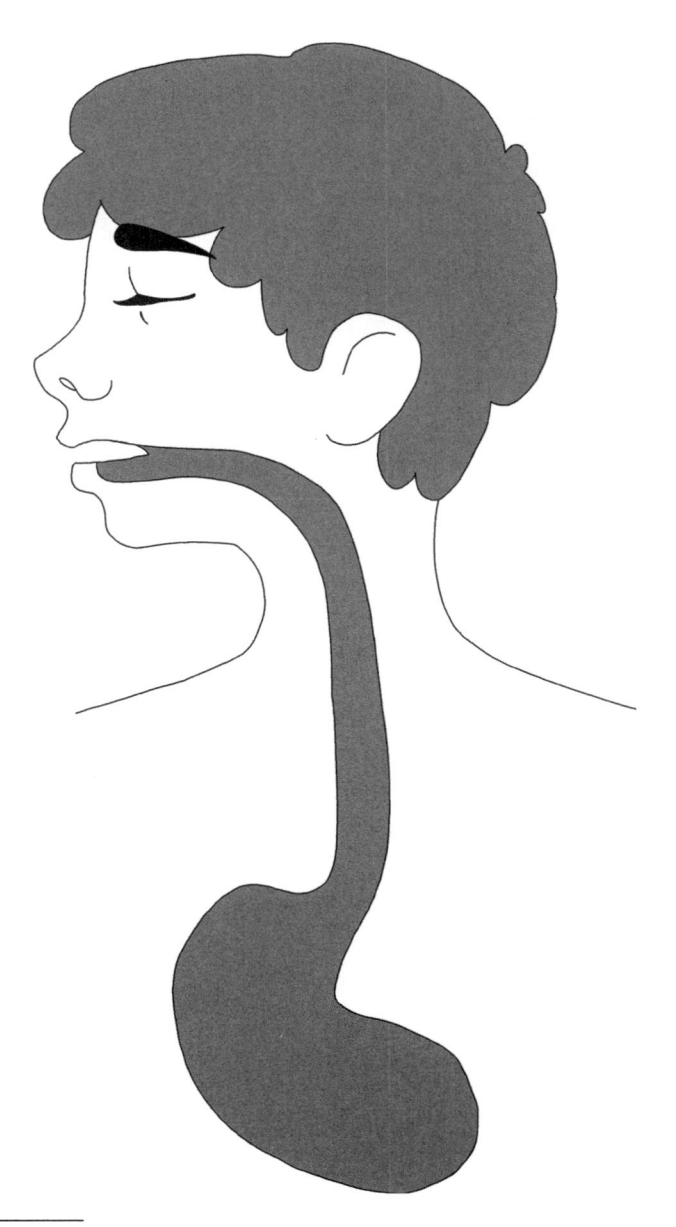

De *TCC expressa*. McClure, Friedberg, Thordarson e Keller. Copyright © 2019 The Guilford Press. É permitido aos leitores deste livro copiar este Cartão PR para uso pessoal ou para uso com os clientes (ver página de direitos autorais para detalhes). Os leitores têm permissão para fazer *download* de cópias adicionais deste Cartão PR (ver quadro no final do Sumário deste livro).

Cartão PR 8.2
Leve para casa: dicas para deglutição

1. **Posição do comprimido**
   Para a deglutição mais fácil, quero que você coloque o comprimido:
   ☐ o mais fundo na minha garganta que eu consiga alcançar
   ☐ bem no centro da minha língua
   ☐ bem na ponta da minha língua
   ☐ no prato do cachorro

No desenho da boca, marque um X onde o comprimido deve ser colocado:

2. **Beba tudo**
   Que tamanho deve ter o meu gole para o comprimido descer?
   ☐ apenas um golinho
   ☐ um gole regular de água
   ☐ o máximo que couber na minha boca
   ☐ é melhor engolir os comprimidos a seco

   Bebidas que eu gostaria de usar quando ingerir comprimidos:
   a. _____
   b. _____
   c. _____

   Em vez de líquido, posso tentar usar alimentos _____! Quero testar:
   a. _____
   b. _____
   c. _____

3. **Posição da cabeça (circule a resposta correta)**
   Se eu ficar com o comprimido preso na boca ou nas bochechas, preciso tentar inclinar a cabeça *para frente* OU *para trás* OU *para o lado*.

   Se parecer que vou me engasgar, devo tentar inclinar a minha cabeça *para frente* OU *para trás*.

   Não importa a direção em que me incline, sempre *preciso me inclinar um pouco* OU *muito*.

De *TCC expressa*. McClure, Friedberg, Thordarson e Keller. Copyright © 2019 The Guilford Press. É permitido aos leitores deste livro copiar este Cartão PR para uso pessoal ou para uso com os clientes (ver página de direitos autorais para detalhes). Os leitores têm permissão para fazer *download* de cópias adicionais deste Cartão PR (ver quadro no final do Sumário deste livro).

Cartão PR 8.3a
Cartão de escores: exemplo

Nível	Minhas escolhas	Escore
Bem pequeninho	Confeitos coloridos	⊗
Pequeninho	Confeitos prateados	⊗
Pequeno	Tic Tac cor-de-laranja	⊗
Médio	Pastilhas	\
Grande	M&M's de amendoim	
Crédito Extra	NÃO!	

Tarefa de casa: *3 Pastilhas e 3 M&M's*

Recompensa: *Dormir na casa da Clara!*

De *TCC expressa*. McClure, Friedberg, Thordarson e Keller. Copyright © 2019 The Guilford Press. É permitido aos leitores deste livro copiar este Cartão PR para uso pessoal ou para uso com os clientes (ver página de direitos autorais para detalhes). Os leitores têm permissão para fazer *download* de cópias adicionais deste Cartão PR (ver quadro no final do Sumário deste livro).

Cartão PR 8.3b

Cartão de escores

Nível	Minhas escolhas	Escore
Bem pequeninho		
Pequeninho		
Pequeno		
Médio		
Grande		
Crédito Extra		

Tarefa de casa:

Recompensa:

De *TCC expressa*. McClure, Friedberg, Thordarson e Keller. Copyright © 2019 The Guilford Press. É permitido aos leitores deste livro copiar este Cartão PR para uso pessoal ou para uso com os clientes (ver página de direitos autorais para detalhes). Os leitores têm permissão para fazer *download* de cópias adicionais deste Cartão PR (ver quadro no final do Sumário deste livro).

Cartão PR 8.4
Superando os obstáculos

Se você estiver muito perto, não desista! Realize alguns experimentos com algumas destas ideias ou invente os seus! Estas ideias o ajudarão a superar os obstáculos finais ao seu sucesso.

Tente mudar...
    A bebida que está sendo usada:
    Sabores mais fortes são melhores inibidores do sabor dos comprimidos.
        Nossas ideias:
            Refresco de cereja
            Limonada ácida
        Suas ideias:

_____

_____

    Em vez de líquido, use uma comida pastosa como:
    Teste se sabores neutros ou sabores preferidos funcionam melhor.
        Nossas ideias:
            Iogurte
            Purê de batatas
            Iogurte congelado/sorvete
            Molho de maçã
            Queijo cottage
        Suas ideias:

_____

_____

    Engane seus sentidos tentando um destes:
    Encontre alguma coisa fria ou com um sabor muito forte que vá confundir a sua boca.
        Nossas ideias:
            Chupe um picolé ou um cubo de gelo por 5-10 segundos antes e depois de engolir o comprimido.
            Chupe uma bala de hortelã por 5-10 segundos antes e depois de engolir o comprimido.
            Masque chiclete de canela por 5-10 segundos antes (retire da boca), engula o comprimido, coloque o chiclete de volta na boca.
            Chupe uma bala azeda por 5-10 segundos antes e depois de engolir o comprimido.
        Suas ideias:

_____

_____

De *TCC expressa*. McClure, Friedberg, Thordarson e Keller. Copyright © 2019 The Guilford Press. É permitido aos leitores deste livro copiar este Cartão PR para uso pessoal ou para uso com os clientes (ver página de direitos autorais para detalhes). Os leitores têm permissão para fazer *download* de cópias adicionais deste Cartão PR (ver quadro no final do Sumário deste livro).

Cartão PR 8.5a
Fatos rápidos para minhas medicações: exemplo

Quais são os nomes das minhas medicações: (Desenhe o tamanho e a forma ao lado de cada um.)	Quem as dá para mim?
⬢ Clonidina ⬭ Ritalina	Eu dou Minha mãe faz dupla checagem

Quando eu tomo?	Onde são guardadas as minhas medicações?
Ritalina – no café da manhã Clonidina – depois que escovo os dentes	Na cozinha

Instruções especiais: (p. ex., com comida, 30 minutos antes de dormir)	Por que estou tomando estas medicações? (objetivos específicos)
Ritalina tem que ser pela manhã Clonidina tem que ser à noite, antes de dormir	Ajuda a me focar e me acalmar Também me ajuda a dormir

Como isso vai me ajudar? (como minha vida será diferente)

Posso fazer meu dever de casa mais rápido
Meus professores podem gostar mais de mim
Não vou ficar entediado quando não conseguir dormir

De *TCC expressa*. McClure, Friedberg, Thordarson e Keller. Copyright © 2019 The Guilford Press. É permitido aos leitores deste livro copiar este Cartão PR para uso pessoal ou para uso com os clientes (ver página de direitos autorais para detalhes). Os leitores têm permissão para fazer *download* de cópias adicionais deste Cartão PR (ver quadro no final do Sumário deste livro).

Cartão PR 8.5b
Fatos rápidos para minhas medicações

Quais são os nomes das minhas medicações: (Desenhe o tamanho e a forma ao lado de cada um.)	Quem as dá para mim?
Quando eu tomo?	Onde são guardadas as minhas medicações?
Instruções especiais: (p. ex., com comida, 30 minutos antes de dormir)	Por que estou tomando estas medicações? (objetivos específicos)
Como isso vai me ajudar? (como minha vida será diferente)	

De *TCC expressa*. McClure, Friedberg, Thordarson e Keller. Copyright © 2019 The Guilford Press. É permitido aos leitores deste livro copiar este Cartão PR para uso pessoal ou para uso com os clientes (ver página de direitos autorais para detalhes). Os leitores têm permissão para fazer *download* de cópias adicionais deste Cartão PR (ver quadro no final do Sumário deste livro).

Cartão PR 8.6
Junte as peças

Eu guardo meu medicamento:
☐ Na cozinha
☐ No _____ do banheiro
☐ No _____ do quarto
☐ Na minha mochila/bolsa da escola
☐ Na minha bolsa (ou da minha mãe)

O adulto que me supervisiona é:
☐ Mãe
☐ Pai
☐ Avô/avó
☐ Babá
☐ _____

Eu faço os registros em:
☐ Uma folha de exercícios ou um calendário _____
☐ Um aplicativo chamado _____ no _____

Eu recebo lembretes de:
☐ Um alarme no _____
☐ Um sinal no _____
☐ Uma notificação de _____

De *TCC expressa*. McClure, Friedberg, Thordarson e Keller. Copyright © 2019 The Guilford Press. É permitido aos leitores deste livro copiar este Cartão PR para uso pessoal ou para uso com os clientes (ver página de direitos autorais para detalhes). Os leitores têm permissão para fazer *download* de cópias adicionais deste Cartão PR (ver quadro no final do Sumário deste livro).

Cartão 8.7

Meu monitor da medicação

Hoje é: _____

Cole um adesivo em cada dia que você tomar a medicação.

Eu retorno em: _____   Posso ganhar: _____

Segunda	Terça	Quarta	Quinta	Sexta	Sábado	Domingo

De *TCC expressa*. McClure, Friedberg, Thordarson e Keller. Copyright © 2019 The Guilford Press. É permitido aos leitores deste livro copiar este Cartão PR para uso pessoal ou para uso com os clientes (ver página de direitos autorais para detalhes). Os leitores têm permissão para fazer *download* de cópias adicionais deste Cartão PR (ver quadro no final do Sumário deste livro).

Cartão PR 8.8a

Ajudando ou prejudicando?: exemplo

No espaço abaixo, desenhe o formato da(s) medicação(ões). Pinte uma parte do comprimido para representar o quanto você acha que esta medicação é útil. Usando uma cor diferente, sombreie uma parte para representar o quando esta medicação é prejudicial.

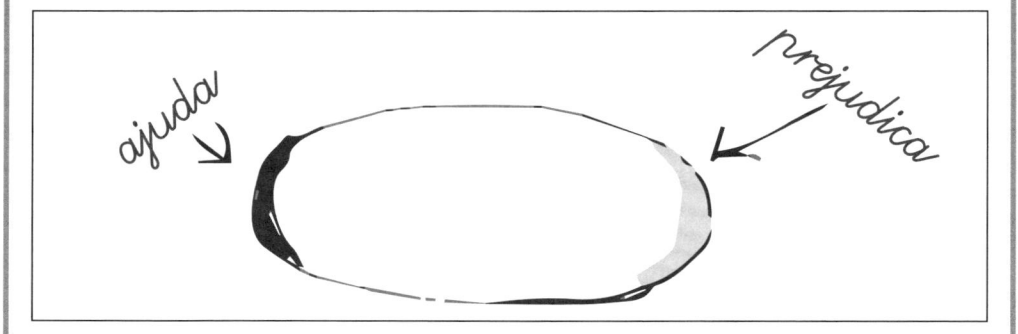

[desenho de um comprimido oval com uma parte sombreada à esquerda indicada como "ajuda" e uma parte sombreada à direita indicada como "prejudica"]

O melhor resultado possível ao tomar esta medicação é:

Ø

O pior resultado possível ao tomar esta medicação é:

Diarreia

Acidentes

De *TCC expressa*. McClure, Friedberg, Thordarson e Keller. Copyright © 2019 The Guilford Press. É permitido aos leitores deste livro copiar este Cartão PR para uso pessoal ou para uso com os clientes (ver página de direitos autorais para detalhes). Os leitores têm permissão para fazer *download* de cópias adicionais deste Cartão PR (ver quadro no final do Sumário deste livro).

Cartão PR 8.8b
Ajudando ou prejudicando?

No espaço abaixo, desenhe o formato da(s) medicação(ões). Pinte uma parte do comprimido para representar o quanto você acha que esta medicação é útil. Usando uma cor diferente, sombreie uma parte para representar o quando esta medicação é prejudicial.

O melhor resultado possível ao tomar esta medicação é:

O pior resultado possível ao tomar esta medicação é:

De *TCC expressa*. McClure, Friedberg, Thordarson e Keller. Copyright © 2019 The Guilford Press. É permitido aos leitores deste livro copiar este Cartão PR para uso pessoal ou para uso com os clientes (ver página de direitos autorais para detalhes). Os leitores têm permissão para fazer *download* de cópias adicionais deste Cartão PR (ver quadro no final do Sumário deste livro).

Cartão PR 8.9
Faça o teste!

Está funcionando!	Não está!

Funciona melhor quando:	Coisas que atrapalham:

Decisão:

Disposto a tentar?   SIM   NÃO

De *TCC expressa*. McClure, Friedberg, Thordarson e Keller. Copyright © 2019 The Guilford Press. É permitido aos leitores deste livro copiar este Cartão PR para uso pessoal ou para uso com os clientes (ver página de direitos autorais para detalhes). Os leitores têm permissão para fazer *download* de cópias adicionais deste Cartão PR (ver quadro no final do Sumário deste livro).

Cartão PR 8.10
Verde, amarelo, vermelho

Alimentos verdes
Coma diariamente

Alimentos amarelos
Coma semanalmente

Alimentos vermelhos
Coma mensalmente (ou menos!)

De *TCC expressa*. McClure, Friedberg, Thordarson e Keller. Copyright © 2019 The Guilford Press. É permitido aos leitores deste livro copiar este Cartão PR para uso pessoal ou para uso com os clientes (ver página de direitos autorais para detalhes). Os leitores têm permissão para fazer *download* de cópias adicionais deste Cartão PR (ver quadro no final do Sumário deste livro).

Cartão PR 8.11
Minha lista de compras

Guloseima especial desta semana:

De *TCC expressa*. McClure, Friedberg, Thordarson e Keller. Copyright © 2019 The Guilford Press. É permitido aos leitores deste livro copiar este Cartão PR para uso pessoal ou para uso com os clientes (ver página de direitos autorais para detalhes). Os leitores têm permissão para fazer *download* de cópias adicionais deste Cartão PR (ver quadro no final do Sumário deste livro).

Cartão 8.12
Caça ao tesouro

Desenhe os alimentos nos lugares em que os encontrará em sua casa!

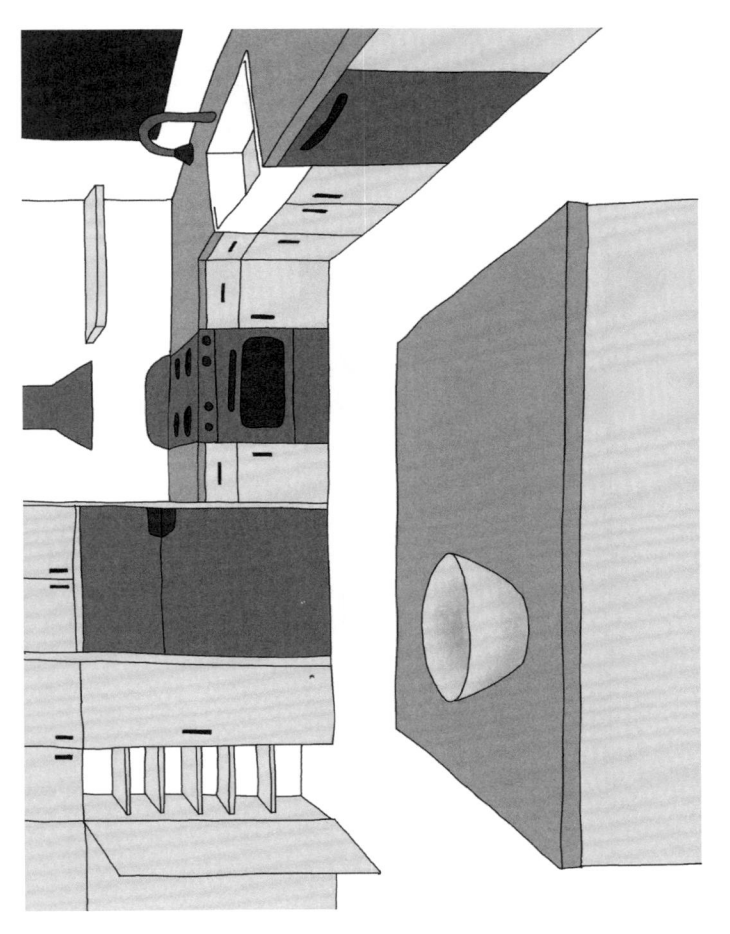

De *TCC expressa*. McClure, Friedberg, Thordarson e Keller. Copyright © 2019 The Guilford Press. É permitido aos leitores deste livro copiar este Cartão PR para uso pessoal ou para uso com os clientes (ver página de direitos autorais para detalhes). Os leitores têm permissão para fazer *download* de cópias adicionais deste Cartão PR (ver quadro no final do Sumário deste livro).

Cartão PR 8.13

Cardápio da família

O cardápio da família

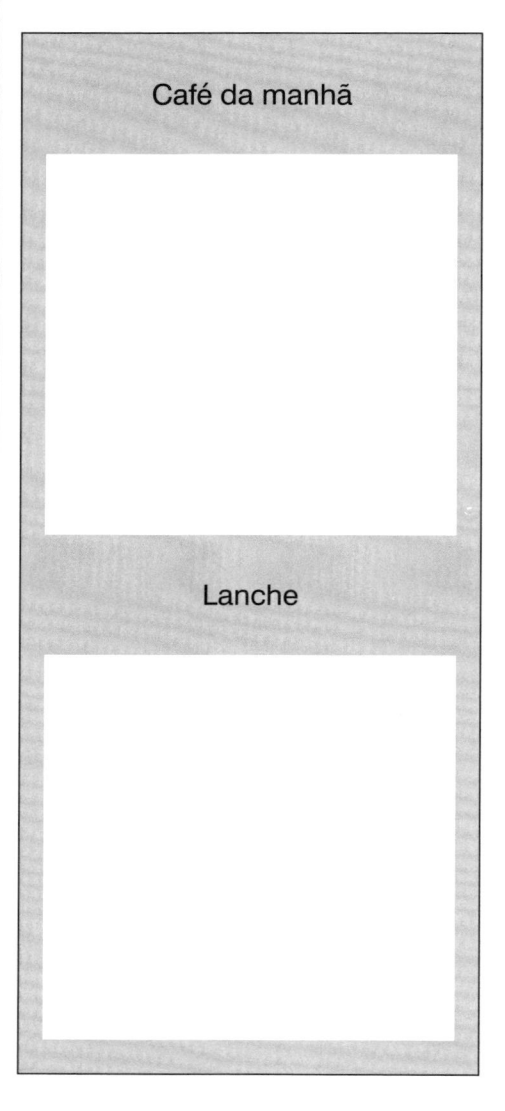

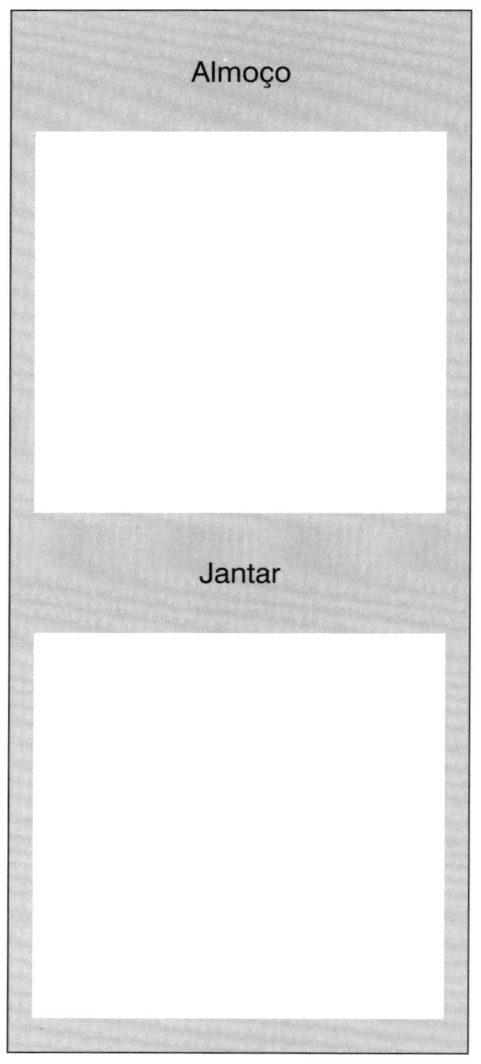

Café da manhã	Almoço

Lanche	Jantar

De *TCC expressa*. McClure, Friedberg, Thordarson e Keller. Copyright © 2019 The Guilford Press. É permitido aos leitores deste livro copiar este Cartão PR para uso pessoal ou para uso com os clientes (ver página de direitos autorais para detalhes). Os leitores têm permissão para fazer *download* de cópias adicionais deste Cartão PR (ver quadro no final do Sumário deste livro).

Cartão PR 8.14

Dicas para economizar dinheiro para uma alimentação saudável

1. Compre alimentos orgânicos/não processados – se for pronto para consumo, você está pagando a mais.
   - Por exemplo, queijo fatiado ou vegetais pré-cortados custam mais.
   - Embalagens de aveia saborizada custam mais do que as de aveia natural.
2. Compre proteínas baratas – ovos, iogurte natural, queijo cottage, peito de frango congelado.
3. Coma menos carne (mas certifique-se de ingerir proteínas de outras formas).
4. Compre frutas e vegetais congelados.
5. Compre marcas genéricas e de loja.
6. Compre em grande volume – frutas e carnes podem ser congeladas.
7. Compre frutas e vegetais da estação.
8. Compre tudo em uma loja para economizar tempo e combustível.
9. Faça compras em feiras de produtores para comprar frutas frescas da estação (chegar mais tarde pode lhe deixar menos opções, mas os preços também são mais baixos).
10. Junte cupons, mas só guarde aqueles para coisas que você sabe que vai comprar.
11. Cadastre-se em programas de recompensas para clientes.
12. Verifique o preço da unidade na parte inferior da etiqueta de preço para comparar entre as opções e encontrar a melhor oferta.
13. Evite comprar por impulso.
    - ☐ Faça uma lista antes de ir ao mercado para que você saiba exatamente do que precisa.
    - ☐ Planeje as refeições da semana para que não acabe desperdiçando comida (e dinheiro).
    - ☐ Faça compras sozinho com a maior frequência possível ou limite cada comprador a uma única escolha.
    - ☐ Não faça compras com fome (tudo parece ser uma boa ideia!).
14. Sempre leve lanches para evitar comprar comida quando estiver fora de casa.
15. Cultive sua própria comida! Plante uma árvore, faça uma horta no pátio ou monte um pequeno vaso na janela da cozinha – por menos que você faça, um pouco já ajuda! O que é cultivado em casa também tem um gosto melhor!

De *TCC expressa*. McClure, Friedberg, Thordarson e Keller. Copyright © 2019 The Guilford Press. É permitido aos leitores deste livro copiar este Cartão PR para uso pessoal ou para uso com os clientes (ver página de direitos autorais para detalhes). Os leitores têm permissão para fazer *download* de cópias adicionais deste Cartão PR (ver quadro no final do Sumário deste livro).

Cartão PR 8.15a
Vantagens e desvantagens: exemplo (exemplo de Jaimie)

Vamos fazer isto!   Nunca vai acontecer

Liste duas a três vantagens de seguir o plano.	Liste duas a três desvantagens de seguir o plano.
+	−
■ Todos vão parar de me incomodar em relação ao que eu como. ■ Posso me sentir melhor. ■ Provavelmente não vou ter que ir tanto ao hospital.	■ Não vou poder comer ~~nenhuma das~~ muitas coisas de que gosto. ■ Não vou poder comer o bolo de aniversário na festa do meu amigo Taylor neste fim de semana. ■ Meus amigos ~~vão~~ podem achar que eu sou esquisita.

De *TCC expressa*. McClure, Friedberg, Thordarson e Keller. Copyright © 2019 The Guilford Press. É permitido aos leitores deste livro copiar este Cartão PR para uso pessoal ou para uso com os clientes (ver página de direitos autorais para detalhes). Os leitores têm permissão para fazer *download* de cópias adicionais deste Cartão PR (ver quadro no final do Sumário deste livro).

Cartão PR 8.15b
Vantagens e desvantagens: exemplo (exemplo da mãe de Jaimie)

Vamos fazer isto! ──────────■────────── Nunca vai acontecer

Liste duas a três vantagens de seguir o plano.	Liste duas a três desvantagens de seguir o plano.
+	−
■ Eu posso me sentir mais saudável também. ■ Vamos fazer isso juntas. ■ *Provavelmente* será mais fácil para Jaimie se eu fizer mudanças também.	■ Vou ter que abrir mão da minha Coca diet. ■ As compras no mercado vão ser mais difíceis *por algum tempo*. ■ Se eu comer chocolate escondido, *provavelmente* vou me sentir culpada por fazer isso.

De *TCC expressa*. McClure, Friedberg, Thordarson e Keller. Copyright © 2019 The Guilford Press. É permitido aos leitores deste livro copiar este Cartão PR para uso pessoal ou para uso com os clientes (ver página de direitos autorais para detalhes). Os leitores têm permissão para fazer *download* de cópias adicionais deste Cartão PR (ver quadro no final do Sumário deste livro).

Cartão PR 8.15c
Vantagens e desvantagens

Vamos fazer isto!   Nunca vai acontecer

Liste duas a três vantagens de seguir o plano.	Liste duas a três desvantagens de seguir o plano.
+	–

De *TCC expressa*. McClure, Friedberg, Thordarson e Keller. Copyright © 2019 The Guilford Press. É permitido aos leitores deste livro copiar este Cartão PR para uso pessoal ou para uso com os clientes (ver página de direitos autorais para detalhes). Os leitores têm permissão para fazer *download* de cópias adicionais deste Cartão PR (ver quadro no final do Sumário deste livro).

Referências

Akerof, G. A. (1970). The market for "lemons": Quality uncertainty and the market mechanism. *Quarterly Journal of Economics, 84*, 488–500.

Aldao, A., Nolen-Hoeksema, S., & Schweizer, S. (2010). Emotion-regulation strategies across psychopathology: A meta-analytic review. *Clinical Psychology Review, 30*, 217–237.

Allen, L. B., Ehrenreich, J. T., & Barlow, D. H. (2005). A unified treatment for emotional disorders: Applications with adults and adolescents [invited article]. *Japanese Journal of Behavior Therapy, 31*(1), 3–30.

Arnberg, A., & Ost, L. G. (2014). CBT for children with depressive symptoms: A meta-analysis. *Cognitive Behaviour Therapy, 43*(4), 275–288.

Asarnow, J. R., Hoagwood, K. E., Stancin, T., Lochman, J., Hughes, J. L., Miranda, J. M., et al. (2015). Psychological science and innovative strategies for informing health care redesign: A policy brief. *Journal of Clinical Child and Adolescent Psychology, 44*, 923–932.

Asarnow, J. R., Kolko, D. J., Miranda, J., & Kazak, A. (2017). The pediatric patient-centered medical home: Innovative models for improving behavioral health. *American Psychologist, 72*, 13–27.

Barker, S. L. (1983). Supply side economics in private psychotherapy practice: Some ominous and encouraging trends. *Psychotherapy in Private Practice, 1*, 71–81.

Beauchaine, T. P., Hinshaw, S. P., & Pang, K. L. (2010). Comorbidity of attention deficit/hyperactivity disorder and early-onset conduct disorder: Biological, environmental, and developmental mechanisms. *Clinical Psychology: Science and Practice, 17*, 327–336.

Beck, A. T. (1976). *Cognitive therapy and the emotional disorders*. New York: International Universities Press.

Beck, J. S. (2011). *Cognitive behavior therapy: Basics and beyond* (2nd ed.). New York: Guilford Press.

Beidas, R. S., Stewart, R. E., Walsh, L., Lucas, S., Downey, M. M., Jackson, K., et al. (2015). Free, brief, and validated: Standardized instruments for low-resource mental health settings. *Cognitive and Behavioral Practice, 22*, 5–19.

Bennett, K., Manassis, K., Duda, S., Bagnell, A., Bernstein, G. A., Garland, E. J., et al. (2016). Treating child and adolescent anxiety effectively: Overview of systematic reviews. *Clinical Psychology Review, 50*, 80–94.

Berry, R. R., & Lai, B. (2014). The emerging role of technology in cognitive–behavioral therapy for anxious youth: A review. *Journal of Rational-Emotive and Cognitive-Behavior Therapy, 32*(1), 57–66.

Bickman, L. (2008). A measurement feedback system (MFS) is necessary to improve mental health outcomes. *Journal of the American Academy of Child and Adolescent Psychiatry, 47*, 1114–1119.

Bickman, L., Douglas-Kelley, S., Breda, C., de Andrade, A. R., & Reimer, M. (2011). Effects of routine feedback to clinicians on mental health outcomes of youths: Results of a randomized trial. *Psychiatric Services, 62*, 1423–1429.

Brinkmeyer, M. Y., & Eyberg, S. M. (2003). Parent–child interaction therapy for oppositional children. In A. E. Kazdin & J. R. Weisz (Eds.), *Evidence-based psychotherapies for children and adolescents* (pp. 204–223). New York: Guilford Press.

Campo, J. V., Shafer, S., Strohm, J., Lucas, A., Gelacek-Cassesse, C., Saheffer, D., et al. (2005). Pediatric behavioral health in primary care: A collaborative approach. *Journal of the American Psychiatric Nurses Association, 11*, 276–282.

Carlson, C. R., & Hoyle, R. H. (1993). Efficacy of abbreviated progressive muscle relaxation training: A quantitative review of behavioral medicine research. *Journal of Consulting and Clinical Psychology, 61*, 1059–1067.

Carthy, T., Horesch, N., Apter, A., Edge, M. D., & Gross, J. J. (2010). Emotional reactivity and cognitive regulation in anxious children. *Behaviour Research and Therapy, 48*, 384–393.

Chess, S., & Thomas, A. (1999). *Goodness of fit: Clinical applications from infancy through adult life*. Philadelphia: Brunner/Mazel.

Cho, Y., & Telch, M. J. (2005). Testing the cognitive content-specificity hypothesis of social anxiety and depression: An application of structural equation modeling. *Cognitive Therapy and Research, 29*, 399–416.

Chorpita, B., & Daleiden, E. (2009). Mapping evidence-based treatments for children and adolescents: Applications of the distillation and matching model to 615 treatments from 322 randomized trials. *Journal of Consulting and Clinical Psychology, 77*, 566–579.

Chorpita, B. F., Daleiden, E. L., & Weisz, J. R. (2005). Identifying and selecting the common elements of evidence based interventions: A distillation and matching model. *Mental Health Services Research, 7*(1), 5–20.

Chorpita, B. F., & Weisz, J. R. (2009). *MATCH-ADTC: Modular approach to therapy for children with anxiety, depression, trauma, or conduct problems.* Satellite Beach, FL: Practice-Wise.

Christopherson, E. R., & Mortweet, S. L. (2013). *Treatments that work with children: Empirically suggested strategies for managing problem* (2nd ed.). Washington, DC: American Psychological Association.

Clarke, G., Debar, L., Lynch, F., Powell, J., Gale, J., O'Connor, E., et al. (2005). A randomized effectiveness trial of brief cognitive-behavioral therapy for depressed adolescents receiving antidepressant medication. *Journal of the American Academy of Child and Adolescent Psychiatry, 44*(9), 888–898.

Cone, J. D. (1997). Issues in functional analysis in behavioral assessment. *Behaviour Research and Therapy, 35*, 259–275.

Cooper, J. O., Heron, T. E., & Heward, W. L. (Eds.). (1987). *Applied behavioral analysis.* New York: Macmillan.

Cortina, S., Somers, M., Rohan, J. M., & Drotar, D. (2013). Clinical effectiveness of comprehensive psychological intervention for nonadherence to medical treatment: A case series. *Journal of Pediatric Psychology, 38*(6), 649–663.

Cox, G. R., Fisher, C. A., DeSilva, S., Phelan, M., Akinwale, O. P., Simmons, M. B., et al. (2012). Interventions for preventing relapse and recurrence of depressive disorder in children and adolescents. *Cochrane Database of Systematic Reviews, 11*, CD007504.

Crawley, S. A., Kendall, P. C., Benjamin, C. L., Brodman, D. M., Wei, C., Beidas, R. S., et al. (2013). Brief cognitive-behavioral therapy for anxious youth: Feasibility and initial outcomes. *Cognitive and Behavioral Practice, 20*(2), 123–133.

Curry, J. F., & Wells, K. C. (2005). Striving for effectiveness in the treatment of adolescent depression: Cognitive behavior therapy for multisite community intervention. *Cognitive and Behavioral Practice, 12*, 177–185.

David-Ferdon, C., & Kaslow, N. J. (2008). Evidence-based psychosocial treatments for child and adolescent depression. *Journal of Clinical Child and Adolescent Psychology, 37*(1), 62–104.

Dodge, K. A. (2006). Translational science in action: Hostile attributional style and the development of aggressive behavior problems. *Development and Psychopathology, 18*, 791–814.

Drayton, A. K., Andersen, M. N., Knight, R. M., Felt, B. T., Fredericks, E. M., & Dore-Stiles, D. J. (2012). Internet guidance on time-out: Inaccuracies, omissions, and what to tell parents instead. *Journal of Developmental and Behavioral Pediatrics, 35*, 239–246.

Ehrenreich, J. T., Goldstein, C. R., Wright, L. R., & Barlow, D. H. (2009). Development of a unified protocol for the treatment of emotional disorders in youth. *Child and Family Behavior Therapy, 31*, 20–37.

Elkins, R. M., McHugh, R. K., Santucci, L. C., & Barlow, D. H. (2011). Improving the transportability of CBT for internalizing disorders in children. *Clinical Child and Family Psychology Review, 14*(2), 161–173.

Eyberg, S. M., Nelson, M. M., & Boggs, S. R. (2008). Evidence-based psychosocial treatments for children and adolescents with disruptive behavior. *Journal of Clinical Child and Adolescent Psychology, 37*, 215–237.

Flessner, C. A., & Piacentini, J. C. (Eds.). (2017). *Clinical handbook of psychological disorders in children and adolescents.* New York: Guilford Press.

Forehand, R., & McMahon, R. J. (1981). *Helping the noncompliant child: A clinician's guide to parent training.* New York: Guilford Press.

Frick, P. J., & Morris, A. S. (2004). Temperament and developmental pathways to conduct problems. *Journal of Clinical Child and Adolescent Psychology, 33*, 54–68.

Friedberg, R. D. (2015). When treatment as usual gives you lemons, count on evidence based practices. *Child and Family Behavior Therapy, 37*, 335–348.

Friedberg, R. D., & Brelsford, G. M. (2011). Using cognitive behavioral interventions to help children cope with parental military deployments. *Journal of Contemporary Psychotherapy, 41*, 229–236.

Friedberg, R. D., Gorman, A. A., Hollar-Wilt, L. H., Biuckians, A., & Murray, M. (2012). *Cognitive behavioral therapy for the busy child psychiatrist and other mental health professionals: Rubrics and rudiments.* New York: Routledge.

Friedberg, R. D., & McClure, J. M. (2015). *Clinical practice of cognitive therapy with children and adolescents: The nuts and bolts* (2nd ed.). New York: Guilford Press.

Friedberg, R. D., McClure, J. M., & Hillwig-Garcia, J. (2009). *Cognitive therapy techniques for children and adolescents: Tools for enhancing practice.* New York: Guilford Press.

Friedberg, R. D., & Rozbruch, E. V. (2016). Quality counts: Behavioral health care services with youth should be guided by outcome metrics. *Clinical Psychiatry, 2*, 1–2.

Friedberg, R. D., Thordarson, M. A., Paternostro, J., Sullivan, P., & Tamas, M. (2014). CBT with youth: Immodest proposals for training the next generation. *Journal of Rational-Emotive and Cognitive-Behavior Therapy, 32*, 110–119.

Ghahramanlou-Holloway, M., Wenzel, A., Lou, K., & Beck, A. T. (2007). Differentiating cognitive content between depressed and anxious outpatients. *Cognitive Behavioral Therapy, 36*, 170–178.

Goldstein, N. E., Serico, J. M., Romaine, C. L. R., Zelechoski, A. D., Kalbeitzer, R., Kemp, K., et al. (2013). Development of the juvenile justice anger management treatment for girls. *Cognitive and Behavioral Practice, 20*(2), 171–188.

Görzig, A., & Frumkin, L. A. (2013). Cyberbullying experiences on-the-go: When social media can become distressing. *Cyberpsychology: Journal of Psychosocial Research on Cyberspace, 7*(1).

Gross, J. J. (1998). The emerging field of emotion regulation: An integrative review. *Review of General Psychology, 2*(3), 271–299.

Hammond, W. R., & Yung, B. R. (1991). Preventing violence in at-risk African-American youth. *Journal of Health Care for the Poor and Underserved, 2*(3), 359–373.

Hankinson, J. C., & Slifer, K. J. (2013). Behavioral treatments to improve pill swallowing and adherence in an adolescent with renal and connective tissue diseases. *Clinical Practice in Pediatric Psychology, 1*(3), 227–234.

Hannesdottir, D. K., & Ollendick, T. H. (2007). The role of emotion regulation in the treatment of child anxiety disorders. *Clinical Child and Family Psychology Review, 10,* 275–293.

Haynes, S. N., O'Brien, W., & Kaholokula, J. (2011). *Behavioral assessment and case formulation.* New York: Wiley.

Henggeler, S. W., & Lee, T. (2003). Multisystemic treatment of serious clinical problems. In A. E. Kazdin & J. R. Weisz (Eds.), *Evidence-based psychotherapies for children and adolescents* (pp. 301–322). New York: Guilford Press.

Higa-McMillan, C. K., Francis, S. E., Rith-Najarian, L., & Chorpita, B. F. (2016). Evidence base update: 50 years of research on treatment for child and adolescent anxiety. *Journal of Clinical Child and Adolescent Psychology, 45*(2), 91–113.

Janicke, D. M., Fritz, A. M., & Rozensky, R. M. (2015). Healthcare reform and preparing the future clinical child and adolescent psychology workforce. *Journal of Clinical Child and Adolescent Psychology, 44,* 1030–1039.

Kazdin, A. E. (2001). *Behavior modification in applied settings.* Belmont, CA: Wadsworth.

Kazdin, A. E. (2008). *The Kazdin method for parenting the defiant child.* Boston: Houghton Mifflin.

Kazdin, A. E. (2010). Problem-solving skills training and parent management training for oppositional defiant disorder and conduct disorder. In J. R. Weisz & A. E. Kazdin (Eds.), *Evidence-based psychotherapies for children and adolescents* (2nd ed., pp. 211–226). New York: Guilford Press.

Kendall, P. C. (Ed.). (2017). *Cognitive therapy with children and adolescents: A casebook for clinical practice* (3rd ed.). New York: Guilford Press.

Kendall, P. C., & Peterman, J. S. (2015). CBT for adolescents with anxiety: Mature yet still developing. *American Journal of Psychiatry, 172*(6), 519–530.

Kennard, B. D., Emslie, G. J., Mayes, T. L., Nightingale-Teresi, J., Nakonezny, P. A., Hughes, J. L., et al. (2008). Cognitive-behavioral therapy to prevent relapse in pediatric responders to pharmacotherapy for major depressive disorder. *Journal of the American Academy of Child and Adolescent Psychiatry, 47*(12), 1395–1404.

Kennard, B. D., Hughes, J. L., & Foxwell, A. A. (2016). *CBT for depression in children and adolescents: A guide to relapse prevention.* New York: Guilford Press.

Kirch, D. G., & Ast, C. E. (2017). Health care transformation: The role of academic health centers and their psychologists. *Journal of Clinical Psychology in Medical Settings, 24*(2), 86–91.

Kuyken, W., Padesk, C. A., & Dudley, R. (2008). *Collaborative case conceptualization.* New York: Guilford Press.

Lambert, M. J., Whipple, J. L., Vermeersch, D. A., Smart, D. W., Hawkins, E. J., Nielsen, S. L., et al. (2002). Enhancing psychotherapy outcomes via providing feedback on client progress: A replication. *Clinical Psychology and Psychotherapy, 9,* 91–103.

Lamberton, A., & Oei, T. P. (2008). A test of the cognitive content specificity hypothesis in depression and anxiety. *Journal of Behavior Therapy and Experimental Psychiatry, 39,* 23–31.

Landenberger, N. A., & Lipsey, M. W. (2005). The positive effects of cognitive–behavioral programs for offenders: A meta-analysis of factors associated with effective treatment. *Journal of Experimental Criminology, 1*(4), 451–476.

Lavigne, J. V., Gouze, K. R., Hopkins, J., Bryant, F. B., & LeBailly, S. A. (2012). A multi-domain model of risk factors for ODD symptoms in a community sample of 4-year-olds. *Journal of Abnormal Child Psychology, 40,* 741–757.

Linehan, M. M. (1993). *Cognitive-behavioral treatment of borderline personality disorder.* New York: Guilford Press.

Linehan, M. M. (2014). *DBT® skills training manual.* New York: Guilford Press.

Lochman, J. E., Powell, N. P., Boxmeyer, C. L., & Jimenez-Camargo, L. (2011). Cognitive-behavioral therapy for externalizing disorders in children and adolescents. *Child and Adolescent Psychiatry Clinics of North America, 20,* 305–318.

Lochman, J. E., & Wells, K. C. (2002). Contextual social-cognitive mediators and child outcome: A test of the theoretical model in the Coping Power program. *Development and Psychopathology, 14*(4), 945–967.

Lochman, J. E., & Wells, K. C. (2003). Effectiveness of the Coping Power program and of classroom intervention with aggressive children: Outcomes at a 1-year follow-up. *Behavior Therapy, 34*(4), 493–515.

Lochman, J. E., & Wells, K. C. (2004). The Coping Program for preadolescent aggressive boys and their parents: Outcome effects at the 1-year follow-up. *Journal of Consulting and Clinical Psychology, 72,* 571–578.

Luersen, K., Davis, S. A., Kaplan, S. G., Abel, T. D., Winchester, W. W., & Feldman, S. R. (2012). Sticker charts: A method for improving adherence to treatment of chronic diseases in children. *Pediatric Dermatology, 29*(4), 403–408.

Manassis, K. (2009). *CBT with children: A guide for the community practitioner.* New York: Routledge.

Manassis, K. (2012). *Problem solving in child and adolescent psychotherapy: A skills-based, collaborative approach.* New York: Guilford Press.

Manassis, K. (2014). *Case formulation with children and adolescents.* New York: Guilford Press.

March, J., Silva, S., Petrycki, S., Curry, J., Wells, K., Fairbank, J., et al. (2004). Fluoxetine, cognitive-behavioral therapy, and their combination for adolescents with depression: Treatment for Adolescents with Depression Study (TADS) randomized controlled trial. *JAMA, 292*(7), 807–820.

Martel, M. M., Gremillion, M. L., & Roberts, B. (2012). Temperament and common disruptive behavior problems in preschool. *Personality and Individual Differences, 53*, 874–879.

Martinez, C. R., Jr., & Eddy, J. M. (2005). Effects of culturally adapted parent management training on Latino youth behavioral health outcomes. *Journal of Consulting and Clinical Psychology, 73*(5), 841–851.

McCart, M. R., & Sheidow, A. J. (2016). Evidence-based psychosocial treatments for adolescents with disruptive behavior. *Journal of Clinical Child and Adolescent Psychology, 45*(5), 529–563.

McCauley, E., Schloredt, K., Gudmundsen, G., Martell, C., & Dimidjian, S. (2011). Expanding behavioral activation to depressed adolescents: Lessons learned in treatment development. *Cognitive and Behavioral Practice, 18*(3), 371–383.

McGrady, M. E., Ryan, J. L., Brown, G. A., & Cushing, C. C. (2015). Topical review: Theoretical frameworks in pediatric adherence-promotion interventions: Research findings and methodological implications. *Journal of Pediatric Psychology, 40*(8), 721–726.

McLaughlin, K. A., Hatzenbuehler, M. L., Mennin, D. S., & Nolen-Hoeksema, S. (2011). Emotion dysregulation and adolescent psychopathology: A prospective study. *Behavioral Research and Therapy, 49*(9), 544–554.

McLeod, B. D., Jensen-Doss, A., & Ollendick, T. H. (Eds.). (2013). *Diagnostic and behavioral assessment in children and adolescents: A clinical guide*. New York: Guilford Press.

Meltzer, E. O., Welch, M. J., & Ostrom, N. K. (2006). Pill swallowing ability and training in children 6 to 11 years of age. *Clinical Pediatrics, 45*(8), 725–733.

Melvin, G. A., Tonge, B. J., King, N. J., Heyne, D., Gordon, M. S., & Klimkeit, E. (2006). A comparison of cognitive-behavioral therapy, sertraline, and their combination for adolescent depression. *Journal of the American Academy of Child and Adolescent Psychiatry, 45*(10), 1151–1161.

Miller, A. (2015, November). *The business of CBT*. Workshop presented at the annual meeting of the Association for Behavioral and Cognitive Therapies, Chicago, IL.

Miller, A. L., Rathus, J. H., & Linehan, M. M. (2006). *Dialectical behavior therapy with suicidal adolescents*. New York: Guilford Press.

Modi, A. C., Guilfoyle, S. M., & Rausch, J. (2013). Preliminary feasibility, acceptability, and efficacy of an innovative adherence intervention for children with newly diagnosed epilepsy. *Journal of Pediatric Psychology, 38*(6), 605–616.

Muris, P., & Ollendick, T. H. (2005). The role of temperament in the etiology of child psychopathology. *Clinical Child and Family Psychology Review, 8*(4), 271–289.

Nangle, D. W., Hansen, D. J., Grover, R. L., Kingery, J. N., Suveg, C., & Contributors. (2016). *Treating internalizing disorders in children and adolescents: Core techniques and strategies*. New York: Guilford Press.

Nock, M. K., Kazdin, A. E., Hiripi, E., & Kessler, R. C. (2007). Lifetime prevalence, correlates, and persistence of oppositional defiant disorder: Results from the National Comorbidity Survey Replication. *Journal of Child Psychology and Psychiatry, 48*, 703–713.

Osmanoglou, E., Voort, I. R., Fach, K., Kosch, O., Bach, D., Hartmann, V., et al. (2004). Oesophageal transport of solid dosage forms depends on body position, swallowing volume and pharyngeal propulsion velocity. *Neurogastroenterology and Motility, 16*(5), 547–556.

Patterson, G. R, Reid, J. B., Jones, R. R., & Conger, R. E. (1975). *A social learning approach: Families with aggressive children* (Vol. 1). Eugene, OR: Castalia.

Pereira, A. I., Muris, P., Mendonça, D., Barros, L., Goes, A. R., & Marques, T. (2016). Parental involvement in cognitive-behavioral intervention for anxious children: Parents' in-session and out-session activities and their relationship with treatment outcome. *Child Psychiatry and Human Development, 47*(1), 113–123.

Persons, J. B. (2008). *The case formulation approach to cognitive-behavioral therapy*. New York: Guilford Press.

Peterman, J. S., Carper, M. M., Elkins, R. M., Comer, S., Pincus, D. B., & Kendall, P. C. (2016). The effects of cognitive-behavioral therapy for youth anxiety on sleep problems. *Journal of Anxiety Disorders, 37*, 78–88.

Rapoff, M. A. (2010). *Adherence to pediatric medical regimens*. New York: Springer Science+Business Media.

Reyes-Portillo, J. A., Mufson, L., Greenhill, L. L., Gould, M. S., Fisher, P. W., Tarlow, N., et al. (2014). Web-based interventions for youth internalizing problems: A systematic review. *Journal of the American Academy of Child and Adolescent Psychiatry, 53*(12), 1254–1270.

Roberts, M. C., Aylward, B. S., & Wu, Y. P. (Eds.). (2014). *Clinical practice of pediatric psychology*. New York: Guilford Press.

Robinson, T. R., Smith, S. W., & Miller, M. D. (1999). Cognitive behavior modification of hyperactivity-impulsivity and aggression: A meta-analysis of school-based studies. *Journal of Educational Psychology, 91*, 195–203.

Rosselló, J., Bernal, G., & Rivera-Medina, C. (2012). Individual and group CBT and IPT for Puerto Rican adolescents with depressive symptoms. *Cultural Diversity and Ethnic Minority Psychology, 14*(3), 234–245.

Rudolph, K. D., & Troop-Gordon, W. (2010). Personal accentuation and contextual-amplification models of pubertal timing: Predicting youth depression. *Development and Psychopathology, 22*(2), 433–451.

Sandil, R. (2006). Cognitive behavioral therapy for adolescent depression: Implications for Asian immigrants in the United States of America. *Journal of Child and Adolescent Mental Health, 18*(1), 27–32.

Sburlati, E. S., Lyneham, H. J., Schniering, C. A., & Rapee, R. M. (Eds.). (2016). *Evidence-based CBT for anxiety and depression in adolescence*. West Sussex, UK: Wiley.

Schiele, J. T., Schneider, H., Quinzler, R., Reich, G., & Haefeli, W. E. (2014). Two techniques to make swallowing pills easier. *Annals of Family Medicine, 12*(6), 550–552.

Schniering, C. A., & Rapee, R. M. (2002). Development and validation of a measure of children's automatic thoughts: The Children's Automatic Thoughts Scale. *Behaviour Research and Therapy, 40*, 1091–1109.

Scott, K., & Lewis, C. C. (2015). Using measurement-based care to enhance any treatment. *Cognitive and Behavioral Practice, 22*(1), 49–59.

Seligman, L. D., & Ollendick, T. H. (2011). Cognitive behavioral therapy for anxiety disorders in youth. *Child and Adolescent Psychiatric Clinics of North America, 20*(2), 217–238.

Serrano, N., Cordes, C., Cubic, B., & Daub, S. (2018). The state and future of the primary care behavioral health model of service delivery workforce. *Journal of Clinical Psychology in Medical Settings, 25*(2), 157–168.

Simons, A. D., Marti, C. N., Rohde, P., Lewis, C. C., Curry, J., & March, J. (2012). Does homework "matter" in cognitive behavioral therapy for adolescent depression? *Journal of Cognitive Psychotherapy, 26*(4), 390–404.

Smith, S. W., Lochman, J. E., & Daunic, A. P. (2005). Managing aggression using cognitive-behavioral interventions: State of the practice and future directions. *Behavioral Disorders, 30*(3), 227–240.

Southam-Gerow, M. A. (2016). *Emotion regulation in children and adolescents: A practitioner's guide.* New York: Guilford Press

Southam-Gerow, M. A., & Kendall, P. C. (2002). Emotion regulation and understanding: Implications for child psychopathology and therapy. *Clinical Psychology Review, 22*, 189–222.

Spirito, A., Esposito-Smythers, C., Wolff, J., & Uhl, (2011). Cognitive-behavioral therapy for adolescent depression and suicidality. *Child and Adolescent Psychiatric Clinics of North America, 20*(2), 191–204.

Stice, E., Rohde, P., Seeley, J. R., & Gau, J. M. (2008). Brief cognitive-behavioral depression prevention program for high-risk adolescents outperforms two alternative interventions: A randomized efficacy trial. *Journal of Consulting and Clinical Psychology, 76*(4), 595–606.

Sukhodolsky, D. G., Kassinove, H., & Gorman, B. S. (2004). Cognitive-behavioral therapy for anger in children and adolescents: A meta-analysis. *Aggressive and Violent Behavior, 9*, 247–269.

Suveg, C., Morelen, D., Brewer, G. A., & Thomassin, K. (2010). The emotion dysregulation model of anxiety: A preliminary path analytic examination. *Journal of Anxiety Disorders, 24*, 924–930.

Tiwari, S., Kendall, P. C., Hoff, A. L., Harrison, J. P., & Fizur, P. (2013). Characteristics of exposure sessions as predictors of treatment response in anxious youth. *Journal of Clinical Child and Adolescent Psychology, 42*(1), 34–43.

Unutzer, J., Chan, Y.-F., Hafer, E., Knaster, Shields, A., Powers, D., et al. (2012). Quality improvement with pay-for-performance incentives in integrated behavioral health care. *American Journal of Public Health, 102*, e41–e45.

Waldman, I. D., Tackett, J. L., Van Hulle, C. A., Applegate, B., Pardini, D., Frick, P. J., et al. (2011). Child and adolescent conduct disorder substantially shares genetic influences with three socioemotional dispositions. *Journal of Abnormal Psychology, 120*, 57–70.

Walkup, J. T., Albano, A. M., Piacentini, J., Birmaher, B., Compton, S. N., Sherrill, J. T., et al. (2008). Cognitive behavioral therapy, sertraline, or a combination in childhood anxiety. *New England Journal of Medicine, 359*(26), 2753–2766.

Webster-Stratton, C., & Reid, M. (2003). The incredible years parents, teachers, and children training series: A multifaceted treatment approach for young children with conduct problems. In A. E. Kazdin & J. R. Weisz (Eds.), *Evidenced-based psychotherapies for children and adolescents* (pp. 224–240). New York: Guilford Press.

Weersing, V. R., Jeffreys, M., Do, M. C. T., Schwartz, K. T., & Bolano, C. (2017). Evidence base update of psychosocial treatments for child and adolescent depression. *Journal of Clinical Child and Adolescent Psychology, 46*(1), 11–43.

Weersing, V. R., Rozenman, M. S., Maher-Bridge, M., & Campo, J. V. (2012). Anxiety, depression, and somatic distress: Developing a transdiagnostic internalizing toolbox for pediatric practice. *Cognitive and Behavioral Practice, 19*(1), 68–82.

Weersink, R. A., Taxis, K., McGuire, T. M., & van Driel, M. L. (2015). Consumers' questions about antipsychotic medication: Revealing safety concerns and the silent voices of young men. *Social Psychiatry and Psychiatric Epidemiology, 50*(5), 725–733.

Weisz, J. R., & Kazdin, A. E. (Eds.). (2017). *Evidence based psychotherapies for children and adolescents* (3rd ed.). New York: Guilford Press.

Weitzman, C. C., & Leventhal, J. M. (2006). Screening for behavioral health problems in primary care. *Current Opinions in Pediatrics, 18*, 641–648.

Wolff, J. C., & Ollendick, T. H. (2010). Conduct problems in youth: Phenomenology classification, and epidemiology. In R. C. Murrihy, A. D. Kidman, & T. H. Ollendick (Eds.), *Clinical handbook of assessing and treating conduct problems in youth* (pp. 3–20). New York: Springer.

Wu, Y. P., Rohan, J. M., Martin, S., Hommel, K., Greenley, R. N., Loiselle, K., et al. (2013). Pediatric psychologist use of adherence assessments and interventions. *Journal of Pediatric Psychology, 38*(6), 595–604.

Índice

Obs. *f* depois de um número de página indica uma figura.

A

Adesão, 8-9, 9*f*, 10*f*. *Ver também* Não adesão; Não adesão ao tratamento médico
Adesão a um plano nutricional, 187-196, 209-216. *Ver também* Não adesão ao tratamento médico
Adesão a um regime medicamentoso. *Ver* Não adesão ao tratamento médico
Alegria, 101-102
Ambientes de atenção primária, 1-2, 166. *Ver também* Não adesão ao tratamento médico
Ambientes escolares, 1-2
Ambientes para intervenção, 1-2, 3-4, 6
Ameaças, 33-34
Análise funcional
    embasamento teórico e empírico, 7-8
    intervenções baseadas, 9-13
    modelo ABC e, 7-9, 9*f*, 10*f*
    visão geral, 7
Ansiedade. *Ver também* Medos; Preocupações
    Cartões PR (Práticos e Rápidos), 24-25, 132-142
    intervenções e, 115-131
    problemas presentes, 115-116
    tratamentos de saúde mental baseados em evidências e, 115-116
    visão geral, 131
Ansiedade de separação, 29-31
Antecedentes, 7-9, 9*f*, 10*f*
Atenção à saúde comportamental, 1-2, 12-15, 14*f*
Atenção baseada em medidas, 7, 12-15, 14*f*
Atividade: Breakfast Scramble, 70-71
Atividade: Ponginator, 70-71
Atividade: Speed Eraser, 71-72
Aversão à escola, 29-30
Autorregulação, 57-58, 66-69. *Ver também* Desregulação emocional

C

Cartões PR (Práticos e Rápidos). *Ver também* intervenções individuais
    análise funcional e, 7-10, 16-30
    ansiedade e, 132-142
    aplicando castigos, 10, 23
    atenção baseada em medidas e, 14-15, 26
    dando bons comandos e, 9-20
    declarações com elogios e, 10, 21
    depressão e, 24-25, 157-166
    desregulação emocional e, 105-114
    ingestão de comprimidos, 197-201
    não adesão e, 45-54
    não adesão ao tratamento médico e, 197-216
    pensamentos automáticos, 12-13, 24-25
    raiva e, 73-80
    removendo recompensas e privilégios, 10-11, 22
    visão geral, 3-4
Cartões Práticos e Rápidos (PR). *Ver* Cartões PR (Práticos e Rápidos)
Castigos, 11-12, 23
Cidade do Alfabeto, 7-9, 9*f*, 10*f*, 27
Comandos
    análise funcional e, 8-9, 9*f*, 10*f*
    Cartões PR (Práticos e Rápidos), 20
    dando bons comandos, 9-10
    intervenção: Mestre mandou: "hora de trabalhar", 38-40
Comandos efetivos, 32. *Ver também* Comandos
Componentes fisiológicos das emoções, 95-99
Comportamentos, 7-9, 9*f*, 10*f*
Comportamentos impulsivos, 64-69
Comportamentos sadios, 165. *Ver também* Não adesão ao tratamento médico
Consequências, 32-33
    comportamento de raiva e, 57
    intervenção: Blocos parentais para modificação do comportamento, 32-33
    modelo ABC e, 7-9, 9*f*, 10*f*
Crenças, 99-104, 182-187
Crises de birra. *Ver* Desregulação emocional
Custo de resposta, 18

D

Depressão. *Ver também* Tristeza
    Cartões PR (Práticos e Rápidos), 24-25, 157-166
    hipótese da especificidade de conteúdo e, 12-13
    intervenções e, 143-156

problemas presentes e, 142-144
tratamentos de saúde mental baseados em
   evidências e, 142-143
visão geral, 142
Desafio, 27-28
Desencadeadores, 68-70, 98-99, 127-129
Desregulação emocional. *Ver também*
   Autorregulação
   Cartões PR (Práticos e Rápidos), 105-114
   intervenções com jovens e, 95-104
   intervenções com pais e, 83-96
   problemas presentes e, 83-84
   tratamentos de saúde mental baseados em
      evidências, 82-84
   visão geral, 81-83, 103-104
Diálogo interno, 143-144, 146-148, 149-152
Dramatizações, 65-67, 69-71

E

Elogio
   Cartões PR (Práticos e Rápidos), 20
   dar, 9-12
   depois de castigos, 10-12
   intervenção: Blocos parentais para modificação
      do comportamento, 32
   intervenção: Dizer, mostrar, ensaiar, revisar e
      repetir, 34-36
Empatia, 27-29
Esquiva, 99-104
Estratégias de enfrentamento
   depressão e, 142
   intervenção: Ensaio geral, 68-71
   intervenção: Exercícios de frustração, 70-72
   intervenção: Levante poeira, 124-128
   intervenção: Preciso lhe dizer uma coisa, 66-69
Estratégias para demonstração, 34-36, 38-40,
   89-90
Exercícios do tipo 1 minuto para vencer, 69-71
Exercícios respiratórios, 95-97
Experimentos comportamentais. *Ver* Intervenções
   do módulo de Experimentos e Exposições
   Comportamentais
Exposição. *Ver* Intervenções do módulo de
   Experimentos e Exposições Comportamentais
Expressões emocionais e comportamentos
   desregulados. *Ver* Desregulação emocional

F

Fatores ambientais, 81-83
Fatores culturais, 192-194
Fatores de risco, 82-83
Flexibilidade clínica, 1-2
Funcionamento social, 24, 55-56

G

Gerenciamento do tempo, 36-38

H

Habilidades para resolução de problemas, 124-128
Habilidades para tomada de perspectiva, 61-63
Hierarquia dos medos, 99-104, 128-131
Hipótese da especificidade de conteúdo, 12-13, 24

I

Ingestão de comprimidos, 168-177, 197-201. *Ver
   também* Não adesão ao tratamento médico
Intervenção 4-5-6, 96-98
Intervenção: A fala da raposa, 152-154, 164-165
Intervenção: Ajudando ou prejudicando?, 180-183,
   206-207
Intervenção: Ajustando o "tamanho": prática
   gradual, 171-176, 173f, 199-200
Intervenção: Alfabeto dos animais, 98-100
Intervenção: Apaziguador de conflitos com o dever
   de casa, 38-39, 49
Intervenção: Aumente a expressão, 90-93, 108
Intervenção: Blocos parentais para modificação do
   comportamento, 31-33, 45
Intervenção: Caça ao tesouro, 190, 211
Intervenção: Cardápio da família, 191-194, 212, 213
Intervenção: Comece simples: como engolir, 170-172,
   198
Intervenção: Construindo pontes, 128-131
Intervenção: De dentro para fora e de fora para
   dentro, 34, 42-44, 51-54
Intervenção: Deixe pra lá, 151-153, 163
Intervenção: Derrotando o ogro dos pensamentos
   negativos, 149-152, 161-162
Intervenção: Descongele seus medos, 120-123,
   137-138
Intervenção: Dizer, mostrar, ensaiar, revisar e
   repetir, 32, 34-35
Intervenção: Duplo drible, 57, 73
Intervenção: É como andar de bicicleta, 127-129
Intervenção: Eco... eco... eco..., 146-148, 158
Intervenção: Enfrente seus sentimentos, 99-104
Intervenção: Ensaio geral, 68-71
Intervenção: Escolha um cartão... qualquer cartão,
   143-147, 157
Intervenção: Esponja com raiva/esponja ansiosa,
   97-99
Intervenção: Estratégia para um melhor
   comportamento, 33-34, 45-47, 51-54
Intervenção: Exercícios de frustração, 70-72
Intervenção: Exposição, exposição, exposição,
   122-125, 139
Intervenção: Faça como eu digo e faça como eu faço!,
   89-90
Intervenção: Faça o teste!, 182-187, 208
Intervenção: Fatos rápidos, 177-179, 202-203
Intervenção: Fatos sobre sentimentos, 84-87, 86f,
   105

Intervenção: Folha Mantendo o equilíbrio, 193-195, 214-216
Intervenção: Gravado na pedra, 147-150, 159-160
Intervenção: Guardiões da sua mente, 154-156, 166
Intervenção: Junte as peças, 178-181, 204-205
Intervenção: Lance os dados, 59-62, 75
Intervenção: Levante poeira, 124-128
Intervenção: Mestre mandou "hora de trabalhar", 39-42, 50
Intervenção: Minha árvore de preocupações, 119-120, 134-136
Intervenção: Minha lista de compras, 189-191, 210
Intervenção: Não afunde o barco, 117-118, 132
Intervenção: Não bote lenha na fogueira!, 93-96, 112-113
Intervenção: Não é necessariamente assim!, 62-64, 78-79
Intervenção: O equilíbrio com o dever de casa, 36-38, 48
Intervenção: O melhor palpite, 61-63, 68-69, 76-77
Intervenção: Pelo rio e cruzando o bosque, 118-119, 133
Intervenção: Pinte suas escolhas alimentares: verde, amarelo, vermelho, 188-190, 209
Intervenção: Preciso lhe dizer uma coisa, 66-69
Intervenção: Pronto para a corrida 95-97, 114
Intervenção: Raiva assertiva, 57-58
Intervenção: Recue, 64-66, 80
Intervenção: Reforçando a regulação emocional efetiva, 92-94, 109-111
Intervenção: Valide as emoções, 87-89, 106-107
Intervenções com jovens, 1-2, 27-28, 95-104. *Ver também* Intervenções; *intervenções individuais*
Intervenções com pais, 27-28, 83-96. *Ver também* Intervenções; *intervenções individuais*
Intervenções comportamentais, 31-33, 178-181. *Ver também* Intervenções do módulo de Tarefas Comportamentais Básicas
Intervenções do módulo de Experimentos e Exposições Comportamentais. *Ver também* Intervenções; *intervenções individuais*
 ansiedade e, 122-131
 comportamento de raiva e, 66-72
 desregulação emocional e, 99-104
 não adesão ao tratamento médico e, 171-176, 173*f*
 visão geral, 3-4, 5*f*
Intervenções do módulo de Monitoramento do Alvo, -34, 5*f*, 178-183. *Ver também* Intervenções; *intervenções individuais*
Intervenções do módulo de Psicoeducação. *Ver também* Intervenções; *intervenções individuais*
 ansiedade e, 117-120, 127-129
 comportamento de raiva e, 57-58, 59-62
 desregulação emocional e, 82-87, 86*f*, 87-89
 intervenções para treinamento dos pais e, 27-28

 não adesão ao tratamento médico e, 170-172, 177-179, 188-191
 não adesão e, 34-36, 37-39
 visão geral, 3-4, 5*f*
Intervenções do módulo de Reestruturação Cognitiva. *Ver também* Intervenções; *intervenções individuais*
 ansiedade e, 120-123
 comportamento de raiva e, 61-65
 depressão e, 146-156
 não adesão ao tratamento médico e, 180-187, 193-195
 visão geral, 3-4, 5*f*
Intervenções do módulo de Tarefas Comportamentais Básicas. *Ver também* Intervenções; *intervenções individuais*
 depressão e, 143-147
 desregulação emocional e, 87-100
 não adesão ao tratamento médico e, 190-193
 não adesão e, 31-44
 visão geral, 3-4, 5*f*
Intervenções. *Ver também* Tratamentos de saúde mental baseados em evidências; *intervenções individuais*
 análise funcional e, 9-13
 ansiedade e, 115-131
 comportamento de raiva e, 55-72
 depressão e, 143-156
 desregulação emocional e, 83-104
 não adesão ao tratamento médico e, 168-177, 177-188, 189-196
 não adesão e, 29-44
 problemas presentes e, 27-29

J

Jovens subcontrolados
 desregulação emocional e, 83-84
 intervenção 4-5-6, 96-98
 intervenção: Alfabeto dos animais, 98-100
 intervenção: Aumente a expressão, 90-93
 intervenção: Enfrente seus sentimentos, 99-104
 intervenção: Esponja com raiva/esponja ansiosa, 97-99
 intervenção: Faça como eu digo e faça como eu faço!, 89-90
 intervenção: Fatos sobre sentimentos, 84-85, 86*f*
 intervenção: Não bote lenha na fogueira!, 93-96
 intervenção: Pronto para a corrida, 95-97
 intervenção: Reforçando a regulação emocional efetiva, 92-94
 intervenção: Valide as emoções, 87-89
Jovens supercontrolados
 desregulação emocional e, 83-84
 intervenção 4-5-6, 96-98
 intervenção: Aumente a expressão, 90-93
 intervenção: Enfrente seus sentimentos, 99-104

intervenção: Esponja com raiva/esponja ansiosa, 97-99
intervenção: Faça como eu digo e faça como eu faço, 89-90
intervenção: Fatos sobre sentimentos, 84-87, 86f
intervenção: Pronto para a corrida, 95-97
intervenção: Reforçando a regulação emocional efetiva, 92, 94
intervenção: Valide as emoções, 87-89

M

Medicação. *Ver também* Não adesão a um regime medicamentoso
adesão a um regime medicamentoso, 176-188
depressão e, 142-143
ingestão de comprimidos, 168-177
Medicações psicotrópicas. *Ver* Medicação
Medos. *Ver também* Ansiedade; Preocupações
Cartões PR (Práticos e Rápidos), 132-142
intervenções e, 99-104, 115-131
tratamentos de saúde mental baseados em evidências e, 115-116
visão geral, 115
Melhoria contínua da qualidade, 7
Modelo ABC, 7-9, 9f, 10f, 19
Motivação
Cartões PR (Práticos e Rápidos), 51-54
intervenção: Apaziguador de conflitos com o dever de casa, 37-39
intervenção: De dentro para fora e de fora para dentro, 42-44
não adesão ao tratamento médico em, 167-169, 178-179
Motivação externa, 42-44
Motivação interna, 42-44

N

Não adesão. *Ver também* Adesão; Não adesão ao tratamento médico
Cartões PR (Rápidos e Práticos), 45-54
intervenções e, 29-44
problemas presentes e, 27-29
tratamento de saúde mental baseado em evidências e, 27-28
visão geral, 27, 43-44
Não adesão a um regime medicamentoso. *Ver* Não adesão ao tratamento médico
Não adesão ao tratamento médico. *Ver também* Não adesão
adesão a um plano nutricional, 187-196
adesão a um regime medicamentoso, 176-188
Cartões PR (Práticos e Rápidos), 197-216
ingestão de comprimidos, 168-177
intervenções e, 168-177, 177-188, 188-196
resolução de problemas, 175-177, 186-188, 194-196

tratamentos de saúde mental baseados em evidências e, 167-169
visão geral, 167-168, 195-196

O

Oposição, 27-28

P

Parcelas mentais únicas, 12-13, 24-25. *Ver também* Intervenções do módulo de Reestruturação Cognitiva
Pensamentos automáticos (PAs), 12-13, 24. *Ver também* Intervenções do módulo de Reestruturação Cognitiva
Preocupações, 115, 115-131, 132-142. *Ver também* Ansiedade; Medos
Privilégios, 10-12, 22
Problemas alimentares, 187-196, 209-216
Problemas presentes
ansiedade e, 115-116
Cartões PR (Práticos e Rápidos), 46-47
comportamento de raiva e, 55-56
depressão e, 142-144
desregulação emocional e, 83-84
visão geral, 27-29
Protocolo Unificado para o Tratamento de Transtornos Emocionais, 82-84

R

Raiva
Cartões PR (Práticos e Rápidos), 24-25, 73-80
intervenções e, 55-72, 97-99, 101-102, 115-131
problemas presentes e, 55-56
tratamentos de saúde mental baseados em evidências e, 55-56
visão geral 55, 71-72
Realização das tarefas em casa
Cartões PR (Práticos e Rápidos), 50, 51-54
intervenção: De dentro para fora e de fora para dentro, 42-44
intervenção: Mestre mandou: "hora de trabalhar", 38-42
Realização do dever de casa, 36-39, 48-49, 142-143
Recompensas, 9-12, 22, 51-54, 167-169
Reforço. *Ver também* Reforço negativo; Reforço positivo
Cartões PR (Práticos e Rápidos), 17-18
depressão e, 142
intervenção: Aumente a expressão, 90-93
intervenção: Não bote lenha na fogueira!, 93-96
intervenção: Reforçando a regulação emocional efetiva, 92-94
não adesão ao tratamento médico e, 167-169
respondendo à expressão e comportamentos emocionais, 82-83
Reforço negativo, 18. *Ver também* Reforço

Reforço positivo, 18, 90-93, 167-169. *Ver também* Reforço
Regras passa/não passa para uso de *TCC expressa*, 2-3, 2f
Regulação das emoções. *Ver* Autorregulação; Desregulação emocional
Relaxamento muscular, 97-99
Respondendo à expressão e comportamentos emocionais, 81-83
Resposta do cuidador. *Ver* Respondendo à expressão e comportamentos emocionais
Resposta parental. *Ver* Respondendo à expressão e comportamentos emocionais
Resultados do tratamento, 12-15, 14f, 26, 115-116

S

Saúde comportamental integrada, 1-2
Sinais de chamada, 9-10, 20. *Ver também* Comandos
Sintomas. *Ver* Problemas presentes
Surto da extinção, 94-95

T

TCC expressa em geral, 1-4, 2f, 3f, 5f
Técnicas de distração, 98-100
Técnicas de exposição
    ansiedade e, 115-116
    intervenção: Ajustando o tamanho!: prática gradual, 171-176
    intervenção: Construindo pontes, 128-131
    intervenção: Exposição, exposição, exposição, 122-125
    não adesão ao tratamento médico e, 167-168
Técnicas de relaxamento, 97-99
Temperamento, 81-83
Tranquilização, 117-118
Transtorno de ansiedade generalizada (TAG), 115-117. *Ver também* Ansiedade
Transtorno obsessivo-compulsivo (TOC), 122-125
Tratamento. *Ver* Atenção baseada em medidas; Intervenções
Tratamento para crianças e adolescentes, 1-2, 27-28, 95-104. *Ver também* Intervenções; *intervenções individuais*
Tratamentos de saúde mental baseados em evidências. *Ver também* Intervenções; *intervenções individuais*
    ansiedade e, 115-116
    depressão e, 142-143
    desregulação emocional e, 82-84
    não adesão ao tratamento médico e, 167-169
    não adesão e, 27-28
    raiva e, 55-56
    visão geral, 1-2
Tristeza, 101-102, 142, 143-156. *Ver também* Depressão

V

Visão geral de intervenções expressas, 1-4, 2f, 3f, 5f
Vulnerabilidades disposicionais, 81-83

IMPRESSÃO:

PALLOTTI
GRÁFICA

Santa Maria - RS | Fone: (55) 3220.4500
www.graficapallotti.com.br